重磅生物药
专利解密

国家知识产权局专利局
专利审查协作北京中心医药部　组织编写

郭　雯　主编　马秋娟　副主编

知识产权出版社
全国百佳图书出版单位

图书在版编目（CIP）数据

重磅生物药专利解密/郭雯主编. —北京：知识产权出版社，2019.9

ISBN 978-7-5130-6426-2

Ⅰ.①重… Ⅱ.①郭… Ⅲ.①生物制品—专利法—研究—中国 Ⅳ.①D923.424

中国版本图书馆 CIP 数据核字（2019）第 188863 号

内容简介

本书精选了修美乐、恩利、来得时、非格司亭、佳达修等 10 个世界级重磅生物药及基因测序检测技术，从研发开始，结合技术市场的环境和潜在对手的竞争方式，多层面多角度地分析了单抗、肽类、细胞因子、疫苗等不同类型生物技术药物如何构建核心专利、如何围绕核心专利进行布局，总结了罗氏等企业在全球范围内围绕创新药的专利许可、诉讼、谈判等策略特点。

责任编辑：王玉茂   **责任校对**：王 岩

装帧设计：吴晓磊   **责任印制**：刘译文

重磅生物药专利解密

国家知识产权局专利局专利审查协作北京中心医药部　组织编写

郭　雯　主编　马秋娟　副主编

出版发行：**知识产权出版社**有限责任公司	网　　址：http：//www.ipph.cn
社　　址：北京市海淀区气象路 50 号院	邮　　编：100081
责编电话：010 - 82000860 转 8541	责编邮箱：wangyumao@cnipr.com
发行电话：010 - 82000860 转 8101/8102	发行传真：010 - 82000893/82005070/82000270
印　　刷：三河市国英印务有限公司	经　　销：各大网上书店、新华书店及相关专业书店
开　　本：787mm×1092mm　1/16	印　　张：14.25
版　　次：2019 年 9 月第 1 版	印　　次：2019 年 9 月第 1 次印刷
字　　数：320 千字	定　　价：68.00 元

ISBN 978 -7 -5130 -6426 -2

本书编委会

主　编：郭　雯

副主编：马秋娟

编　委：卫　军　王　静　王　璟

编写成员

撰写分工：

第1章　马秋娟主要执笔

第2章　张秀丽主要执笔

第3章　黄磊主要执笔

第4章　王璟主要执笔

第5章　马骞主要执笔

第6章　曹扣主要执笔

第7章　张颖主要执笔，梁婧文参与执笔

第8章　张辉主要执笔，王宽参与执笔

第9章　刘树柏主要执笔

第10章　冯晓亮主要执笔

第11章　王璟主要执笔，高巍参与执笔

第12章　李煦颖主要执笔

统　稿：马秋娟　王　璟　曹　扣

审　稿：郭　雯

校　稿：王　璟　李煦颖　黄　磊

前　言

重磅药物（Blockbuster Drugs）是指年销售收入达到一定标准，具有举足轻重作用的一类药物。20 世纪 80 年代，国际上重磅药物的衡量标准是年销售额在 5 亿美元以上的药物。当时，重磅药物的数量屈指可数，仅有八九种，包括雷尼替丁、头孢克洛等。现今，国际上重磅药物的标准是单品种年销售额在 10 亿美元以上的产品，符合该标准的药物数量已超过 100 种，其中，前 10 名的药物基本被生物制品占领，修美乐已经连续 6 年居全球药物销售榜首位。可以预期的是，在未来即将上市的全球重磅药物中，生物药仍将占据较大的市场规模。

作为 21 世纪创新最活跃、影响最深远的新兴产业，生物制药是我国战略性的前沿技术和关键领域。"十二五"期间，单克隆抗体、新型疫苗、重组蛋白质等生物药被列为国家重点支持对象。随着国家食品药品监督管理总局（CFDA）大刀阔斧的改革，例如，推出 MAH 制度、生物类似药申报指南、优先审评等政策，也必将有力地支持中国企业更加广泛、深入地参与全球同步研发，改善民生福祉。

经过多年的积累，中国企业从原料药、低端制剂到高端制剂、"me too"及"me better"和"me best"一步步爬升，逐步向国际一流的研发和制药水平进发，如今更是崛起成为生物类重要新药的主要生产国，《华尔街日报》在 2017 年 4 月刊文称，在生物科技领域，中国已经成为不容忽视的力量。由于创新药物研发过程耗时长、投入高、风险大的反摩尔定律在生物技术药物中同样存在，因而，生物创新药物也具有对专利保护的极度依赖性。作为最有可能产生世界性技术突破的前沿领域之一，生物制药研发技术的迅猛发展以及我国从业者专利意识的快速提升与核心自主知识产权较少、专利运用经验不足、国际竞争力薄弱的现状不相匹配，构成了我国生物制药产业发展的严重阻碍。

本书精选了修美乐、恩利、来得时、非格司亭、佳达修等 10 个世界级的重磅生物药，以及标志着全球精准医疗的基础和开端的基因测序检测技术，从研发之初的专利布局开始，结合技术市场的环境和潜在对手的竞争方式，多层面多角度地分析了单抗、肽类、细胞因子、疫苗等不同类型生物技术药物如何构建核心专利、如何围绕核心专利进行布局，并且尽可能地总结了罗氏等企业在全球范围内通过许可、诉讼、谈判等策略维护、保障和延伸创新生物药的价值链的运用特点。同时，本书也对海外，特别是美国生物类药物的相关审评制度及专利挑战进行了探析，旨在进一步促进中国生物制药企业了解美国专利制度和规则。

从本书的建构到完稿，集成了国家知识产权局专利局专利审查协作北京中心医药部一批优秀的资深审查员团队多年的专利经验、感悟和思索。衷心希望书中对重磅生物药物专利解析的探索能够对企业提升运用专利和应对各种诉讼的能力有所帮助，为我国生物药物创新主体在积极、广泛、深入参与全球市场竞争的过程中不断提高知识产权核心竞争力作出贡献。

由于掌握知识和信息的广泛性和深入度有限，本书的内容和观点难免有欠妥之处，仅供参考，并请广大读者不吝批评指正。

本书编写组

目　　录

【编者按】作为第一个在乳腺癌治疗中显示切实疗效的生物治疗药物，赫赛汀的专利和市场布局可谓金城汤池，然而表面的无懈可击暗藏软肋，各方力量通过诉讼、无效等专利挑战手段进行精准突破，为自家市场谋求畅通之路。

【编者按】尽管克帕松专利布局完备，技术升级及时，但在核心专利撰写上存在的疏漏导致专利保护期缩短，仿制药提前上市。在专利布局时，核心专利的撰写需谨慎，没有稳定清晰的专利权属，专利保护和运营犹如无源之水，无本之木。

【编者按】宫颈癌疫苗的新潮流带来数十亿美元的市场规模，两家巨头赢在起跑线，为争夺市场，双方都使出大招，专利许可配合自主研发使佳达修成为世界首个宫颈癌预防疫苗，卉妍康则通过空白挖掘组合反包围"篱笆"专利迎头赶上，双方通过优先权实战进行了较量，佳达修地位能否被撼动还有待市场反馈。

第5章 助力技术升级的专利"斯诺克障碍" / 85

【编者按】美罗华在布局时攻守兼备，其抗体及其变体的序列奠定了美罗华核心专利的基础，适应症以及联合用药在后期发力有效延长了保护期，设置防御性用途专利布局"斯诺克障碍"地位以防止对手轻松过关，积极研发升级产品以限制对手"me-better"，明星药物必有其成王之道。

第6章 扳动"高端制剂"的专利创新触发点 / 107

【编者按】来得时选择在制剂以及给药装置方面进行了升级，充分考虑了糖尿病治疗的特点和患者的顺应性，可见技术的改进不局限于药物本身，找准创新的"触发点"，小小注射笔也能承载大大的梦想。

第7章 针对"药王"全线布局的多方专利挑战 / 122

【编者按】阿达木单抗作为首个上市的全人源单抗，近6年居全球药品销售额榜首，离不开原研公司精密且宏大的专利布局保护。瞩目的销售业绩也吸引了众多竞争对手和仿制药企业的注意，多方专利挑战迫使原研公司发起"专利舞蹈"反击，尽管做出多方努力，依然难挡大量仿制药瓜分市场。

作用降低、疗效出色的融合蛋白药物。原研公司在经历失败后，依然坚持推进阿柏西普的研发，并且构筑了全面的专利保护网，为产品上市后的市场开拓奠定了基础。在专利诉讼中，通过有力的诉讼手段和本身的技术优势，最终与竞争对手达成部分和解的协议。

第12章　新兴技术蓝海的专利诉讼与抗辩 / 196

【编者按】无创产前检测是目前基因测序领域临床和商业推广最成熟的应用领域，其商业化进程离不开专利技术的保驾护航，只有"质高量多的专利傍身"才能在经济运作中游刃有余。该领域的企业合并、专利购买、诉讼以及专利联盟事件多有发生。拥有技术和产品的初创公司获得了行业巨头的高度认可，引领了无创产前检测的发展和市场划分，利用专利技术和制度提升核心竞争力和维护市场是这些初创公司迅速崛起的发展之道。

第1章 绪　　论

1.1　生物专利新药带热全球市场

生物药定义有广义和狭义之分，广义的生物药是指所有通过生物技术制备的生物活性药物、人工合成类似物以及所有取材自生物体的药物，其既可以是通过生物技术制备的药物，也可以是通过物理化学方法从生物体中分离得到的药物；狭义的生物药特指采用 DNA 重组技术或其他现代生物技术研制的蛋白质或核酸类大分子药物，包括通过基因工程、抗体工程以及细胞工程所获得的大分子生物产品，如融合蛋白、治疗性抗体、重组细胞因子等，不包括从血液或尿液中直接分离的药物和化学合成的短肽或干扰 RNA。

近年来，生物药已经显现出巨大的临床优势，伴随着市场规模的日益增大，生物药已经成为新的临床药物研发热点。和化学药一样，原研生物药企业也存在因专利到期所带来的竞争压力，但由于生物药研发和仿制的难度均远远高于化学药，同时，生物类似药物的安全性、有效性等评价办法也与一般化学药仿制药有所不同，因此生物药相关的专利纠纷和行政审批程序也与化学药呈现不同的特点。

1.1.1　生物药的特点

与化学药相比，生物药的生产和流通过程往往更为复杂和不稳定，即便是氨基酸序列相同的多肽，在不同的生物表达体系、不同的细胞培养条件以及不同的产品纯化方法下，其最终产品的质量、纯度和活性也并不完全相同，特别是不同的表达体系还涉及不同的表达后修饰以及免疫原性等问题，如真核细胞中的糖基化修饰等。因此，与化学药相比，生物药呈现出其自身的特点。

1. 结构复杂多变

生物药一般分子量较大，如单克隆抗体分子能够达到 150kDa，若进一步与毒性分子、修饰分子偶联，其分子量将会更大。并且其本身的结构比小分子化学药更为复杂，如蛋白除了其氨基酸组成的一级结构外，还会形成二级结构、三级结构等高级结构，单体分子还会形成同源或异源二聚体或多聚体。氨基酸序列的微小改变或者后修饰方式（如糖基化、磷酸化等）的改变都可能严重影响其立体构象，导致其稳定性或生物学功能的改变。此外，生产体系的改变如宿主细胞、培养基、培养温度、分离纯化方式的选择调整等同样会影响药物的结构。对于化学小分子药物，运用现代化学分析方法，足以清楚地表征其结构，但对于生物大分子而言，即便获得了多肽的氨基酸序列，也难以保证所获得的多肽具有一致的生物活性和稳定性。

2. 免疫原性

蛋白质和多肽是主要的完全抗原类物质，能够刺激机体产生免疫应答。因此，蛋白质分子药物对于人类而言，通常也会具有一定的免疫原性，即用于人的生物药进入人体后会产生针对性的中和抗体或非中和抗体。免疫原性受多种因素影响，如种属来源差异、翻译后修饰、序列突变等。免疫原性的存在可能导致药物活性在体内的丧失，同时也可能诱发严重的过敏或其他不良反应。如鼠源性抗体会诱发人体产生人抗鼠抗体（HAMA），巨核细胞来源的生长因子诱导的抗体中和内源的血小板生成素、引发血小板减少等。各国针对药物的免疫原性也均给出了临床检测的指导原则，如考虑免疫原性发生的概率和结果的严重性、在临床试验中要测定抗体的发生概率和滴度，上市后仍然需要对免疫原性数据进行收集等。

3. 仿制药的审批体系不同

生物药与化学药相比，研制难度更大，仿制难度亦更大。由于生物药的复杂性和仿制难度，生物药的仿制药物一般仅称为生物类似药（biosimilar），而化学药的仿制药物则直接称为仿制药（generic drug）。仿制药的标准也难以适用于生物类似药，国家食品药品监督管理总局（CFDA）于2015年发布的《生物类似药研发与评价技术指导原则（试行）》中规定："本指导原则所述生物类似药是指：在质量、安全性和有效性方面与已获准注册的参照药具有相似性的治疗用生物制品。生物类似药候选药物的氨基酸序列原则上应与参照药相同。对研发过程中采用不同于参照药所用的宿主细胞、表达体系等的，需进行充分研究。"该定义虽然原则上规定候选药物的氨基酸序列应与参照药相同，但对于二者的质量、安全性和有效性则仅要求相似即可。

1.1.2　生物药的研发热点

自1982年第一个生物药胰岛素被美国食品药品监督管理局（FDA）批准投放市场开始，生物药逐渐兴起。随着PCR、基因工程、蛋白质工程、抗体工程等生物技术的发展，生物药也进入了蓬勃发展的阶段。目前，生物药主要集中于以下几类：

1. 抗体药物

在生物药中，抗体药物最受关注，其具有靶向性强、特异性高和毒副作用低的特点，在肿瘤和自身免疫系统缺陷的治疗领域有着广阔的市场前景。从2017年全球药物销售榜单中，可以看出抗体药物的强势：在销售榜前10名中，抗体药物占据半壁江山，包括阿达木单抗、英夫利昔单抗、立妥昔单抗、贝伐单抗和曲妥珠单抗，涉及了TNF-α、CD20、Her2、VEGF等热门靶点。此外，PD-1、PDL-1、CD47、IL-17和PCSK9等分子也逐渐成为新的热门靶点。国内一些企业也已经开始或准备开始抗体类药物研发，研究靶点则相对集中参照全球已上市的畅销抗体药物，研发方向以生物类似药为主，同时也兼顾原创药物。

2. 胰岛素类药物

第一个被 FDA 批准的生物药为重组人胰岛素。胰岛素是糖尿病治疗的一线药物，来得时（甘精胰岛素）、诺和平（地特胰岛素）、优泌乐（赖脯胰岛素）、诺和锐（门冬胰岛素）等年销售额也均超过 10 亿美元，其中来得时连续多年占据全球销售榜的前 10 位。随着全球糖尿病患者的增加，新型胰岛素的研发、原有胰岛素的持续改进，糖尿病药物市场中胰岛素的比重也会逐渐增大。

3. 融合蛋白类药物

融合蛋白是指在人工条件下，将两种或多种不同的功能蛋白连接在一起获得的产物。通过融合蛋白的形式可以提高药物的稳定性、半衰期或改变靶向、提高活性等，如与 Fc 融合增加了蛋白药物的半衰期，同时也可以在一定程度上降低融合蛋白的免疫原性，抗体分子与毒性分子的融合提高药物的靶向性等。2016 年全球药物销售榜单中，融合蛋白类药物占据了两席：依那西普和阿普西柏。其中，依那西普靶向 TNF - α，是由人肿瘤坏死因子受体 p75 和人 IgG1 的 F_c 片段连接组成的融合蛋白。阿普西柏是将人 VEGF 受体 1 和 2 的胞外区域融合至人 IgG1 的 Fc 部分，其可以抑制 VEGF 与受体的结合和激活。由于融合蛋白可以优化整体性能，随着融合蛋白技术的发展，采用融合蛋白的方式制备生物药物具备广阔的研发方向和巨大的市场前景。

4. 细胞因子类药物

细胞因子是由细胞分泌的，能够介导和调节免疫、炎症和造血过程的小分子蛋白质，生理活性强，免疫原性低且疗效高。在人体的疾病发展与治疗过程中发挥着重要的作用，如干扰素、白介素、肿瘤坏死因子等广泛参与抗肿瘤、抗病毒等过程。上市的细胞因子类药物主要包括促红细胞生成素（EPO）、干扰素（IFN）、白介素（IL）和集落刺激因子（CSF）。2016 年全球销售额前 10 名中的非格司亭（Filgrastim）是由 DNA 重组技术产生的人粒细胞集落刺激因子（G - CSF）。细胞因子在人体的生理代谢过程中参与重要的作用，调整机体细胞因子也已经成为重要的免疫治疗手段，对新型细胞因子及其修饰的研发无疑成为药物的研发热点之一。

5. 其他

除上述主要的生物药外，生物药还包括蛋白类疫苗、人工合成多肽等。如治疗糖尿病的胰高血糖样肽 - 1（GLP - 1）受体激动剂利拉鲁肽、人工合成的肽类制剂克帕松、重组人乳头瘤病毒疫苗佳达修等，在生物药中也都占据了重要地位。随着生物医学领域的快速发展，将会有更多类型的生物药上市，从而为人类的健康带来福音。

1.1.3 生物药的市场

根据统计❶，2016 年全球销售额最高的药物为修美乐（阿达木单抗），全年销售额

---

❶ The Top 15 Best - Selling Drugs of 2016 [EB/OL]. [2018 - 02 - 15]. http://www.genengnews.com.

高达 160.78 亿美元，2017 年修美乐全球销售额又攀高峰高达 184.27 亿美元。2012 年修美乐以 92.65 亿美元的销售额取代辉瑞的立普妥成为全球最畅销药品，到 2017 年已经连续第 6 年占据最畅销药品的宝座，无愧 "药王" 美誉。从 2017 年榜单来看，生物药成绩非常抢眼，销售额前 10 名的药物中，8 种为生物药，其中抗体药物更是明星产品，近几年一直位于销售榜前列。

在国内市场上，从 2016 ~ 2017 年国内药品的销售情况看，化学药依然占国内药品市场的主导，其次是中成药。生物制品占比相对较小，约占 9%。从同比增长幅度来看，生物药同比增长幅度要高于化学药和中成药。随着越来越多生物制品上市，国内的生物药将会有更大的发展❶。

此外，基于生物药临床认可度和市场竞争力的优势，在研发难度和仿制难度均较大的情况下，生物药成为各大制药企业的主要吸金石。原研生物药一旦获批上市，将会给企业带来源源不断的利润，即便在专利到期的情况下，由于获得具有生物等效性的生物类似物的难度以及高额的研发成本，仿制药企业也不愿意采取价格战的方法来抢夺市场，原研药仍然会在较长时间内保持较高的市场价格，保持其较长的生命周期。

1.2　生物类似药需迈过专利 "高门槛"

曾经创造一个个销售奇迹的 "重磅炸弹" 生物药已经专利到期或将要面临专利到期的局面，如阿达木单抗 2016 年在美国专利到期，2018 年在欧洲专利到期；利妥昔单抗 2018 年在美国专利到期，2015 年在欧洲专利到期；贝伐单抗 2019 年在美国专利到期，2018 年在欧洲专利到期；曲妥珠单抗 2019 年在美国专利到期，2014 年在欧洲专利到期。原研药专利到期后往往面临着仿制药的大量上市和药品价格的大幅下降，从而导致原研药的利润呈现断崖式下跌，这也被称为 "专利悬崖"。

1.2.1　生物药专利攻守策略

为实现药物的市场垄断地位，各 "重磅炸弹" 药物均采用了多种策略，力求提高专利的保驾护航作用。

在专利防守方面，典型的策略包括构建稳定的核心专利，尤其是针对主要的活性成分。在核心专利的基础上，构建全面的外围专利，限制竞争对手的仿制和市场进入，延长核心产品的专利周期，如药物适应症的扩展、制备方法的改进、与其他组分联合用药、改进制剂提高生物利用度等。此外，在申请专利的过程中也可以合理、有效地隐藏技术秘密，对竞争对手的仿制设置障碍，如公开的化合物远多于成药化合物，表达纯化等生产工艺的关键步骤隐藏等。核心专利与外围专利结合的模式既能最大化地对产品提供保护，也能从一定程度上延长专利的有效

---

❶ 2016 年中国药品销售市场规模分析 [EB/OL]. [2018 - 02 - 15]. http：//www.askci.com/.

保护期。

在专利进攻方面，主要体现在两个方面：一是对竞争对手持有的专利进行无效，解除对生产上市的限制；二是利用已有的有效专利通过诉讼等方式限制竞争对手的仿制和生产，从而维持产品的市场占有率。

由于专利的重要作用，在实际过程中攻守关系也是经常转换的。原研药希望通过有效专利以及诉讼维持其市场地位，仿制药要求积极寻求多种方式来打破"重磅炸弹"药物的垄断地位，例如，通过专利挑战，积极研发外围专利形成对原研药企业的限制，在专利药物的基础上进行改进避开专利保护等。

1.2.2　原创与仿制并行不悖

从社会发展角度而言，原研药和仿制药都是不可或缺的。在专利制度的保护下，专利保证了原研药企业的高额回报，促进了新药的研发以及技术的创新，为疾病的诊断和治疗作出了重大贡献。但是，与原研药相伴的，还有相对高额的药品价格，限制了药物的可及性，同样会对公共健康问题产生一定影响，而仿制药从一定程度上促进了药物的可及性，其具备低研发成本的优势，价格相对原研药均有不同程度的降低，同时可以提高药品的市场供应。此外，仿制药可以与原研药形成竞争，促进原研药加大研发力度，不断研发新药或者不断改进原有药物质量。两者相辅相成，不断推动医药的进步。

目前，从科研能力以及知识产权保护来看，我国相对于欧洲、美国、日本等发达国家和地区仍然有一定差距。我国的医药企业主要以仿制药为主，生产了世界上大部分的仿制药。同时在仿制药的基础上，通过与跨国企业的合作研发、加强自主研发投入以及引进人才等方式，不断积累资本以及技术，以期实现对仿制药的改进、开发自主创新药物，通过仿创相结合的模式，提升科技实力、市场占有率以及国际竞争力。此外，无论是在仿制还是创新过程中，知识产权都是不可或缺的角色，知识产权保护起到了平衡原研药和仿制药利益的作用，同时也鼓励企业进行不断的自我创新。在国际化的过程中，企业需要持续加强对知识产权保护的重视。

1.3　我国相关专利制度和政策的深化推进

从近几年的宏观政策层面来看，我国迎来了创新药和仿制药发展的良好契机。随着审评审批制度的深化改革，药品医疗器械产业结构调整和技术创新，我国医药产业竞争力将进一步提高，公众对于高品质临床药物和医疗器械的需要将进一步得到满足。

2016 年 3 月，国务院办公厅印发《关于促进医药产业健康发展的指导意见》，加快新型抗体、蛋白及多肽等生物药研发和产业化。2016 年 5 月，中共中央、国务院印发《国家创新驱动发展战略纲要》，鼓励研发创新药物、新型疫苗、先进医疗装备和生物治疗技术。2016 年 7 月，国务院印发《"十三五"国家科技创新规划》，重点支持创新性强、疗效好、满足重要需求、具有重大产业化前景的药物开发，基本建成具有世界先进水平的国家药物创新体系，新药研发的综合能力和整体水平进入国际先进行列，加速推进我国由医药大国向医药强国转变。

为促进药品创新和仿制药的发展，2017 年 10 月，中共中央办公厅、国务院办公厅印发《关于深化审评审批制度改革鼓励药品医疗器械创新的意见》提出：建立药品上市目录集、探索建立药品专利链接制度、开展药品专利期限补偿制度试点、完善和落实药品试验数据保护制度、促进药品仿制生产、发挥企业的创新主体作用。其中，第十七条为："开展药品专利期限补偿制度试点。选择部分新药开展试点，对因临床试验和审评审批延误上市的时间，给予适当专利期限补偿。"❶

2018 年 4 月 12 日，国务院常务会议决定：对进口抗癌药实施零关税并鼓励创新药进口，顺应民生期盼使患者更多受益。其具体措施包括加快创新药进口上市等惠及民生的政策，同时，特别提到了加强医药行业的知识产权保护，包括对创新化学药设置最高 6 年的数据保护期，以及对在中国与境外同步申请上市的创新药给予最长 5 年的专利保护期限补偿等❷。这是我国在实现深化审评审批制度、改革鼓励药品医疗器械创新的总体改革目标过程中迈出的坚实的一步。从鼓励创新的角度，分别设立、完善和落实专利期限补偿制度、数据保护制度。

2018 年 12 月 5 日，国务院常务会议通过《专利法》第四次修正案草案（以下简称"草案"），其中，第五章第四十三条规定：为补偿创新药品上市审评审批时间，对在中国境内与境外同步申请上市的创新药品发明专利，国务院可以决定延长专利期限，延长期限不超过 5 年，创新药上市后总有效专利权期限不超过 14 年❸。该草案初步给出了获得专利期限补偿的对象和延长时间的范围。

随着药品审评审批制度改革的不断深化，我国在药品监管领域阻碍医药创新的政策障碍逐步消除，药品知识产权保护体系也在不断完善，医药产业的研发活力逐渐增强，我国医药创新一定会以更快的速度向前推进。

1.3.1 生物药相关申报程序

我国《药品注册管理办法》中对生物制品的注册进行了分类，不同类别药物要求的申请资料不同。如未在国内外上市销售的生物制剂要求提交完整资料，而对于单克隆抗体可提交完整资料申请或生物类似药申请。与化学药品相比，生物制品的制造和质量管理需要更多的投入和技术积累。

---

❶ 参见中共中央办公厅、国务院办公厅发布的《关于深化审评审批制度改革鼓励药品医疗器械创新的意见》，发布日期：2015 年 8 月 18 日。

❷ 参见中国政府网．"李克强主持召开国务院常务会议 确定发展"互联网 + 医疗健康"措施等［EB/OL］．［2018 - 04 - 12］．http：//www. gov. cn/premier/2018 - 04/12 /content_ 5282000. htm.

❸ 参见人民网．关注！国务院常务会议通过专利法修正案（草案）［EB/OL］．［2018 - 04 - 12］．ip. people. com. cn/n1/2018/1206/c179663 - 30446779. htm.

1.3.2 生物类似药研发与评价指导原则

2015 年，CFDA 发布了《生物类似药研发与评价技术指导原则（试行）》（以下简称《指导原则》），对生物类似药的申报程序、注册类别和申报资料等相关注册要求进行了规范。《指导原则》中指出，生物类似药需要按照新药申请的程序申报，并按照《药品注册管理办法》中相应注册分类进行申报。

《指导原则》的发布，标志着我国第一次有了生物类似药研发和评价的指导性文件和参考依据，有望推动国内生物制药领域的健康有序发展，以满足公众对于生物药的可及性和可支付性。

1.4 美国专利制度下的生物药"链接"与"舞蹈"

美国是世界上最早建立专利制度的国家之一，其特色的制度设计能够给其他发展完善专利制度的国家提供借鉴。同时，美国是世界上最大的药物研发国和消费国，也是世界上最重要的药物竞争市场，其完善的专利制度对世界药物市场产生了深远的影响。

在美国，专利挑战是药物研发上市的重要手段之一。谈到专利挑战，无外乎攻与防，即围绕专利权是否有效以及是否侵犯专利权展开。美国的专利无效制度采用双轨制，即司法途径和行政途径。挑战者可以自由选择，两者各有利弊，在某些行政途径挑战失败后仍然可以进一步寻求司法途径解决。某些专利挑战是由 FDA 的药物审批政策所带来的，包括 Hatch - Waxman 法案框架下的"专利链接"和 BPCIA 框架下的"专利舞蹈"，由此带来的挑战虽然仍是经由司法途径或行政途径来解决，但又都各自有其自身的特点。本章分别简要介绍行政途径和司法途径下专利挑战政策，然后再分别介绍美国的专利链接制度和专利舞蹈。

1.4.1 行政途径的专利挑战

2011 年 9 月美国颁布的美国发明法案（Leathy - Smith America Invent Act，AIA）中，确定了 3 种专利授权后无效程序，包括单方再审（Ex Parte Reexamination，EPR）、双方复审（Inter Partes Review，IPR）和授权后复审（Post - Grant Review，PGR）。

1. 单方再审（EPR）

EPR 是针对专利权有争议的任何人，在专利权授权之后的任何时间向 USPTO 提请的挑战专利有效性的请求，由 USPTO 负责执行。但是，再审理由只能基于新颖性和创造性，证据类型为在先专利和公开出版物，USPTO 受理条件是"有关可专利性的实质性新问题"（substantial new question of patentability，SNQ）。

EPR 仅专利权人可单方参与，提出申请后，申请人无权参与无效过程中，申请人也不可上诉，因此限制了无效请求人参与再审的程度。EPR 程序的提出人可以是任何人，例如专利权人或 USPTO 的负责人。

2. 授权后复审（PGR）

PGR 只适用于 2013 年 3 月 16 日以后申请的专利，其对请求时间的要求非常严格，要求利益关系人在专利授权以后 9 个月内挑战专利，如果时间期限届满，请求人只能通过其他程序在 USPTO 提起专利权无效请求。PGR 的请求人必须是利益关系人，不得匿名申请，由专利审判和上诉委员会（Patent Trial and Appeal Board，PTAB）负责执行审理。另外，USPTO 判定 PGR 程序是否能够立案的标准为"至少成功无效一项专利权利要求的可能性"，这在所有通过行政程序无效专利的立案标准中是要求最高的，即 PGR 的立案难度更高。

PGR 的证据类型和无效理由较宽，证据类型和无效理由均得到极大扩展。美国专利法第 321（b）条中规定，PGR 证据类型可以是基于专利权无效的任何证据，如在先销售、在先公开、专利不可实施、专利不具备显而易见性等。而无效理由也可以是专利侵权中可能涉及的专利权无效的任何理由，包括公开不充分、权利要求不明确、不可专利性的主题、不满足授予专利权的条件（如新颖性、非显而易见、实用性）等。

PGR 程序的审理速度也较快，通常要求在立案后一年内结审，如有充分理由，可延期至一年半。

3. 双方复审（IPR）

2012 年 9 月 16 日美国专利法修改后，双方再审制度由双方复审（IPR）制度代替。IPR 程序是一个新的专利无效程序，由 PTAB 执行。IPR 申请人可以根据美国专利法第 102 条和第 103 条对专利提出没有新颖性或没有创造性的无效请求。IPR 具有如下特点：

首先，IPR 程序审理速度快。美国新修订的专利法规定，USPTO 必须在启动 IPR 程序的一年之内作出最终决定，如果有合理的理由，USPTO 可以最多延长半年。美国法院在审理侵权诉讼时可以与 USPTO 的无效程序同时进行。当事人可以要求法院中止诉讼案件，而法官有自由裁量权决定是否中止诉讼。因为 IPR 程序的审理速度快，很多法官愿意中止同时进行的法院诉讼，以节省诉讼资源，这样也会为当事人节省诉讼费用。

其次，IPR 程序费用相对低且要求败诉无效请求人承担律师费。目前，在涉及非专利实施主体（NPE）的专利诉讼中，认定诉讼中若没有合理的基础，均要求无效请求人赔偿专利权人的律师费。专利权人在应诉过程中，可以向无效请求人说明其诉讼没有合理的基础，如果无效请求人拒绝撤诉，在专利权人胜诉之后，无效请求人可能要赔偿专利权人的律师费，部分无效请求人可能会因此撤诉。

最后，IPR 程序无效成功率相对高。据统计，截至 2015 年 10 月 31 日，启动 IPR 程序的案件中，USPTO 颁布最终决定认定全部和部分权利要求无效的案件比例高达 86%。此外，法院对专利有效性进行司法审查的时候，首先必须推定 USPTO 所核准的专利是合法有效的，但在 IPR 程序中，专利不是被默认有效的，对权利要求范围的解释比法院更广，因此更有利于专利被无效；USPTO 的法官普遍有技术背景，在判决专利无效中更有本领域技术人员的站位。

但是，IPR 程序存在风险性，如果无效请求人在 IPR 程序中败诉，其就不能在其他任何程序（包括专利诉讼和"337 调查"）中根据其他现有技术对专利提出没有新颖性和创造性的无效请求。

专利授权后 3 种行政无效程序的比较如表 1 - 1 所示。

表 1 - 1　美国 3 种专利行政无效的程序比较

	EPR	PGR	IPR
适用时间	授权之后任何时间	授权之后 9 个月之内	授权之后 9 个月后或 PGR 结束之后，或在联邦地区法院提起诉讼的诉状送达后 1 年内
证据类型	基于先前的专利和公开出版物	基于无效的任何证据	基于先前的专利和公开出版物
理由	新颖性和非显而易见性	专利无效的任何理由	新颖性和非显而易见性
无效请求人	任何人，包括专利权人	利益关系人	利益关系人
受理条件	实质性的新问题	至少成功无效一项权利要求的可能性	请求人可能占优势的可能性
是否禁反言	没有	有	有
适用的专利	任何有效专利	AIA 实施之后申请的专利	2012 年 9 月 16 日之后的任何专利

1.4.2　司法途径的专利挑战

较之专利行政无效程序，诉讼无效专利权在程序启动、证据证明力度、程序复杂程度、时间成本以及费用等方面都有更高的要求。一般来说，有以下 3 种司法途径挑战专利的有效性，如表 1 - 2 所示。

表 1 - 2　美国司法途径的专利挑战

专利挑战	提出时机	特　点	无效理由
确权之诉	诉讼前提出	利益双方必须有"确实的争议"	35 U. S. C. 282（b）
无效抗辩	诉讼中提出	仅是诉讼的一个环节，无上诉权	35 U. S. C. 282（b）
无效反诉	诉讼中提出	独立的诉讼，有上诉权	35 U. S. C. 282（b）

仿制药企业可通过向法院提起确权之诉，要求法院宣布专利无效、专利不具有执行性或当事人不侵权。美国联邦最高法院在 2007 年的 MedImmune 案中，确认确权之诉立案的前提是利益双方存在真正的和显著的争议。因此，仿制药企业在许可谈判过程中或在接到侵权通知函等情况下，仿制药企业都可以向法院提出确权之诉，从而对专利权进行挑战，但在某些情况下，如专利舞蹈程序中就规定在提出生物类似药申请之前，不得提出确权之诉。

当专利侵权诉讼被提起时，被告一方可以进行无效抗辩。无效抗辩仅是诉讼的一个环节，不属于单独诉讼程序，不满意无效结果不能够提出上诉。在诉讼答辩状中，仿制药企业必须一次性列举所有的抗辩，否则就认为放弃了该抗辩，被告不能在后续诉讼程序中加入抗辩理由。在专利诉讼中，常用的抗辩理由包括：①专利无效，如发明没有新颖性、显而易见性、权利要求得不到说明书支持、说明书没有充分说明发明以及权利要求不确定；②专利不可执行；③审查历史禁反言原则禁止使用等同原则；④专利权懈怠；⑤专利滥用等。

与专利无效抗辩一样，专利无效反诉的提出前提也必须是在专利侵权诉讼提起时，但不同于无效抗辩，无效反诉是独立的诉讼，不满意无效结果可以对判决结果进行上诉。所以，通常仿制药企业在答辩状中，除了针对原告的诉讼进行无效抗辩，还要提出无效反诉，因为抗辩会因法院或原告的撤诉而无效，反诉则不会无效，被告可选择继续完成诉讼。

通常认为，诉讼程序要比行政途径的专利挑战困难得多。首先，确认诉讼需要有"确实的争议"才能够启动程序。其次，对于证据证明力度，在诉讼中需要证据能够"清楚和可信的"证明争议权利要求是无效的，这远高于专利行政无效程序中对于证据是"有关可专利性的实质性新问题"的要求。再次，通过无效诉讼挑战专利权有效性，存在的问题有价格昂贵；程序时间长，通常需要二至三年；风险利益不等，一项专利被无效后所有潜在侵权人都受益，仅无效请求人承担费用；法院审理结果的不确定性及 3 倍的惩罚性赔偿措施，都会对被控侵权人是否将积极无效专利产生影响等。在同等条件下，行政无效程序较之诉讼具有时间短、效率高、成本低的特点。

1.4.3　美国专利链接制度

1984 年 9 月 24 日，美国通过了 Hatch - Waxman 法案，首次确立了专利链接制度。该法案中规定了原研药的专利保护期限补偿，并对补偿时间的计算以及期限进行了规定。作为平衡，该法案简化了仿制药的审批要求，改为简略新药申请程序（Abbreviate New Drug Application，ANDA）。ANDA 促进了仿制药更快地进入市场以及形成价格竞争，降低专利药价格。此外，Hatch - Waxman 法案还规定了"Bolar"条款，也进一步促进了仿制药的更快审批上市。Hatch - Waxman 法案使原研药企业和仿制药企业以及公众的诉求都在一定程度上获得了平衡，同时该制度的创新性专利链接制度也具有深远意义。

在 ANDA 审批中，Hatch - Waxman 法案将 FDA 的审批行为与专利进行了链接，并设计了结构严密的专利链接制度。

桔皮书在专利链接制度上发挥了重要作用。桔皮书是指经治疗等效性评价批准的药品（Approved Drug Products with Therapeutic Equivalence Evaluation）（由于其封面为桔色，故名），其刊登了 FDA 根据《联邦食品、药品和化妆品法案》已批准的药物，其对于仿制药的 ANDA 申请审批起到了至关重要的作用。Hatch-Waxman 法案规定原研药企业需要在桔皮书中公开与该专利药相关的专利信息。

仿制药企业在提交 ANDA 时，需要根据桔皮书的信息，提供以下 4 种声明之一：

声明 Ⅰ 为该药在桔皮书中没有刊登专利；

声明 Ⅱ 为该药在桔皮书中虽刊登专利，但该专利已失效；

声明 Ⅲ 为声明在所刊登专利失效之前，不要求 FDA 批准该 ANDA；

声明 Ⅳ 为提供证据所刊登的相关的专利是无效的或者仿制药并不侵权其专利权。

显然，声明 Ⅰ～Ⅱ 较为简单，也不视为对专利的挑战。声明 Ⅳ 则是对原研药专利的直接挑战，提出声明 Ⅳ 且在挑战成功后，可以获得 180 天的市场独占期（即 FDA 批准新药上市后，在一段时期内对以该新药为参考药物的仿制药申请不予批准）。

Hatch-Waxman 法案的出现，既满足了原研药企业对于药品专利保护的诉求，也促进了仿制药企业积极发动专利挑战，增加了药物的可及性。但在实际操作过程中，仍然存在一些不足：

第一是关于 180 天市场独占期的起始问题。Hatch-Waxman 法案规定 180 天市场独占期可有两个独立的触发条件，商业上市和法院判决。如果以商业上市为触发条件，那么意味着 FDA 已经批准该药品并且原研药企业并没有在规定的时间内提出诉讼。如果以法院判决为触发条件，则有两个问题，第一是 FDA 可能还没有批准甚至不会批准，导致 180 天的市场独占期不能形成有效的市场竞争。第二是法院判决未明确法院级别。如地方法院的判决可以作为触发条件，那么可能面临后续被撤销的风险。如果以终审判决作为触发条件，则仿制药上市的周期会被拉长。

第二是关于桔皮书上补登专利造成多次 30 个月中止期的问题。由于 FDA 允许在桔皮书上补充新的针对该药物的外围专利（需要在授权后的 30 天内提交），据此专利权人可以提出多个重叠的 30 个月中止期，仿制药企业应对新补充的专利会导致仿制药上市被严重延后。

第三是针对 180 天市场独占期。如果仿制药企业不启动仿制药的上市销售，则 180 天市场独占期会被进一步推迟，或者虽然判决导致 180 天市场独占期已经启动，但仿制药企业可能未全面准备好或出于其他考虑而放弃上市，则会造成事实上的 180 天竞争空白期，从而对原研药企业有利。此外，如果原研药企业会与第一个提出 ANDA 的仿制药企业合作，签订协议支付相应的赔偿金以换取仿制药企业不上市其仿制药物，仍可以防止由于竞争导致的利润降低。这种不正当的市场竞争行为与专利链接制度的设立初衷是背道而驰的。

基于上述问题，美国联邦贸易委员会（Federal Trade Commission, FTC）2003 年 8 月 18 日生效了如下法规：对于必须向 FDA 提交的专利类型作了澄清，必须提交有关活性成分、药物配方和成分以及适应症，对于包装方法和包装形态等专利，不属于可提交的范围。对于提交虚假专利信息可能要承担刑事责任。

总而言之，专利链接制度使原研药的平均有效专利期由 9 年延长至 11.5 年，激发了企业的创新动力，平衡了原研药企业与仿制药企业的利益，降低了药品的价格，提高了药品的可及性；延长了专利药的专利保护期，鼓励风险投资；简化了仿制药上市审批程序，节约了社会成本；加快了仿制药上市，形成有效市场竞争。虽然专利链接制度也存在一定的漏洞，但它在一定程度上平衡了药品开发的创新和加快低成本仿制药批准之间的关系，推动了美国创新药物的快速发展。

1.4.4 美国的"专利舞蹈"

由于生物等效性评价的难度，生物药并没有被纳入 Hatch – Waxman 法案的框架之内。生物制品的属性决定了其审批监管以及仿制都比化学药要难得多，美国关于生物类似药简化审批的政策也一直严重滞后于化学仿制药。直到 2009 年，BPCIA 法案的出现才奠定了生物类似药批准途径的法律基础。同时该法案还设计了一种与 Hatch – Waxman 法案不同的原研药企业与仿制药企业之间进行专利信息交换和专利纠纷解决方案，该方案也被称为"专利舞蹈"（Patent dance）。

1. BPCIA 框架下的生物类似药申请体系

BPCIA 意图建立与已被 FDA 批准的生物制品高度相似的生物制品的简略批准途径。其立法宗旨与 Hatch – Waxman 法案类似，与 FDA 长期以来允许利用已批准药物的某些数据加快低成本仿制药批准流程的一贯宗旨相吻合。在美国，大部分生物产品通常进行生物制品许可申请，只有少部分作为药物进行 NDA 申请。该法案将生物类似药定义为高度相似于原研药参比制品的生物制品，尽管在临床应用的无活性成分中存在微小差异，但在临床上仅考虑比较生物类似药和参比制品之间的安全性、纯度和效价方面是否存在显著性差异。

在市场独占期问题上，考虑到生物药物研发投入更高，BPCIA 给予原研药企业长达 12 年的市场独占期，从而足以弥补因 FDA 审批周期所导致的上市及专利保护延误。此后，在 2016 年 6 月 23 日，美国国会推出基本药物价格救济、创新和竞争法案，将新生物药的市场独占期缩短为 7 年。

另外，根据 BPCIA 的相关规定，生物类似药申请在提交给 FDA 之前，有关专利的确认之诉将不予受理。这也意味着，仿制药企业想绕开 BPCIA 程序解决专利问题的路径受到了阻碍。

BPCIA 虽然规定了简化的程序审批要求，但对于相关审批程序的细节还有待完善。对于不同的生物药，FDA 也会根据该药物的特性要求仿制药企业提供不同的实验数据。2015 年 4 月，FDA 通过了生物类似药申报制度的最终指导文件，明确了用于证明生物类似药与其原研药的相似性的科学依据，还设立了生物仿制药评审委员会。截至 2017 年 12 月，FDA 已批准 9 个生物类似药上市。

美国与生物制品相关的法规如表 1 – 3 所示。

表 1 - 3　FDA 生物制品相关法规

序号	名　称	具体内容
1	公共健康服务法第 351（K）条	美国医改法案中新增的公共健康服务法（Public Health Service Act，PHS Act）第 351（K）条规定了生物类似药的简化程序审批要求
2	公共健康服务法第 505（b）条	2020 年 3 月 23 日前，按照第 505（b）条批准的生物类似药可被认为获得了在第 351（K）条指导下获得的生物许可申请（BLA）
3	生物制品价格竞争和创新法案（The Biologics Price Competition and Innovation Act，BPCIA）	制定生物类似药上市简化程序，希望通过竞争来降低药价，达到医改目的
4	医疗改革法案（Patient Protection and Affordable Care Act）	制定了"生物类似药途径"（Biosimilars Pathway）
5	Scientific Considerations in Demonstrating Biosimilarity to a Reference Product	介绍了一种基于风险的"整体证据"方法，FDA 使用该方法对提交的数据和信息进行评估，以支持对提议产品与参考产品的生物相似度作出判定
6	Quality Considerations in Demonstrating Biosimilarity of a Therapeutic Protein Product to a Reference Product	提供了意向分析因素概述，以考虑何时对提出的治疗性蛋白产品与参考产品之间的相似度进行评价，包括在证明提出的产品与参考产品高度相似的过程中的广泛分析、理化及生物学特征
7	生物类似药收费法案（Biosimilar User Fee Act，BsUFA）	介绍 FDA 生物类似药收费标准
8	在研细胞与基因治疗产品临床前评估指南（Guidance for Industry：Preclinical Assessment of Investigational Cellular and Gene Therapy Products）	规定了细胞治疗与基因治疗产品都适用的临床前研究需要考虑的问题，包括临床前研究目标、对临床前研究设计的总体建议、试验动物物种选择、疾病的模型动物选择、毒理学研究、产品在体内运输需要考虑的问题、良好实验室规范、动物使用的 3R2 原则、用于后期临床试验的产品开发、临床前研究报告；分别针对在研细胞治疗产品和基因治疗产品提出建议
9	生物产品分析方法验证指南草案（Guidance for Industry Bioanalytical Method Validation Draft Guidance）	生物产品的分析方法开发与验证要求；阐述了全验证、部分项目验证和交叉验证；列出了 11 种分析方法的变更实例；分析方法验证的文件要求等

资料来源：美国生物制品监管体系概览（www.ipprc.com）。

2. 复杂的"专利舞蹈"

与专利链接制度不同的是，生物仿制药在 ANDA 申请时，实现专利链接需要原研药企业与仿制药企业之间频繁的互动，故此得名"专利舞蹈"。

"专利舞蹈"程序简要概括如下：

1）仿制药企业向 FDA 提出上市申请；

2）申请受理后 20 天内，仿制药企业向原研药企业提交相应的申报资料和生产工艺信息；可能需要向原研药企业提供其要求的或者与其利益相关的其他信息；

3）原研药企业提供其认为受到侵权的专利清单；

4）仿制药企业需提供自身的专利清单，附带详细描述原研药企业清单中专利是否无效，是否被侵权；

5）若双方就这一轮"专利舞蹈"（patent dance）达成一致，30 天内，原研药企业可以提起诉讼；

6）若双方未就这一轮"专利舞蹈"达成一致，则应启动下一轮专利清单交换；

7）若需进行下一轮"专利舞蹈"，此时，由仿制药企业先提出一个合理的清单专利数字/数目（为防止后期诉讼的压力过大），而原研药企业提供的清单中专利数量不能超过该数字，双方交换专利清单，30 天内，原研药企业可以提起诉讼；

8）同时，原研药企业在仿制药上市前可寻求临时禁令：仿制药申请人在 FDA 批准上市后，在药品首次上市之前 180 天通知原研药企业；原研药企业在接到上市告知后，可以寻求临时禁令，直到法院对争议专利作出判决后，方可解除临时禁令。

从以上规定可以看出，整个舞蹈程序过于烦琐复杂，直至 FDA 批准了第一个生物类似药 Zarxio，各地区法院对这些规定仍有许多争议。

为什么 BPCIA 法案抛开了成熟且行之有效的专利链接制度，另辟蹊径建立"专利舞蹈"程序呢？至少有以下两个原因：

第一，生物药的核心不但在于最终的产品，制备方法如生物表达体系同样是生物药的核心内容，直接决定了仿制药物与原研药物在药效、生物安全性上的异同。如果仿制药企业不将相关信息提供给原研药企业，原研药企业通常很难确定对方是否侵权，导致专利诉讼存在大量变数，这对于原研药企业是不利的，因此有必要采用信息交换程序来确定专利诉讼的范围。同样，信息交换过程也有利于仿制药企业进一步评估侵权风险。同时，信息交换过程也有利于 FDA 进一步评估该生物仿制药与原研药之间的异同，以便于确定药物审批过程中所需要的实验数据。

第二，生物类似药和化学仿制药的最大不同在于，化学仿制药的化学实体与其原研药相同，这是仿制药能够进行简略审批程序的前提，而对于生物类似药来说，其仅仅是相似的，绕开原研药物的专利就变得更加容易。基于上述不同，专利链接制度是仿制药企业对原研药企业主动发起专利挑战，即认为桔皮书上的专利无效或无法实施，以挑战来获得产品早日上市以及 180 天市场独占权。对于生物类似药来说，仿制药企业更加愿意强调产品之间存在的不同，因此法案设计者认为充分的信息沟通或许能够减少诉讼发生。

3. 跳还是不跳? 这是个问题

2015 年 3 月 6 日,FDA 批准了山德士的 Zarxio,这也是在美国获得批准的第一种生物仿制药,到 2017 年 4 月 21 日,FDA 一共批准了 5 种生物类似药,如表 1 - 4 所示。

表 1 - 4　FDA 批准的生物类似药汇总

批准日期	仿制药企业	仿制药物名	原研药企业	原研药物名
2015 - 03 - 06	诺华山德士	Zarxio	安进	Neupogen
2016 - 04 - 05	辉瑞 &Celltrion	Inflectra（辉瑞）、Remsima（Celltrion）	强生	Remicade
2016 - 08 - 30	诺华山德士	Erelzi	安进	Enbrel
2016 - 09 - 23	安进	Amjevita	艾伯维	Humira
2017 - 04 - 21	三星	Renflexis	强生	Remicade

Zarxio 是通过美国 BPCIA 法案创建的新的生物仿制药途径批准的首个生物仿制药。

2014 年 7 月,山德士收到 FDA 对于 Zarxio 的审查通知,随即通知了原研药企业安进,但拒绝披露完整资料,同时向安进提出其 180 天上市前通知。

2014 年 10 月,安进于北加州地方法院提出诉讼,起诉山德士侵权,并且依据加州反不正当竞争法,认为山德士没有按照 BPCIA 的要求提供申请和生产信息,因此,依据 BPCIA 寻求禁令救济,并且认为 180 天上市通知应当是在 FDA 批准以后通知。

山德士一方面认为涉案专利无效,不构成侵权,另一方面主张其行为未违反 BP-CIA。因为 BPCIA 相关法条中规定,如果生物类似药公司没有遵从任一项"专利舞蹈"程序,原研药企业可直接提起侵权诉讼,表明"专利舞蹈"并非强制性程序。

2015 年 3 月 6 日,FDA 对于 Zarxio 颁发了上市批文。山德士向安进发出药品上市通知。

2015 年 3 月 19 日,北加州地方法院对山德士依照 BPCIA 提起的反诉进行了部分裁决,支持了山德士的解释,并且认可山德士对于 180 天通知时间点的认定,驳回了安进的不正当竞争诉由。安进不服判决,向美国联邦巡回上诉法院提起上诉。

2015 年 7 月 21 日,联邦巡回上诉法院作出判决,认为类似药企业是否披露其生产和工艺信息是公司自由,即认可"专利舞蹈"非强制性规定,因而拒绝了安进的禁令要求。但对于 180 天通知的起始点,联邦巡回上诉法院认为必须获得 FDA 批准之后才能提出,其理由是,如果类似药企业还没有获得 FDA 批准,那么 180 天上市通知是没有意义的,并且认为 BPCIA 关于 180 天提前通知的规定,是为了给原研药企业足够的时间做好专利诉讼的准备。由于 FDA 于 2015 年 3 月 6 日批准了 Zarxio,因此,山德士不得不等待了 6 个月以后,才于 9 月 3 日宣布在美国上市。

山德士虽然推迟了 Zarxio 的上市,但并没有就此善罢甘休,2016 年 2 月,山德士将该案诉至联邦最高法院,认为 FDA 批准后再经过 180 天等待期,本质上使得原研药市场额外获得 180 天市场独占权,希望联邦最高法院予以澄清。

2017 年 6 月 12 日，美国联邦最高法院作出了终审判决，认为申请人在获得批文之前，是否必须提供相关通知，由各州法确定，而不由依照联邦法的禁令救济来执行；仿制药企业必须在首次商业化销售前 180 天通知原研药企业，而非在获得批文后首次商业化销售前 180 天告知原研药企业，即否定了 180 天的等待期。

纵观该案，Zarxio 不但开启美国生物类似药审批先河，同样通过该案，将 BPCIA 立法中一些悬而未决的难题予以厘清。或许 BPCIA 的立法初衷是加快生物仿制药的上市步伐，但从其实际效果来看，很难说"专利舞蹈"促进了仿制药上市。至少从审批的生物类似药数量来看，这一制度很难令仿制药企业满意，显而易见的例子就是，Zarxio 在 2009 年已经在欧洲销售。通过该案，进一步明确了"专利舞蹈"并不是生物类似药在美国上市的必选动作，可以预期未来会有越来越多的生物类似药企业选择避开"专利舞蹈"，这样做的好处至少有以下两点：第一，避免商业秘密的泄露；第二，加快诉讼进程，而不必等到 8 个月的"专利舞蹈"结束才进入诉讼程序。对于原研药企业来说，被迫进行一些谈判也并不是那么令人愉快的事情，如果第一轮信息交换没有达成共识，那么仿制药企业还可以限制专利诉讼中所涉及的专利数量。因此，对于攻防双方来讲，参与"专利舞蹈"多少有些不情不愿，立法者精心设计的专利舞蹈，让参与者跳得有些尴尬，将来专利之舞要不要跳，如何跳，仍需要各方谨慎选择。

毫无疑问的是，联邦最高法院的判决显示了这样的一种倾向，即倾向于如何加速仿制药物的上市，这与 FDA 的一贯追求是吻合的，该判决具有加速生物仿制药行业发展的深远意义。虽然 FDA 在生物类似药的审批上显得有些谨慎，但随着联邦最高法院的明确判决，FDA 一方面需要承担更重要的角色，如对 BPCIA 的相关规定给出更为清晰的解释，另一方面，会进一步加快生物类似药的审批和上市步伐。仿制药企业也会从该判决中得到激励，寻找适合自己的仿制药上市之路。

第 2 章　完美布局下的专利软肋

【编者按】作为第一个在乳腺癌治疗中显示切实疗效的生物治疗药物，赫赛汀的专利和市场布局可谓金城汤池，然而表面的无懈可击暗藏软肋，各方力量通过诉讼、无效等专利挑战手段进行精准突破，为自家市场谋求畅通之路。

2.1　赫赛汀药品基本情况

赫赛汀（Herceptin）是人源化的抗人类表皮生长因子受体 2（Her2）的单克隆抗体，能够显著抑制 Her2 蛋白高度表达的人类乳腺癌细胞的生长，对乳腺癌的治疗具有明显的效果。它是基因泰克公司（其于 2009 年被罗氏全资收购）研发生产的一种抗体药物，是第一个分子靶向的抗癌药，第一个在乳腺癌中显示切实疗效的生物治疗药物。

乳腺癌是全世界女性最常见的一种疾病，2012 年有近 170 万新增病例，在美国，每 8 位女性中就有一位乳腺癌患者。同时，乳腺癌疾病在过去 20 年取得了积极的治疗效果。20 世纪 90 年代初，乳腺癌治疗尚处于起步阶段，大部分采用阿斯利康公司研发的激素疗法，但是 1/5 的患者 Her2 受体过度表达，激素治疗效果不佳。在赫赛汀研发成功后，随着帕妥珠单抗（Perjeta）和曲妥珠单抗偶联物（Kadcyla）的使用，较大地提高了患者的存活率。

1998 年 9 月 25 日，赫赛汀被美国食品药品管理局（FDA）首次批准用于治疗 Her2 阳性的晚期乳腺癌转移患者。2010 年 1 月，赫赛汀在欧盟获得上市批准，成为首个治疗胃癌的 Her2 靶向抗癌药。

罗氏制药公司（以下简称"罗氏"）是赫赛汀的原研药企业，赫赛汀作为"超级重磅炸弹"药物，为罗氏带来了巨额利润，2015 年全球销售额达到 65.38 亿瑞士法郎❶，同比增长 4.2%。从 2002 年赫赛汀获得 CFDA 批准上市以来，其在中国的销售也在稳步增长，2015 年销售额达到约 20 亿元人民币。

赫赛汀在享有"明星药物"光环的同时，也面临着"专利悬崖"的窘境。"巨大的市场缺口""丰厚的产品利润"以及"专利悬崖的来临"无疑使得赫赛汀成为国内外众多抗体药物相关企业关注的焦点。目前赫赛汀的仿制药仅在少数国家有售，例如美国迈兰 – 百康公司（Biocon/Mylan）的赫赛汀生物仿制药 Hertraz 和韩国赛特瑞恩公司（Celltrion）的 Herzuma，这 2 种仿制药在美国、欧洲、日本等重要市场均未上市。赫赛

---

❶ 数据来源为 2015 年罗氏财务报告。

汀的核心专利在欧洲已于 2014 年到期，在美国的专利权也将于 2019 年到期，预计迈兰-百康的 Hertraz 有望在欧洲和美国上市。中国也有数家制药企业对赫赛汀仿制产生了浓厚兴趣，例如复宏汉霖（复星医药）、嘉和生物、安科生物、国药集团、浙江医药股份有限公司等，其中有与欧美公司合作开发的企业，也有自行开发企业，均在积极地构建相关专利体系，并且对罗氏的部分专利提出了无效宣告请求，以更积极主动的方式参与抗乳腺癌药物的市场中。

2.2 原研公司的专利布局

2.2.1 全球核心专利和外围专利

赫赛汀的核心专利主要涉及产品本身及其衍生物，外围专利包括制备赫赛汀的细胞系及动物模型，对患者的个性化治疗方案、治疗追踪和预后评估等。图 2-1 概述了自 1980 年开始的赫赛汀产品相关重点专利分布情况。

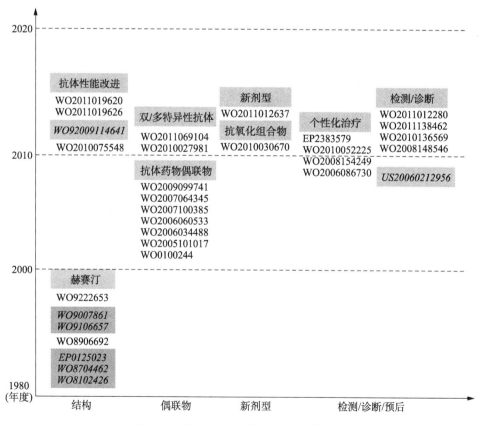

图 2-1 罗氏对于赫赛汀的产品专利分布

注：灰色斜体为非核心专利，部分专利原申请人为基因泰克。

1988 年，基因泰克申请了首项涉及 Her2 单克隆抗体的专利 WO8906692A1，该申请涉及制备获得的鼠源化单抗 4D5 并证明了 4D5 能够抑制人乳腺癌细胞系 SKBR - 3 的生长。1991 年，基因泰克申请了赫赛汀的产品核心专利 WO9222653，主要涉及对鼠源化单抗 4D5 的人源化改造及其制备方法，其对抗体结构的精细改造包括将抗体恒定区变为人源序列，同时将直接接触靶抗原的抗体互补决定区（CDR）仍然保留为鼠源。这种改造的优点是显而易见的，能够降低人体对鼠源抗体的排异反应，延长抗体的体内半衰期。该专利为靶向 Her2 的单克隆抗体打开医药市场奠定了重要基础。

截至 2014 年 4 月，罗氏共提出约 154 项 Her2 抗体药物相关专利，其中，涵盖了 Her2 抗体及抗体改造、生产和制备、抗体药物的适应症、与其他药物的联合应用、抗体制剂、相关疾病的诊断等方面。

随着抗体偶连药物（ADC）的兴起，罗氏也开展了曲妥珠单抗与美登素 DM1 偶联的 ADC 药物的相关研究，并于 2000 年申请专利 WO0100244A2（中国同族专利 ZL008117829），请求保护 Her2 抗体 - 美登素偶联物及其在癌症治疗中的用途。此时，距赫赛汀首件专利申请提出已有 12 年的时间，ADC 药物相关专利的提出，标志着罗氏 Her2 抗体相关专利布局进入其延伸扩展时期，不仅是针对抗体药物治疗性能的延伸，也是对人源化 4D5 抗体保护期限的延伸。罗氏在开发 ADC 药物的同时，在抗体改造、抗体生产制备、适应症、药物联用等方面展开了大规模的深入研究。其间，罗氏还针对 Her2 抗原的不同表位推出了 2C4 单抗（即帕妥珠单抗，ZL2005800319054）、7C2/7F3 抗体组合物（US2008112957A1），再一次扩大 Her2 抗体相关专利壁垒的围墙。并且，对于其较为关键和核心的技术，都进行了多国家和地区的专利布局，说到 Her2 抗体治疗适应的患者人群，罗氏也在 Her2 抗体的适应症方面进行了拓展。Her2 相关抗体不仅可以用于 Her2 阳性转移性乳腺癌患者的治疗，2010 年，欧盟批准了赫赛汀治疗 Her2 阳性胃癌，FDA 批准其治疗 Her2 阳性转移性胃癌和胃食管交界癌。罗氏还针对 Her2 阳性的糖尿病、前列腺癌、肺肿瘤和牛皮癣等病症提出了 Her2 抗体治疗方案（WO0059525A2、ZL008108668、ZL038216256、WO2004048525A2），其是否能够通过临床试验论证，还需拭目以待。

在药物制剂、剂型的改进上，罗氏也不遗余力，虽不如抗体改造和药物联用研究的投入大，但在 1996～2013 年始终没有间断过，其涉及抗体药物的稳定化制剂、抗氧化制剂、皮下注射剂型等方面。尤其吸引眼球的是 ZL2010800434142，其高浓度、高稳定性的赫赛汀皮下注射剂借助 Halozyma 公司的 Enhanze 技术，赫赛汀静脉滴注的给药时间为 30～90 分钟，而皮下注射给药仅需要 2～5 分钟，且患者可自行给药，这种显而易见的优越性使得赫赛汀的皮下注射剂型具有替代传统静脉滴注给药的巨大潜力。

2.2.2　中国核心专利

构建专利壁垒的同时，罗氏在中国也进行了严密的专利布局，包括赫赛汀的产品、生产工艺、用途等均有大量申请，如表 2 - 1 所示。

表 2-1　赫赛汀中国核心专利

序号	申请信息			在华法律状态	
	申请日	公开号	发明点	在华专利	状态
1	1996-07-23	WO9704801	稳定的冻干制剂	ZL961958308	无权
2	1999-05-03	WO9957134	离子交换层析	ZL99805836X	无权
3	1998-12-10	WO9931140	与化疗剂联用	ZL988120976	有权
4	2000-06-23	WO 0100244	抗体-偶联药物	ZL008117829	有权
5	2008-10-17	WO2006034488	抗体-药物偶联	ZL2005800402070	有权
6	2000-08-25	WO0115730	有效使用剂量	ZL008145903	无权
7	2009-09-01	WO2010027981	多特异性抗体	ZL2009801345124	有权
8	2010-07-28	WO2011012637	皮下给药制剂	ZL2010800434142	有权
9	2010-07-22	WO2011009623	柱层析参数的改进	ZL2010800327348	有权

就在华法律状态而言，WO9957134 是其核心专利，在华申请有 6 件，其中 3 件已经获得专利授权，2 件失效，1 件在审。涉及的保护范围主要为一种利用离子交换层析技术纯化多肽的方法，纯化的抗 Her2 抗体蛋白中，酸性降解蛋白含量小于 25%。同样，WO9704801、WO9931140、WO0115730 也是较为重要的专利，其分别涉及抗 Her2 抗体的稳定的冻干制剂的制备、与化疗药物的联合使用以及抗体的最佳使用剂量等，均是在仿制药制备过程中可能涉及的相关技术。

2.3　竞争对手的专利构成

乳腺癌药物市场竞争极其激烈，赫赛汀受到强烈冲击，既有其他原研药企业的乳腺癌药物的陆续上市，也有专利到期后，各大仿制药企业的仿制药物的冲击。

2.3.1　赫赛汀仿制药分析

生物类似药是与原研药物高度相似，在纯度、活性与安全性上没有任何临床意义差异的生物制品。由于生物制品的结构复杂，生产工艺烦琐且可变性大，因此仿制药与原研药有相似性，又不完全相同。赫赛汀低分子量的仿制药于 2006 年上市，高分子量的单克隆抗体药物仿制药直到 2013 年才被欧洲药品管理局（EMA）批准上市，而现在正是全球仿制药研发的高峰。

赫赛汀在欧洲的药物专利已于 2014 年 7 月到期，在美国的药物专利也将于 2019 年 6 月到期。目前，赫赛汀仿制药种类众多，适应症包括早期乳腺癌、胃癌。已经上市的赫赛汀仿制药包括印度的 CanMab、韩国的 Herzuma（CT-P6）、俄罗斯的 BCD-022；处于Ⅲ期临床阶段的仿制药有美国的 ABP-980 和 PF-05280014、印度的 Hercules（Myl-1401O）、韩国的 SB3；处于Ⅰ期临床阶段的仿制药有韩国的 HD201 等。能够看出，在仿制药领域，印度、韩国、俄罗斯较为领先。已有的仿制药具体汇总如表 2-2 所示。

表 2 - 2　赫赛汀仿制药目录

仿制公司	仿制药通用名	状态
阿维特斯、安进、荷兰奈梅亨（Synthon）（美国/荷兰）	ABP - 980	Ⅲ期临床
领先生物（俄罗斯）	BCD - 022	上市
百康、迈兰（印度）	CanMab	上市
	Hercules（Myl - 1401O）	Ⅲ期临床
BioXpress Therapeutics（瑞士）	—	在研
赛特瑞恩（韩国）	Herzuma（CT - P6）	approval in Korea；Phase Ⅲ in EEA
韩华化学（韩国）	HD201	Ⅰ期临床
Oncobiologics、Viropro（美国）	—	在研
辉瑞、赫士睿（美国）	PF - 05280014	Ⅲ期临床
PlantForm（加拿大）	—	在研
三星 Bioepis（韩国）	SB3	Ⅲ期临床
史达德、吉瑞医药（德国/匈牙利）	—	在研

注：EEA = European Economic Area。

对仿制药的上市或Ⅲ期临床试验预期结束的时间总结如图 2 - 2 所示。

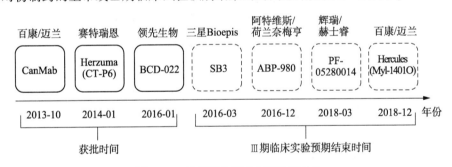

图 2 - 2　赫赛汀仿制药上市时间对比

1. 印度的 CanMab

2014 年 2 月，印度百康在印度推出 CanMab，该药是全球首个赫赛汀的生物仿制药，于 2013 年 10 月在印度以生物类似物的方式获得印度药物监管机构批准，CanMab 由百康与迈兰合作开发。

2013 年 7 月，印度专利局撤销了罗氏赫赛汀的分案专利，理由是相关申请未能正确提交。同时，印度政府正考虑针对赫赛汀发布一份强制许可。之后，罗氏发表声明不再继续赫赛汀在印度的专利申请，声称这一决定是出于对印度特定权利的强度和知识产权环境的总体考虑。印度有约 130 亿美元的药物市场，其中仿制药销售占药品销售的 90% 以上。迄今为止，印度已撤销了包括辉瑞、罗氏、默克等制药巨头多种药物的专利，所有这些被撤销的理由中均包括缺乏创新的理由。

过去的一段时间里，印度药物监管机构对于小分子化学药物的审批已经有仿制药指南，但对于生物类似物还没有具体的指导原则，这一情况是针对生物类似物申请需要更多的实验数据才能获批。印度负责生物类似物审批的机构是科学技术部下属的生物技术部（DBT），其通过遗传操作审查委员会（RCGM）和印度中央药品标准控制组织（CDSCO）进行审批。自从印度 2000 年批准了首个乙肝疫苗的生物仿制物之后，已经有 50 多个包括疫苗、抗体、生长因子、胰岛素在内的生物仿制物获批。

2. 韩国的 Herzuma（CT - P6）

Herzuma 是韩国赛特瑞恩公司开发的赫赛汀仿制药，于 2014 年 1 月由韩国食品药品安全部（MFDS）批准在韩国上市，批准的适应症是 Her2 阳性乳腺癌及晚期（转移性）胃癌。Herzuma 在韩国的获批是基于从 2009 年 8 月到 2011 年 12 月来自 18 个国家和地区（包括欧洲）的 558 例患者的临床数据。Herzuma 预期在韩国国内市场规模为 800 亿韩元（约合 8000 万美元），该药物的引入使得韩国国内赫赛汀价格下降到原来的 70%。同时该药物（在欧洲对应为 CT - P6）也在欧洲提交审批，于 2014 年 4 月进入欧洲Ⅲ期临床，针对的适应症也是 Her2 阳性早期乳腺癌，审核期预期为 3 年。2018 年 3 月，该药在欧洲通过了原研药所有适应症的使用。

目前，赛特瑞恩是全球第二大单抗药物生产企业，也是亚太地区最大的单抗药物生产企业。Herzuma 并不是其首个上市药物，其针对强生公司的关节炎重磅药物类克（Remicade，通用名为 Infliximab，英夫利昔单抗）生产的单抗生物仿制药 Remsima 于 2013 年 9 月获 EMA 批准，是全球首个获发达国家批准的单抗生物仿制药。

3. 俄罗斯的 BCD - 022

BCD - 022 是俄罗斯领先生物（Biocad）开发的赫赛汀仿制药，于 2016 年 1 月以非原研药由俄罗斯卫生部批准在俄罗斯上市。同样，虽然俄罗斯有很大的仿制药市场，但对于生物制品及非原研药尚无监管标准。

领先生物于 2015 年 11 月、2014 年 4 月还分别获得了俄罗斯国内贝伐珠单抗的仿制药 BCD - 021 和利妥昔单抗的仿制药 BCD - 020 的上市批准，以上 3 个药物都是在俄罗斯经济现代化和技术发展委员会的联邦创新项目的支持背景下开发的。领先生物是全球著名的抗体生产公司，拥有目前全球范围内最多样化的人类抗体库，市值估计为 10 亿美元。其和辉瑞于 2012 年签署了一项共同生产血友病药物的协议。

目前，非原研药在俄罗斯的审批可能不需要如欧洲仿制药审批那么严格的标准，EMA 要求仿制药与原研药相同标准的质量、安全性和有效性，还包括与参考产品之间严格的对比实验。

4. 临床在研药物

目前处在Ⅲ期临床阶段的赫赛汀仿制药主要有美国和荷兰的艾尔建（Actavis）、安进（Amgen）和 Synthon 合作开发的 ABP - 980，Ⅲ期临床结束时间为 2017 年 1 月；美国辉瑞（Pfizer）和赫士睿（Hospira）共同开发的 PF - 05280014，预期Ⅲ期临床结束时间为 2020 年 6 月；印度百康和迈兰合作开发的 Hercules（Myl - 1401O），Ⅲ期临床结束时间为 2018 年 8 月；韩国三星 Bioepis 开发的 SB3，Ⅲ期临床结束时间为 2017 年 2

月。能够看出，在仿制药领域，多呈现大公司间的强强联合，例如艾尔建和安进，其已经共同开发了 4 款肿瘤单抗的仿制药，ABP - 980 为其中之一。

5. 国内仿制药

中信国健生产的赫赛汀仿制药赛普汀已于 2014 年获得生产批文，但后来撤销生产申请。上海复宏汉霖生物技术有限公司的 HLX02，目前针对乳腺癌已经进入Ⅲ期临床试验，预计于 2019 年递交上市申请。三生制药于 2018 年 8 月向 CFDA 递交了该药的上市申请。2016 年 7 月，华兰基因工程有限公司申报的赫赛汀仿制药也取得 CFDA 批准的临床试验批件，其他已经获批临床的企业包括齐鲁制药、嘉和生物、安科生物、深圳万乐等。

2.3.2 其他原研药的竞争分析

在乳腺癌药物领域，除了赫赛汀，目前已经上市的药物还有辉瑞的 Ibrance（帕博西尼），Ibrance 是一种首创的口服靶向性细胞周期蛋白依赖性激酶 4 和 6（CDK4/6）的抑制剂，能够恢复细胞周期控制，阻断肿瘤细胞增殖，用于治疗 HR 阳性、Her2 阴性的晚期/转移性乳腺癌。Ibrance 是全球上市的首个 CDK4/6 抑制剂。之前，Ibrance 已于 2015 年 2 月获美国 FDA 加速批准，联合 Femara（letrozole，来曲唑）用于既往未接受过系统治疗以控制晚期病情的绝经后女性 HR + /Her2 - 晚期或转移性乳腺癌的一线治疗。其中，Femara 是诺华的抗肿瘤药物。辉瑞抗癌药 Ibrance 被英国药品与健康产业管理局（MHRA）授予"重大创新新药"资格，这意味着 Ibrance 离进入英国药物快速审批通道 EAMS 更近了一步。

辉瑞拥有乳腺癌治疗相关专利 200 多件，其中，涉及 CDK4/6 抑制剂的专利有 18件，例如，EP1156332 涉及样品中 CDK 酶抑制剂的方法；US2006142312 涉及一种 CDK4 抑制剂，所述抑制剂能够用于治疗癌症。

与赫赛汀竞争的原研药还有诺华的 Afinitor（依维莫司，everolimus），旨在与另一种药物依西美坦（Aromasin）联合用药，用于治疗经另 2 种药物治疗后复发或进展的癌症。2012 年 7 月，FDA 批准诺华药物依维莫司用于特定类型乳腺癌女性患者的治疗。该药是一类 mTOR 抑制剂中的首个新药，被批准用于绝经后女性患者晚期 HR 阳性及 Her2 阴性乳腺癌的治疗。EMA 曾在 2012 年 6 月鼓励使用依维莫司治疗乳腺癌。2007年 12 月 14 日，EMA 有条件地批准葛兰素史克治疗 Her2 阳性晚期或转移性乳腺癌新药拉帕替尼在欧洲上市。其与卡培他滨联合治疗 Her2 过度表达的晚期或转移性乳腺癌，可延长疾病进展时间。

2.4 专利纠纷及诉讼

生物医药行业具有高风险、高投入、高收益的特点，一项好的创新药从前期研发、实验室实验、临床试验到投入市场，所需的资金可能高达数 10 亿美元。在国际市场竞争激烈的背景下，保护好已有的研发成果和商业秘密绝非易事，而专利无疑是最有效的保护方式之一。目前来看，专利战已经成为争夺市场、遏制竞争对手的有力武器。

赫赛汀是典型的年销售额极高的"重磅炸弹"药物，因而也成为侵权纠纷的热点药物，可以说赫赛汀是罗氏（包括基因泰克）涉及诉讼最多的抗体药物，尤其是在技术的发源地美国，赫赛汀的侵权纠纷就一直没断过。

2000年6月8日，美国凯龙公司（Chiron）以1项专利侵权为由，控告赫赛汀侵犯US6054561专利权。该案件由美国加利福尼亚东区地方法院负责审理调查（诉讼号为NO. CIV. S−00−1252）。专利US6054561主要涉及与Her2结合的鼠源单克隆抗体。基因泰克辩称该专利涉及鼠抗体，而赫赛汀是人源化抗体，同时基因泰克反诉凯龙专利无效。基因泰克针对1984年的在先专利进行分析，指出在1984年，本领域对单克隆抗体的定义与1995年时的定义有着很大区别，当时单克隆抗体均为杂交瘤细胞生产，且所产生的均为鼠源单克隆抗体。由此可见，凯龙1984年的专利申请中不可能包含嵌合抗体和人源化的技术方案。经过多次审理，地方法院最终作出判决，认定凯龙专利无效，被告基因泰克没有侵权。凯龙不服，向美国联邦巡回上诉法院上诉（案卷号为03−1158和03−1159）。2005年8月3日，美国联邦巡回上诉法院作出裁决，维持一审判决，认定凯龙专利无效，基因泰克没有侵权。案中，基因泰克的应诉理由充分反映了生物领域的重要特点，即生物技术发展的日新月异。基因泰克最终获得胜诉的主要原因在于，其通过充分调研找到了本领域中重要的技术转折点。针对技术转折点的有效举证分析，并从定义、技术普及度、相关平台技术等多个角度进行分析，从而将在先发明/申请且保护范围宽泛的涉诉专利宣告无效。

2010年5月11日，基因泰克向美国加利福尼亚北区地方法院提起上诉，请求法院判决基因泰克的赫赛汀产品未侵犯宾夕法尼亚大学的US6733752专利权，并诉上述专利无效（诉讼号为10−CV−02037）。整个诉讼历时2年多，在此期间，法院共作出22次判决。经过多次交锋，2012年5月14日，美国地方法院作出总结判决，驳回基因泰克的诉讼请求，认定US6733752专利有效，基因泰克的赫赛汀产品侵犯该涉诉专利的专利权。

1999年5月28日，葛兰素威康控告赫赛汀和美罗华侵犯其专利US5654403和US5792838（也称"Smith专利"，民事诉讼案件编号为99−335−RM）。1999年7月19日，基因泰克申诉自己没有侵权，并反诉上述Smith专利无效。2000年3月31日，基因泰克提请法院作出即决判决，其认为赫赛汀和美罗华没有落入Smith专利的保护范围。2000年4月21日，葛兰素威康明确了Smith专利的所有限定内容。2000年5月5日，葛兰素威康提交了检测赫赛汀和美罗华的实验结果。最终，法院认为该案具有真正实质性问题存在，不适合作出即决判决，驳回了基因泰克的诉求。

2008年10月27日，赛诺菲诉讼基因泰克和生物基因公司在美国"通过制造、使用、销售或许诺销售……"，以及采用哺乳动物细胞悬浮培养制造包括阿瓦斯汀、赫赛汀、美罗华、Raptiva、Xolair、Activase、Cathflo、Pulmozyme和TNKase等生物治疗剂，侵犯了其2项专利。涉案专利涉及使用源于HCMV的DNA。基因泰克宣称这些产品没有侵犯赛诺菲的专利。其中涉案的8个产品的制备并没有涉及CMV增强子。

2010年8月13日，基因泰克致函PDL公司，声称关于其单抗药物阿瓦斯汀（贝伐珠单抗）、赫赛汀（曲妥珠单抗）等在欧洲销售的产品不侵犯PDL公司在欧洲（部分国家）获得的药品补充保护证书（SPC）的相关权利。2010 年 8 月 27 日，PDL 公司在内华达州法院提起诉讼，要求基因泰克继续支付特许权使用费。2010 年 11 月，基因泰克向法院提出驳回 PDL 公司起诉的申请❶。2011 年 7 月，法院裁定 PDL 公司胜诉。这项诉讼的背后是 2 家公司间的巨额经济利益。事实上，在基因泰克于 2010 年 8 月 13 日向 PDL 公司致函后，就引发了 PDL 公司股价的大跌。在该案之后，PDL 公司公开的 2012 年第 3 季度报告显示收入约为 85 亿美元、同比增长 2%，其中，赫赛汀等药物的使用权费用是拉动其业绩增长的主要原因之一❷。

专利侵权纠纷往往伴随着专利权无效的宣告程序。专利权无效宣告已经被越来越多的企业用来作为与对手抗衡的有力武器。除了无效的应诉手段外，从企业接到侵权诉讼状到开庭审理的这一段时间内，如何答辩以及制定何种应诉策略都是需要企业谨慎应对的，稍有差池，可能使企业深陷专利池沼。在专利纠纷案件中，往往涉及复杂的技术问题和法律问题，两者相互交织，使案情显得扑朔迷离。要在专利纠纷中稳操胜券，必须既对案件涉及的技术问题有深入的理解，又对其中涉及的法律问题有准确的把握。综合来看，不管使用何种策略和手段，国际巨头企业都将专利诉讼作为商业竞争的重要武器。它们普遍高度重视专利的申请策略，在投资时能有机结合专利部署，熟悉并灵活运用多种专利防御和专利攻击技巧，藉此获得尽可能多的市场份额和经济收益。

目前来看，我国的抗体药物企业整体实力与国际巨头企业存在较大差距，主要集中在药物仿制、衍生物或新剂型开发领域。由于缺乏专利规避措施，国内企业时常面临着侵犯专利权或不公平竞争的起诉。由此可见，中国企业必须意识到，虽然我国抗体药物研发和产业化总体处于较为初级的发展阶段，拥有自主研发和自主知识产权的抗体药物并不多，但随着我国科研和技术水平的不断提高、制药行业的不断发展，与巨头企业的竞争将是必然要面对的问题。可喜的是，我国企业通过对国外专利侵权、无效典型案例的学习，已经开始化被动为主动，拿起专利的武器，构建自身的专利网络，与其他专利相互挟制，并且充分研究技术，能够较为熟练、有技巧地针对关键专利提出无效宣告。

2.5　布局软肋的发现及专利挑战

2.5.1　美国的挑战

1. 菲吉尼克斯公司挑战基因泰克公司

（a）案情简介。

该案例涉及菲吉尼克斯公司针对基因泰克公司关于赫赛汀的核心专利 US8337856B2

❶　PDL Biopharma. Nevada State Judge Denies Roche and Genentech's Motions to Dismiss PDL BioPharma's Complaint [EB/OL]．[2011 - 07 - 11]．http：//investor. pdl. com/releasedetail. cfm? ReleaseID = 611897.

❷　PDL Biopharma. PDLBioPharma Provides Third Quarter 2012 Royalty Revenue Guidance of $ 85 Million [EB/OL]．[2012 - 09 - 06]．http：//investor. pdl. com/releasedetail. cfm? ReleaseID = 704936.

（以下简称"856 专利"）提起的无效宣告请求案。

菲吉尼克斯公司首先向 USPTO 提交了一份诉 856 专利无效的请求书，专利权人基因泰克公司提交了初步回应意见。USPTO 基于所述请求人可能占优势的合理可能性，于 2014 年 10 月 29 日受理并启动了多方复审程序（IPR）程序，以判定 856 专利是否基于 Chari（1992）等 4 项证据是显而易见的。经过双方的举证和辩论，USPTO 依据美国专利法第 318（a）条和美国联邦法规第 42.73 条驳回无效宣告请求人的请求，维持专利权人 856 专利的权利要求第 1~8 项有效。

（b）856 专利详解。

856 专利涉及抗 ErbB 抗体 – 类美登素偶联物，例如赫赛汀（huMAb4D5 – 8）与类美登素的偶联物。说明书中教导了类美登素（如 DM1）是高细胞毒性的，单独给药时会诱导"由于对肿瘤的选择性差而导致严重的全身性副作用"。用 Her2 转基因鼠模型检测赫赛汀和赫赛汀 – 类美登素偶联物的效用，发现赫赛汀或由其得到的鼠抗体 4D5 对于肿瘤生长几乎没有作用，但赫赛汀 – 类美登素偶联物却非常有效。

其权利要求 1 请求保护"一种由抗 ErbB2 抗体偶联于类美登素的免疫偶联物，所述抗体是 huMAb4D5 – 8。"权利要求 2 进一步限定了类美登素是 DM1 及其结构，抗体在 DM1 结构中 R 所示的位置经二硫键、硫醚的连接基团连接类美登素。

基于无效宣告请求人提交的 Chari（1992）等 4 项证据，专利权人提交了 Geoffrey A. 博士的声明等 4 份证据作为回应。

（1）Chari（1992）等 4 项证据公开的内容。

证据 1 中，Chari 描述了一种免疫偶联物"TA.1（– SS – May）$_n$"，包含抗 ErbB2 的鼠源单克隆抗体 TA.1 与类美登素 DM1，两者通过 SPDP 或 SMCC 作为连接子化学连接。TA.1（– SS – May）$_4$ 对于不表达 neu 的细胞的毒性要弱 1000 倍，类美登素偶联物针对肿瘤细胞系的高特异性细胞毒性与其低全身毒性表明这些偶联物对有效治疗人类癌症是有潜力的，以及发展人源化抗体以制备药物偶联物较之鼠源抗体偶联物具有更低的免疫原性。

证据 2 中，Herceptin 标签描述了 Herceptin 是鼠源单抗 4D5 的人源化形式，该标签还描述了 Herceptin 与抑菌性注射用水（BWFI）等重构后的静脉注射剂形式，用于治疗肿瘤中超量表达 Her2 蛋白的转移性乳腺癌患者，所述患者已经接受过化疗。证据 2 公开了一线治疗Ⅲ期临床数据，该项试验针对随机接受单独化疗或与 Herceptin 联用的患者的临床试验。结果显示联合化疗和 Herceptin 的患者具有显著延长的疾病进展时间、更高的总反应率（ORR）、更长的中位生存期、更高的一年生存率。

证据 3 中，Rosenblum（1999）公开了一种包含抗 ErbB2 的嵌合抗体 BACH – 250 和植物毒素 rGel 的免疫偶联物，连接子为 SPDP。当单独施用 BACH – 250 或 rGel 无细胞毒性的时候，BACH – 250/ rGel 表现出 97pM 的 IC_{50} 值，且 Her2/neu 的表达水平和胞内免疫毒性正相关，BACH – 250 偶联物能够减缓肿瘤生长，延长中位生存期。

证据 4 中，Pegram（1999）公开了对于人乳腺癌和卵巢癌细胞，4D5 的重组人源化抗体 rhuMAb Her2 与顺铂、长春花碱等细胞毒性药物具有协同增效作用。

（2）双方争议焦点。

无效宣告请求人认为，证据 1 教导了 ErbB2 抗体与类美登素 DM1 的偶联物，虽然其没有公开 856 专利权利要求 1 的 ErbB2 抗体为 huMAB4D5 - 8，但证据 2 教导了 huMAB4D5 - 8（如赫赛汀）抗体及其可用于治疗转移性乳腺癌的用途。由于人源化抗体在临床中具有更小免疫原性，优于鼠源抗体的优势，并且 huMAB4D5 - 8 已经用于治疗人类乳腺癌，因而使用人源化抗体 huMAB4D5 - 8 代替证据 1 中免疫偶联物中的 TA. 1 鼠源单抗，这对于本领域技术人员而言是显而易见的。无效宣告请求人还提出了证据 5 和证据 6 来辅助证明免疫偶联物不会具有不可接受的细胞毒副作用。

专利权人提供了 1999 年 Pai - Scherf 发表的证据 7，其中公开的 I 期临床试验结果显示，抗 Her2 的单克隆抗体 e23 和假单胞菌外毒素 A 的截短形式融合构成的免疫偶联物 Erb - 38 施予人类患者，虽然 Pai - Scherf 研究小组是基于优异的抗肿瘤活性和可接受的动物毒性才启动在人类中的研究，但在治疗组中观察到所有患者产生不可接受的肝毒性。基于该证据，专利权人认为在 856 专利提出申请时，Herceptin - 类美登素偶联物预期在患者的正常肝组织中显示出不可接受的抗原依赖性毒性。虽然证据 1 概括性地说明了类美登素偶联物可能具有足以有效治疗人类癌症的治疗指数，而且人源化抗体的开发将提供一个生产药物偶联物的机会。但没有优势证据证明，基于证据 1（1992）中的一般性陈述，综合考虑多年后的证据 2（1998）、证据 7（1999）的教导，本领域技术人员有动机使用 Herceptin 来替换证据 1 的免疫偶联物中的 TA. 1，且预期改进后的免疫偶联物能够治疗人类癌症。

作为回应，无效宣告请求人认为专利权人使用的证据 7 无关，因为证据 7 涉及的是融合蛋白，而非抗体 - 药物偶联物。

USPTO 否认了证据 7 的不相关性，认为虽然证据 7 中涉及的是一种"单链"免疫偶联物，但 Pai - Scherf 讨论了"Erb - 38 的毒性最可能是由于肝细胞表面的 ErbB2"，正常肝细胞较之肿瘤细胞更快地暴露于注射进循环系统的试剂，所述情况是同样适用于全长 Her2 抗体连接于毒素的，例如无效宣告请求人所述的"抗体 - 药物偶联物"。USPTO 认为，无效宣告请求人引用的证据 3、证据 4 公开了其他抗 Her2 - 毒素免疫偶联物或抗体和毒素的组合，在体外培养的组织和表达人肿瘤的小鼠异种移植物模型中的试验没有说服力。而专利权人的理由是有说服力的，本领域技术人员会认为所述试验不足以提供关于对体内人正常细胞毒性的足够信息，而且证据 7 的临床研究提供了相关信息并观察到了当使用相关免疫偶联物时会产生肝毒性，并提示与所有连接毒素的抗 Her2 抗体相关的"由于正常细胞表达 ErbB2 导致的意想不到的器官毒性"。为了证明其想要无效的权利要求具有显而易见性，无效宣告请求人必须证实"本领域技术人员有理由将现有技术中文献的教导相结合，并且本领域技术人员能够合理预期其能成功"❶。如上所述，无效宣告请求人认为将证据 1 中的免疫偶联物

---

❶ 参见 Par Pharm. Inc. v. TWI Pharms. Inc. , 773 F. 3d 1186, 1193.

用赫赛汀来替换的理由是制备一种能够用于治疗人类患者肿瘤的免疫偶联物。然而，专利权人提供了有说服力的理由，认为本领域技术人员不能合理预期任意的免疫偶联物，特别是权利要求中的赫赛汀－类美登素免疫偶联物对于治疗人类实体瘤是有效的。如专利权人指出的，在856专利之前约40年的时间里，研究者都在使用免疫偶联物治疗肿瘤，但都没有成功。专利权人使用证据充分指向了制备任意抗体－毒素免疫偶联物用于治疗人类肿瘤是困难且效果不可预期的。因此，综合整体考虑，无效宣告请求人不能说服USPTO其优势证据证明了本领域技术人员在2000年前合理预期Herceptin－类美登素免疫偶联物能够用于治疗人类乳腺癌。

基于以上理由，考虑到之前的所有记录，无效宣告请求人没有优势证据证实其主张无效的856专利基于证据1和证据2的结合，以及进一步结合证据3和证据4是显而易见的。

2. 菲吉尼克斯公司挑战基因泰克公司

（a）案情简介。

该案例涉及菲吉尼克斯公司针对基因泰克公司的赫赛汀的核心专利US7575748B1（以下简称"748专利"）提出的无效宣告请求。

在提起856专利无效请求程序的1个月之后，无效宣告请求人菲吉尼克斯公司针对748专利提起无效宣告请求，基因泰克于2014年12月9日提交了初步回应意见。USPTO认为无效宣告请求人菲吉尼克斯公司提起的无效宣告请求理由不具有可能占优势的合理可能性，因此拒绝了在这种情况下提起无效审查。据查，748专利是US7097840（以下简称"840专利"）的延续申请，而856专利是748专利的分案申请。

（b）748专利详解。

748专利记载了包含抗ErbB抗体的免疫偶联物，例如人源化抗ErbB抗体赫赛汀（huMAb4D5－8）与类美登素毒素连接。所述偶联物"预期较之单独使用赫赛汀具有优良的临床效果，包括更好的客观应答率和/或更长的反应持续时间和/或增加的存活率"，并在动物学实验中发现，转基因小鼠中移植肿瘤虽然对赫赛汀治疗反应较差，但赫赛汀－类美登素偶联物却非常有效。

其权利要求1请求保护"一种治疗哺乳动物肿瘤的方法，包括如下步骤：（i）通过ErbB2受体超量表达识别所述肿瘤，且所述肿瘤对抗ErbB抗体不应答或应答差；（ii）给所述哺乳动物静脉内施用有效量的人源化抗体4D5－8通过硫醚连接基团共价与下述结构的类美登素DM1连接的偶联物，给药量为0.2～10mg/kg（抗体－类美登素偶联物重量/体重），以选自丸药少于每周1次的给药频率给药，每周1次、每周2次、每周超过2次的连续输注，所述肿瘤是超量表达ErbB2受体并且经治疗不对抗ErbB抗体应答或应答较差"。权利要求2与权利要求1的不同之处在于其治疗对象限定为人类。

菲吉尼克斯公司基于表2－3的理由，根据美国专利法第103（a）条提出其挑战的权利要求不具有可专利性。

表 2 - 3　菲吉尼克斯分司专利挑战依据

	References	Basis	Claims Challenged
1	Chari 1992（Ex. 1012）[1] and Herceptin® Label（Ex. 1008）[2]	§ 103	1 - 20 and 25 - 27
2	Chari 1992. Herceptin® Label, and Baselga 1999（Ex. 1032）[3]	§ 103	1 - 20 and 25 - 27
3	Chari 1992, Herceptin® Label, and Morgan 1990（Ex. 1021）[4]	§ 103	1 - 20 and 25 - 27
4	Chari 1992 and Herceptin® Label, further in view of Morgan 1990, Hudziak 1998（Ex. 1017）[5] and/or Rosenbhun 1999（Ex. 1018）[6]	§ 103	1 - 20 and 25 - 27
5	Chari 1992 and Herceptin® Label, further in view of Morgan 1990, Hudziak 1998 and/or Rosenbhun 1999, and further in view of Baselga 1998（Ex. 1019）[7] adn/or Pegram 1999（Ex. 1020）[8]	§ 103	1 - 20 and 25 - 27
6	Cohen 1999（Ex. 1022）[9] in view of Herceptin® Label, and Morgan 1990	§ 103	1 - 20 and 25 - 27

专利委员会对于非过期专利中的权利要求解释使用"基于其所在专利说明书的最宽泛的合理化解释"原则，一项权利要求技术特征具有其一般性和习惯的定义是"heavy presumption"。对 748 专利的权利要求技术特征的解释采取与其在说明书中用法一致的一般性含义。特别是对于每个独立权利要求中限定的"肿瘤"，USPTO 认为"用于治疗肿瘤的方法"受限于所述肿瘤是"ErbB2 过表达的"和"对抗 ErbB 抗体没有响应或响应差的"的限定，所述限定是被挑战的权利要求的重要特征，这在说明书中也有相应记载。

（1）基于证据 Chari（1992）、Herceptin 标签的非显而易见性认定。

双方的主要争议在于权利要求中鉴定和治疗"使用抗 ErbB 抗体治疗不响应或响应较差"肿瘤的限定。无效宣告请求人认为证据 2 教导了接受赫赛汀治疗的患者的总反应率是 14%，其中包括 2%的完全响应率和 12%的部分响应率。96%（48/50）的 2 + Her2 超量表达患者和 83%的 3 + Her2 超量表达患者没有表现出完全或部分响应率，证据 2 教导了对"抗 ErbB 抗体治疗不响应或响应较差"的肿瘤的鉴定。由于证据 2 中单独使用赫赛汀治疗的低反应率，其给出了针对对抗 ErbB 抗体无响应或低响应的患者使用更好治疗的明确动机，包括赫赛汀与潜在的细胞毒剂 DM1 的结合，而证据 1 中给出了这种结合的作用机制和良好的药代动力学行为，因此本领域技术人员有动机使用赫赛汀偶联物治疗所述肿瘤。

USPTO 则同意专利权人所述的"鉴定对特定类型治疗方法无响应（或响应不佳）

的患者没有暗示是否或如何治疗所述患者"。USPTO 认为，证据 2 教导或暗示了部分患者不能对赫赛汀产生反应，赫赛汀增加了化疗（如紫杉醇）的有效率。单独施用赫赛汀的患者中只有 14% 产生了响应，但证据 2 没有公开或暗示是否剩下的 86% 患者（没有对单独抗体产生响应）会在同时施用化疗的情况下对赫赛汀产生响应。无效宣告请求人没有建立一个合理的可能性，即能够预见本领域技术人员不得不因为某些原因使用前述如包含赫赛汀的偶联物来治疗患有 ErbB2 受体超量表达肿瘤的患者，所述患者当使用非偶联物形式的抗体治疗时没有表现出完全或部分响应率。基于单独的证据 1、证据 2 或其结合都不能提供这样的理由。基于以上，USPTO 认为，无效宣告请求人没有提供具有"占优势的合理可能性的理由"来证明本领域技术人员基于证据 1、证据 2有动机支持其观点。

（2）基于证据 Chari（1992）、Herceptin 标签和 Baselga（1999）的显而易见性认定。

无效宣告请求人认为，Baselga 提供了对于包含鉴定"超量表达 ErbB2 受体且不对抗 ErbB 抗体治疗相应或相应较差的肿瘤"的方法的进一步动机，Baselga 公开了"虽然没有实现完全或部分应答，在该实验中，37% 的患者实现了最小的应答或稳定了病情"，Baselga 还教导了"曲妥珠单抗单独施用或与化疗联合，将是治疗 Her2 超量表达的乳腺癌患者的有用工具"的结果。

USPTO 认为，如前所述，"鉴定"对抗 ErbB 抗体无应答或低应答的患者没有教导或暗示如何治疗所述患者，更没有教导或暗示施用抗 ErbB 抗体偶联物治疗所述患者。在 Baselga 证据中没有教导。因此，不认为无效宣告请求人基于前述 3 项证据证明权利要求具有显而易见性具有"合理的可能性"。

（3）基于证据 Chari（1992）、Herceptin 标签和其他证据的显而易见性认定。

无效宣告请求人认为，Morgan（1990）提供了使用 SMCC 连接 huMAB4D5 - 8 和美登素 DM1。无效宣告请求人还通过 Hudziak（1998）和 Rosenblum（1999）提供了对 TA. 1 - 美登素和 huMAB4D5 - 8 的偶联物进行修饰的理由，以用于形成治疗乳腺癌的所述缀合物。Baselga（1998）和 Pegram（1999）提供了修饰 Chari（1992）中的 TA. 1 - 美登素的偶联物以形成 Herceptin - 美登素偶联物的理由。无效宣告请求人通过上述参考文献拟说明本领域技术人员有动机制备所述偶联物并将其用于治疗过表达 ErbB2 受体肿瘤。但 USPTO 认为无效宣告请求人并未说明上述参考文献如何能够克服 Cohen（1999）、Herceptin 标签、Baselga（1999）的缺陷，即上述文献并没有给出教导或提示对曲妥珠单抗无响应的病人施用包含抗 ErbB 抗体的偶联物。因此，不认为无效宣告请求人基于前述多项证据证明权利要求具有显而易见性有"合理的可能性"。

（4）基于证据 Cohen（1999）、Herceptin 标签和 Morgan（1990）的显而易见性认定。

无效宣告请求人认为，Cohen（1999）、Morgan（1990）提示或教导了将所述包含 huMAB4D5 - 8 的偶联物通过 SMCC 连接到美登素。无效宣告请求人还认为如前所述的 Herceptin 标签中公开的"总反应率"中的鉴定步骤，提供了针对抗 ErbB 抗体不应答或应答较差的肿瘤治疗的动机。与其他理由一样，无效请求人没有充分的解释或提供足够的理由证明 Herceptin 标签教导了有动机对赫赛汀不响应的患者施用赫赛汀偶联物。因此，USPTO 不认为无效宣告请求人基于前述多项证据证明权利要求具有显而易见性有"合理的可能性"。

基于以上的理由，USPTO 认为无效宣告请求人提出的理由不满足"针对其挑战的至少一项权利要求具有占优势的合理可能性"的要求，因而判定无效宣告请求人无法就该案提请多方复审程序。

3. 案例启示

通过以上针对赫赛汀的核心专利 US8337856B2 和 US7575748B1 的挑战，可得到如下启示。

第一，美国的多方复审程序（IPR）采用"最宽合理解释"标准，使得无效成功率偏高，但前提是专利复审程序是否能够被立案，这取决于无效宣告请求人提交的请求书中是否存在针对其所挑战的至少一项权利要求具有"占优势的合理可能性的理由"。748 专利是 856 专利的母案申请，其分别涉及抗 ErbB2 的抗体 huMAb4D5 - 8 与美登素的免疫偶联物及其治疗方法，856 专利的授权权利要求主要涉及所述免疫偶联物本身，748 专利的授权权利要求主要涉及所述免疫偶联物治疗过表达 ErbB2 抗体且对抗 ErbB 抗体治疗不响应或响应较差的患者的治疗方法。无效宣告请求人菲吉尼克斯公司提交的证据也是较为相似的，但 USPTO 认为所述证据对于证实 856 专利授权权利要求的免疫偶联物满足具有"占优势的合理可能性的理由"的多方复审程序立案要求，但不能就 748 专利的授权权利要求中"对抗 ErbB 抗体治疗不响应或响应较差的患者"满足相关要求。

第二，专利复审程序中，权利要求技术特征的解释适用"基于其所在专利说明书的最宽泛的合理化解释"原则，而所述权利要求的解释对于 IPR 案件的审理至关重要。在有争议的情况下，通常是无效宣告请求人提出解释方式，专利权人回应是否否认这种解释方式或提供其他解释方式。对于 748 专利，"过表达 ErbB2 且对 ErbB 抗体治疗没有响应或响应差"的肿瘤类型是对其权利要求请求保护的"用于治疗肿瘤的方法"有重要限定作用的特征，因此，USPTO 对该特征基于说明书的记载进行了认定。

第三，专利复审程序中关于创造性和非显而易见性的判定。对于 856 产品专利，无效宣告请求人提出，作为证据 1 的 Chari（1992）描述了一种免疫偶联物 TA. 1（ - SS - May）$_n$，包含抗 ErbB2 的鼠源单克隆抗体 TA. 1 与类美登素 DM1，两者通过 SPDP 或 SMCC 作为连接子化学连接。作为证据 2 的 Herceptin 标签教导了 huMAB4D5 - 8（如 Herceptin）抗体及其可用于治疗转移性乳腺癌的用途，两者结合能够获得权利要求中的偶联物的技术方案。专利权人则认为，基于证据 7 中 Pai - Scherf[7] 的现有技术，Herceptin 和类美登素分别会对正常人细胞产生毒性，包括肝细胞。USPTO 最后认定，无效宣告请求人提供的证据 1 ~ 4 不足以提供所述免疫偶联物对体内人正常细胞毒性的足够信息，为了证明其想要无效的权利要求具有显而易见性，无效宣告请求人必须证实"本领域技术人员有理由将现有技术中文献的教导相结合，并且本领域技术人员能够合理预期其能成功"，而无效宣告请求人的理由不满足所述要求。

2.5.2 中国的挑战

1. 赫士睿和赛特瑞恩挑战罗氏

美国赫士睿（Hospira）公司和韩国的制药企业赛特瑞恩（Celltrion）是合作伙伴，它们共同开拓了海外抗 Her2 抗体仿制药的市场。

首先，赛特瑞恩公司已经获得赫赛汀的仿制产品 Herzuma，并在韩国销售，据悉 Herzuma 进入韩国后，所售价格是赫赛汀的 70%，大大减轻了患者的经济负担。目前赛特瑞恩已经获得英国食品药品管理部门批准，在英国销售赫赛汀类似药 Herzuma。

韩国赛特瑞恩似乎有意进入中国市场，但进入中国市场首要面临的问题是，是否会侵犯罗氏在中国的专利权，2011 年其针对罗氏的关键专利 ZL008145903 提起了无效宣告请求，该专利名称为"用于抗 ErbB2 抗体治疗的制剂"，授权权利要求书第 1 项、第 2 项、第 12 项、第 17 项为：

1. 抗 ErbB2 抗体在制备用于治疗易患或已诊断患有以过度表达 ErbB2 受体为特征的人类患者病症之产品中的用途，所述产品包含治疗易患或已诊断患有以过度表达 ErbB2 受体为特征的人类患者的初始使用和继续使用的联合药物，其中所述初始使用的药物是包含抗 ErbB2 抗体的以 6mg/kg、8mg/kg 或 12mg/kg 的剂量给药的药物，所述继续使用的药物是包含抗 ErbB2 抗体的以 2mg/kg 的剂量、每周 1 次给药的药物，该继续使用的药物在通过初始使用的药物获得目标谷血清浓度 $10 \sim 20\mu g/ml$ 后使用。

2. 权利要求 1 的用途，其中所述初始使用的药物是包含抗 ErbB2 抗体的以 8mg/kg 的剂量给药的药物，所述继续使用的药物是包含抗 ErbB2 抗体的以 6mg/kg 的剂量、按照 3 周的间隔给药的药物。

12. 权利要求 11 的用途，其中所述癌症是乳腺癌。

17. 权利要求 11 的用途，其中所述抗体是 huMAb4D5 - 8。

赛特瑞恩提出无效理由为：说明书不符合《专利法》第 26 条第 3 款，权利要求不符合《专利法》第 22 条第 2 款和《专利法实施细则》第 20 条第 1 款的规定。赛特瑞恩提交证据 1：WO99/31140 的公开文本及其国际检索报告；证据 2：BaselgaJ. 等人，PhaseII study of Weekly Intravenous Recombinant Humanized Anti - p185 HER2 Monoclonal Antibody in Patients With HER2/neu - Overexpressing Metastatic Breast Cancer，Journal of Clinical Oncology，第 14 卷第 3 期第 737 ~ 744 页，1996 年 3 月。针对赛特瑞恩公司的无效宣告请求，杰南公司（基因泰克）于 2012 年 2 月 27 日提交了意见陈述书，并修改了权利要求书，在授权文本的基础上，将权利要求第 2 项、第 12 项和第 17 项并入权利要求第 1 项。

2012 年 8 月 8 日，专利复审委员会作出第 19128 号无效宣告请求审查决定书（以下简称"第 19128 号决定"）。该决定认定请求保护的技术方案和证据 1 公开的技术方案的区别在于请求保护的技术方案中限定的给药剂量和方案为初始剂量 8mg/kg、获得目标血清浓度 10～20μg/ml 后，继续按照 3 周的间隔、6mg/kg 的剂量使用。然而给药剂量和给药时机的限定是医生在治疗时用药过程中的选择，其不会对该专利制药的原料、制造方法以及适应症等产生实质性的影响，对于该药品的制备过程和适应症等没有影响，对该药物的制药用途不能构成实质性的区别，因此，权利要求不符合《专利法》第 22 条第 2 款的规定，宣告专利权全部无效。北京市第一中级人民法院维持了第 19128 号决定。北京市高级人民法院在面对用药剂量等限定效力的问题时，认为应从方法权利要求的角度分析其技术特征。通常直接对其起到限定作用的是原料、制备步骤和工艺条件、药物产品形态或成分以及设备等。对于仅涉及药物使用方法的特征，例如药物的给药剂量、时间间隔等，如果这些特征与制药方法之间并不存在直接关联，其实质上属于在实施制药方法并获得药物后，将药物施用于人体的具体用药方法，与制药方法没有直接、必然的关联性。这种仅体现于用药行为中的特征不是制药用途的技术特征，对权利要求请求保护的制药方法本身不具有限定作用。北京市高级人民法院于 2014 年 7 月 18 日作出终审判决，维持了一审判决。

在赛特瑞恩为进入目标市场中国进行专利障碍清除时，其合作伙伴赫士睿也在为进入另一目标市场扫清道路。赫赛汀在英国的核心专利于 2014 年 7 月到期。赫士睿和赛特瑞恩计划在英国生产、出售赫赛汀的仿制药，为了扫清其在英国市场的销售障碍，赫士睿对基因泰克的 2 项专利提出无效诉讼，分别是涉及赫赛汀的剂量优化的专利 EP1210115 和涉及组成成分的专利 EP1308455，这 2 项专利的有效可以为赫赛汀提供更长时间的专利保护。

类似于赛特瑞恩在中国提出的无效宣告请求，专利 EP0210210 也提及 8mg/kg 静脉注射，其次是 6mg/kg 剂量、每隔 3 周最佳的治疗效果。法官认为这是明显地在产品标签上所标示的 FDA 批准的治疗方案，这通常是在肿瘤学临床医生考虑改善患者的生活质量的剂量范围，因此，不足以使之获得专利权。而专利 EP1308455 提及曲妥珠单抗的纯化抗体中被降解的数量小于约 25%。法官认为在早期基因泰克的专利申请以及 1996 年的一次会议上基因泰克科学家已经公开该信息，因此，也不足以获得专利权。法官还认为，赫士睿的产品包含略高的变异抗体水平，因此，也不侵犯上述专利权。

赛特瑞恩和赫士睿的挑战策略给出了以下启示：

（1）寻求合作，强强联合。赛特瑞恩是韩国大型制药企业，其技术实力较为雄厚，但在海外市场扩张中，单凭一己之力，难免有力所难及之时，其在自身主动拓宽海外市场，积极扫清专利障碍之时，寻求与赫士睿公司的合作，两者同时发力，以期准确、快速、有效地打击对手。

（2）找准原研药企业在各国专利布局的关键节点，准确找出其专利壁垒中的关键专利，结合自身企业研发、仿制需要涉及的技术范围，有针对性地提出无效宣告请求，以求精准、高效突破，为自身企业产品扫清专利路障。

（3）善于运用当地专利法规，寻找突破口。例如在中国的专利法实践中，为了保护医生对专利技术使用的豁免权，治疗和诊断方法不能被授予专利权，但对于活性成分的制药用途是给予保护的，那么引申出的问题是发明点在于药物的使用方式，例如给药剂量、给药对象、给药方案等的限定作用需要考虑其对制药过程中的限定作用，目前通常认为这种限定作用微乎其微。无效宣告请求人就可利用该特点，寻找无效理由。

2. 中国制药企业的挑战

赫赛汀在中国的核心专利包括 ZL961958308、ZL988120976、ZL99805836X、ZL008145903 等，分别涉及稳定等渗的冻干蛋白制剂、抗 Her2 抗体与其他化疗药物的联用、包含较高纯度的抗 Her2 抗体的药物组合物以及抗 Her2 抗体的有效使用剂量，涉及了抗 Her2 抗体产品、稳定剂型、剂量、施用方法等方面，目前这 4 项核心专利均全部或部分无效，除了专利 ZL008145903 是由韩国赛特瑞恩提出无效宣告请求外，其余几件均是由我国个人提出的无效宣告请求。

（1）ZL99805836X 的无效宣告。

2008 年 3 月 25 日，无效宣告请求人李彩辉向国家知识产权局专利复审委员会提出对专利 ZL99805836X 的无效宣告请求。该专利授权时的权利要求 1 为"一种包含抗 - Her2 抗体和一种或多种其酸性变体的组合物，其特征在于，该酸性变体的量少于 25%"。在无效宣告请求书中，请求人列举了 4 项证据，具体如下：

证据 1：WO97/04801A1 及其中文申请授权文本 CN11151842C，公开日 1997 年 2 月 13 日；

证据 2：聚焦层析——一种分离蛋白质的新方法，韩复生，《生理科学》，第 2 卷第 9 期，第 13～14 页，公开日 1982 年；

证据 3：目前最高分辨率的电泳——固相 pH 梯度等点聚焦，郭尧君等，第 21 卷第 2 期，第 143～146 页，公开日 1994 年。

请求人在无效宣告请求中提出权利要求不具备《专利法》第 22 条第 2 款规定的新颖性和《专利法》第 22 条第 3 款规定的创造性。

2008 年 10 月 24 日，专利复审委员会作出第 12385 号决定。专利复审委员会认为该证据 1 公开了一种 Her2 抗体组合物制剂，其中 Her2 抗体蛋白是基本上纯净（即组分包含约 90%、95%、99% 重量计的蛋白质）和均相的（即没有杂蛋白等），该 Her2 抗体蛋白制剂中有较高量的脱氨基反应，rhuMAB Her2 抗体在水性溶液中主要通过脱氨基或通过环状亚胺中间物琥珀酰亚胺形成异天冬氨酸发生降解；并且用阳离子交换色谱测定了 rhuMAB Her2 制剂中经过脱氨基或形成琥珀酰亚胺后的非变性蛋白质的含量，证据 1 显示 rhuMAB Her2 制剂中随着贮存时间推移，非变性（未降解）蛋白质百分比（天然蛋白质百分比）由 82% 逐渐变低，但仍保持非变性蛋白质含量不低于 75%，可以认定证据 1 降解蛋白质含量小于 25%。专利复审委员会宣告专利 ZL99805836X 的专利权全部无效。

北京市第一中级人民法院认为，专利复审委员会的第 12385 号决定认定事实清楚，适用法律正确，判决维持专利复审委员会的第 12385 号决定。2011 年 4 月 28 日，二审法院作出判决，认定专利复审委员会的第 12385 号决定合法，一审法院判决维持正确，驳回基因泰克的上诉。该专利法分案申请 ZL2006100092583 于 2010 年 3 月 18 日被专利局以请求保护的技术方案不具备创造性为由驳回，专利复审委员会第 36975 号决定维持了驳回决定，随后一审法院维持了专利复审委员会的决定，2014 年 5 月 16 日，北京市高级人民法院作出终审判决，维持一审法院结论。

（2）ZL961958308 的无效宣告。

2009 年 12 月 14 日，肖红针对基因技术有限公司（以下简称"基因公司"）的"稳定等渗的冻干蛋白制剂"的发明专利 ZL961958308 提出无效宣告请求。

2010 年 7 月 19 日，专利复审委员会作出第 15147 号无效宣告请求审查决定，宣告该专利权利要求 16 无效，在权利要求 1 ~ 15、17 ~ 30 的基础上继续维持该专利权有效。北京市第一中级人民法院认为：基于该专利说明书公开的信息，其仅证实了海藻糖和蔗糖可以用于稳定抗 Her2 和抗 IgE 的单克隆抗体冻干制剂。对于除海藻糖和蔗糖之外的其他非还原性糖是否具有稳定单克隆抗体冻干制剂的作用以及权利要求 16 中涉及的除非还原性糖之外的其他溶解保护剂，即谷氨酸单钠、组氨酸、甜菜碱、硫酸镁、三元醇或高级糖醇、丙二醇、聚乙二醇、Pluronic 及其组合是否具有稳定单克隆抗体冻干制剂的作用，该专利说明书中并没有提供实验证据予以证明。说明书第 21 页明确记载了"单用组氨酸或用组氨酸/甘露糖醇的制剂中有显著的凝聚"，由此可以看出，该专利说明书已经对单用组氨酸将产生显著的凝聚，从而在常理上无法用于稳定单克隆抗体冻干制剂有明确记载。最后维持了专利复审委员会作出的第 15147 号决定。北京市高级人民法院认为权利要求 16 所限定的具体溶解保护剂分别具有不同的理化性质，本领域技术人员所具备的知识不能知晓上述不同理化性质的溶解保护剂均能够实现发明目的，产生相应的技术效果。并且说明书明确记载了"单用组氨酸或用组氨酸/甘露糖醇的制剂中有显著的凝聚"，由此可见，该专利说明书已经对单用组氨酸将产生显著的凝聚，从而在常理上无法用于稳定单克隆抗体冻干制剂有明确记载。

（3）ZL200610008639X 的无效宣告。

2014 年 2 月 27 日张彦针对"用抗 ErbB2 抗体治疗"的专利申请 ZL200610008639X 提出无效宣告请求。

该专利的授权权利要求为"一种制品，它包含（1）一个容器，（2）容器内包含与 ErbB2 胞外结构域序列中的表位 4D5 结合的抗 ErbB2 抗体的组合物，（3）容器上的标签或容器附带的标签，该标签表明了所述组合物可用来治疗以 ErbB2 受体过度表达为特征的乳腺癌，以及（4）包装插页，该包装插页上有避免使用蒽环类抗生素类化疗剂与所述组合物组合使用的说明。"

无效宣告请求人的理由是：权利要求不符合《专利法》第 22 条第 2 款、第 22 条第 3 款、第 26 条第 4 款的规定，说明书不符合《专利法》第 26 条第 3 款的规定。请求人提交了证据 1：Jose Baselga 等，HER2 Overexpression and Paclitaxel Sensitivity in Breast Cancer：Therapeutic Implications，Oncology，第 11 卷，增补第 2 期，第 5、43 ~ 48 页及其部分译文，1997 年 3 月；证据 2：吴国森等，阿霉素联合治疗恶性肿瘤 150 例对心脏毒性的临床观察，福建医药杂志，第 16 卷，第 3 期，第 13 ~ 14 页，1994 年；证据 3：

王宁生，阿霉素对不同年龄组心脏毒性的心电图改变比较，实用老年医学，第 11 卷，第 2 期，第 86~87 页，1997 年 2 月 28 日。请求人认为证据 1 公开了乳腺癌治疗的方案，其中指出已完成了人源化抗体 rhuMoAb Her2 治疗过度表达 ErbB2 的乳腺癌患者的 II 期临床实验，显示该抗体在治疗所述乳腺癌中有临床活性；同时也提出了将该抗体与化疗剂紫杉醇（帕利他塞）或顺铂结合使用治疗 Her2 过度表达的乳腺癌的技术方案，该所用的化疗剂不是蒽环类化疗剂。可见，证据 1 公开了权利要求 1 的全部技术特征，权利要求 1 不具备新颖性。证据 2 公开了以蒽环类抗生素类化疗剂阿霉素为主的联合化疗方案治疗恶性肿瘤的技术方案中，阿霉素对心脏的毒性作用值得高度重视。由于该副作用在证据 2 中已被公开和提示。因此，本领域技术人员在证据 1 的基础上结合证据 2 很容易想到在使用该抗体治疗以 ErbB2 受体过度表达为特征的乳腺癌时，与其联合使用的化疗剂中，蒽环类抗生素因具有心脏毒性应被避免使用。

专利权人基因公司认为：制品中避免使用蒽环类抗生素类化疗剂的说明构成技术特征，必须作为对权利要求的限定加以考虑。并且证据 1 所讨论的 II 期临床研究的设计中并未试图排除蒽环类抗生素类化学治疗药的使用，因此其并未提供任何使本领域技术人员能够实现权利要求 1~8 涵盖的制品的公开。虽然证据 2 指出阿霉素具有心脏毒性，但并没有排除蒽环类抗生素的使用。

专利复审委员会于 2014 年 9 月 22 日作出第 23948 号无效决定，宣告专利权全部无效，专利复审委员会认定证据 1 实质上公开了采用包含与表位 4D5 结合的抗 ErbB2 抗体的组合物，而不使用蒽环类抗生素类化疗剂，从而治疗以 ErbB2 受体过度表达为特征的乳腺癌的技术方案，权利要求 1 所限定的用药禁忌并不构成该权利要求与证据 1 的区别技术特征，该用药禁忌所产生的技术效果应当理解为证据 1 的技术方案客观上存在的效果，不足以导致该专利具备创造性。北京市第一人民法院认为"对于产品权利要求而言，其保护范围由产品的结构和/或组成来确定。因此，对于标签、包装插页上的文字说明，其是否具有实际的限定作用，取决于这些文字说明对要求保护的产品本身带来何种影响。如果该说明能够体现出权利要求的产品在结构、组成上的特征，则认为该文字具有实质的限定作用，应当予以考虑；如果该文字说明不能给权利要求的产品在结构、组成上带来何种影响，则不应予以考虑。权利要求 1 中的包装插页上记载了用药禁忌特征，即'该包装插页上有避免使用蒽环类抗生素化疗剂与所属组合物组合使用的说明'。对于本领域技术人员而言，该用药禁忌的作用在于指导医生的用药过程，而未对产品本身的结构、组成产生实质性影响"。维持了无效宣告请求决定。

基因公司不服，上诉至北京市高级人民法院，北京市高级人民法院维持了一审判决。

上述挑战专利无效的案例可得出以下启示。

（1）基因泰克并非无懈可击，其专利同样有软肋。国内医药企业应当加强知识产权意识，学会使用专利权无效宣告的诉讼手段，用法律的武器来武装自己，在市场竞争中采用专利诉讼获得竞争优势。

（2）国外知名企业经常会构建庞大的专利链、专利网来封锁竞争对手，扩大自己的势力范围。但是，这些专利链、专利网也可能起到"搬起石头砸自己的脚"的负面作用。企业在进行无效宣告请求时，可以参考该专利人的在先申请，也许就能找到无效宣告该专利权的合适证据。上述案例 1 中的证据就是专利权人基因泰克自己的申请，仅仅是转换了撰写角度，通过技术上严谨的分析，可以确定其实质为相同的产品。

（3）在不断充实自身研发实力的基础上，关注竞争对手的专利状况，分别从产品、剂型、制备方法、应用等多角度分析，全方位突破，为后续仿制产品不留任何后患。上述 3 个案例连同韩国赛特瑞恩的无效宣告请求，涉及了抗 Her2 抗体的产品、稳定制剂、与化疗药物联用以及优选的施用方案，这些专利的无效，为我国制药企业制备赫赛汀仿制药打开了通道。

（4）充分理解专利技术，从权利要求的范围解读、说明书的验证效果的支持广度、是否存在效果坏点等角度入手，寻求突破点。案例 2 中的说明书记载了单个氨基酸溶液不能起到稳定抗 Her2 抗体药物制剂的作用，从而为不支持的说理找到了依据。

综上所述，企业专利诉讼不仅是法律问题，也是专利资源与企业竞争战略相结合的产物。专利诉讼渗透到经济活动中，并在其中起到越来越重要的作用。从赫赛汀的诉讼过程可见，诉讼可谓费时耗财，以前不少企业在面对专利争端时，选择以和为贵的避战措施。而在如今专利、竞争者以及专利强盗多如牛毛的时代里，避战非但无法赢得长治久安的局势，反而可能招致更多觊觎。如何将诉讼作为行使专利权利的工具，如何将其作为商业谈判的筹码，如何将其作为限制其他企业产品上市的路障，都将是企业需要学习和探索的。

参考文献

［1］GaBI Online – Generics and Biosimilars Initiative. Similar biologics approved and marketed in India ［EB/OL］.［2014 – 09 – 19］. http：//www. gabionline. net/Biosimilars/General/Similar – biologics – approved – and – marketed – in – India.

［2］GaBI Online – Generics and Biosimilars Initiative. Biosimilar trastuzumab approved in Korea ［EB/OL］.［2014 – 09 – 19］. http：//www. gabionline. net/Biosimilars/News/Biosimilar – trastuzumab – approved – in – Korea.

［3］GaBI Online – Generics and Biosimilars Initiative. Celltrion starts phase III biosimilar trastuzumab trial ［EB/OL］.［2016 – 08 – 12］. http：//www. gabionline. net/Biosimilars/News/Celltrion – starts – phase – III – biosimilar – trastuzumab – trial.

［4］GaBI Online – Generics and Biosimilars Initiative. Amgen and Pfizer seek deal with Russian biosimilars firm ［EB/OL］.［2014 – 09 – 19］. http：//www. gabionline. net/Pharma – News/Amgen – and – Pfizer – seek – deal – with – Russian – biosimilars – firm.

［5］GaBI Online – Generics and Biosimilars Initiative. Trastuzumab non – originator biological approved in Russia ［EB/OL］.［2014 – 09 – 19］. http：//gabionline. net/Biosimilars/News/Trastuzumab – non – originator – biological – approved – in – Russia.

［6］GaBI Online – Generics and Biosimilars Initiative. Amgen, Hospira and Sandoz set to dominate US biosimilars market ［EB/OL］. ［2014 – 09 – 19］. http：//www. gabionline. net/Reports/Amgen – Hospira – and – Sandoz – set – to – dominate – US – biosimilars – market.

［7］GaBI Online – Generics and Biosimilars Initiative. Pfizer to start phase III biosimilar trastuzumab trial ［EB/OL］. ［2015 – 06 – 19］. http：//www. gabionline. net/Biosimilars/News/Pfizer – to – start – phase – III – biosimilar – trastuzumab – trial.

［8］GaBI Online – Generics and Biosimilars Initiative. Mylan presents comparability data for trastuzumab biosimilar ［EB/OL］. ［2016 – 08 – 12］. http：//www. gabionline. net/Biosimilars/Research/Mylan – presents – comparability – data – for – trastuzumab – biosimilar.

［9］GaBI Online – Generics and Biosimilars Initiative. Pivotal clinical trials for trastuzumab biosimilars ［EB/OL］. ［2016 – 08 – 12］. http：//www. gabionline. net/Biosimilars/Reports/Pivotal – clinical – trials – for – trastuzumab – biosimilars.

第3章 撰写疏漏引发的专利滑铁卢

【编者按】尽管克帕松专利布局完备，技术升级及时，但在核心专利撰写上存在的疏漏导致专利保护期缩短，仿制药提前上市。在专利布局时，核心专利的撰写需谨慎，没有稳定清晰的专利权属，专利保护和运营犹如无源之水，无本之木。

3.1 克帕松药品基本情况

3.1.1 克帕松的发现

1971 年，以色列魏茨曼科学研究院的科研人员发现，一种由谷氨酸、赖氨酸、丙氨酸、酪氨酸按摩尔比 1.9 : 4.7 : 6.0 : 1.0 组成，分子量为 23100Da 的人工合成共聚物 1（copolymer 1）在实验性变态反应性脑脊髓炎（EAE）模型中具有显著抑制作用，该模型发病机理是对自身髓鞘碱性蛋白产生免疫攻击而导致中枢神经系统白质髓鞘脱失，进而出现神经功能障碍，是一种自身免疫疾病。当通过生理盐水静脉注射该共聚物时，在致敏 5 天后仍然将 EAE 临床症状由 64% 降至 22%❶。这 4 种氨基酸在髓鞘碱性蛋白中常见，其随机聚合的序列结构能够形成抗体对髓鞘碱性蛋白的竞争性抑制，从而抑制亢进抗体功能，保护髓鞘碱性蛋白。EAE 病症控制在以往的研究中有 2 种思路，一种是采用免疫抑制剂抑制抗体功能，另一种是采用高剂量的致脑炎抗原中和多余的抗体，而所述共聚物具有特异性且本身不是抗原，则不存在免疫抑制剂不分目标的广泛抑制带来的副作用，也没有高剂量致脑炎抗原带来的免疫风险，毒性低，易于合成，具有成为新药的良好基础。

3.1.2 克帕松的研发和上市

克帕松（醋酸格拉替雷注射液，Copaxone）是一种用于治疗多发性硬化症（Multiple Sclerosis，MS）的人工合成多肽混合物，由谷氨酸、赖氨酸、丙氨酸和酪氨酸组成的随机聚合而成的混合多肽，4 种氨基酸残基摩尔比为 0.129 ~ 0.153 : 0.300 ~ 0.374 : 0.392 ~ 0.462 : 0.086 ~ 0.100，结构式为（Glu, Ala, Lys, Tyr)$_x$ · xCH$_3$COOH，分子量为 5000 ~ 9000Da。MS 的发病机理与 EAE 非常相似，都是以中枢神经系统白质脱髓鞘

---

❶ Dvora Teitelbaum, et al. Suppression of experimental allergic encephalomyelitis by a synthetic polypeptide [J]. Eur. J. Immunol, 1971 (1)：242 - 248.

病变为主要特点的自身免疫性疾病。克帕松能有效地与抗原提呈细胞表面的 MHC - Ⅱ 类分子结合，竞争性抑制髓鞘碱性蛋白等抗原与抗原提呈细胞结合，并促使多 T 细胞从 Th1 向 Th2 转换，从而促进抗炎因子的释放。

MS 疾病与自身免疫、病毒感染、环境等多种因素相关，而遗传因素可增加个体患病风险。在 20 ~ 50 岁人群中发病较多，病程中常伴有缓解复发的脑、脊髓和视神经的神经损害。全球范围内发病率大约每 10 万人群 30 人，由于人种差异，多发性硬化在白种人的发病率是其他人种的 2 倍。美国大约有 35 万多发性硬化症患者。临床表现为肢体麻木、视神经炎导致的视力下降、复视甚至失明，运动异常如行走困难甚至瘫痪、性功能障碍、极度的疲劳感等症状，此疾病的恶性程度堪比神经肿瘤。

对于制药公司而言，遇到有效且易于制备的活性成分，又有广阔市场的适应症人群，是难得的机遇。梯瓦（TEVA）敏锐地把握机遇研发新药，克帕松于 1996 年获美国 FDA 核准用于治疗多发性硬化症。

3.1.3　克帕松的销售情况

福布斯 2015 年全球制药企业排名中，TEVA 排第 12 名，TEVA 是一家专注于仿制药业务的制药公司，来自以色列，其已经从百年前靠骆驼和毛驴往巴勒斯坦各地运输药品发展为如今通过全球 74 个工厂生产制剂，占美国处方量 13%，同时拥有英、法、德三大市场。以仿制药闻名的 TEVA 最畅销的产品是原研药克帕松。2010 ~ 2014 年克帕松连续 5 年销售额超过 40 亿美元，成为 TEVA 的主力产品，其中 2013 年，仅克帕松一项产品的利润占 TEVA 全年利润的 78.6%。

2014 年，在多发性硬化症全球市场，居多发性硬化症药物排名前 5 位的产品分别是克帕松（销售额为 42.4 亿美元）；干扰素 β - 1a（Avonex，BIOGEN，销售额为 30.1 亿美元）；富马酸二甲酯（Tecfidera，BIOGEN IDEC 销售额为 29.4 亿美元）；芬戈莫德（诺华，销售额为 24.8 亿美元）；干扰素 β - 1a（Rebif，默克，销售额为 24.5 亿美元）。其中克帕松因安全性更为持久、更好的耐受性，以销售额高于第二名 40% 主导着多发性硬化症市场。

3.2　原研公司的专利布局

以申请人（TEVA、YEDA）、药物组成（谷氨酸、丙氨酸、赖氨酸、酪氨酸、共聚物、醋酸格拉替雷、克帕松）为检索入口，在 DWPI 数据库中检索，共获得 77 项专利。结合专利文献精读和引证分析研究 TEVA 在克帕松上的专利布局，排除了克帕松的变体、其他类型替代产品以及配合克帕松施用的装置主题，最终获得 47 项专利。这 47 项专利如何形成有效的专利布局呢？

专利布局是指企业综合产业、市场和法律等因素，对专利进行有机结合，涵盖了企业利害相关的时间、地域、技术和产品等维度，构建严密高效的专利保护网，最终形成对企业有利格局的专利组合。专利组合中有核心专利和外围专利之分，核心专利

也称基础专利，不可规避，通常是最早提出的申请。外围专利是基于核心专利的技术
改进或从不同保护角度的撰写主题，前者是在保证核心专利涉及主题的基础上对其他
技术要素的改进，因此，保护范围小于核心专利，后者是针对核心专利的实施在不同
保护主题上的体现，例如核心专利是产品权利要求，核心专利的实施必然涉及产品的
制备，因此可以基于产品撰写相应制备方法主题的专利，其保护范围实质是相当的。
换言之，外围专利的保护范围不大于核心专利。

　　在专利布局中，核心专利负责攻城略地，占领市场，一个好的专利布局首先是有
一件好的核心专利，没有竞争力的核心专利，谈专利布局犹如巧妇难为无米之炊；外
围专利依附于核心专利，一方面阻止对手对核心专利的使用，另一方面负有延长核心
专利生命的使命，其价值更多体现在防御。对原研企业而言，外围专利能够在核心专
利之外形成一个更大的禁足空间，延缓竞争对手使用核心专利的时间，同时为自身后
续研发提供空间，不受制于人；反之，如果竞争对手是外围专利的拥有者，虽然不能
直接使用原研企业的核心专利，但是在市场上，核心专利的实施如果触碰外围专利形
成的"篱笆"，需要交叉许可时，增加市场谈判的资本，占据更多的主动性。而研发市
场替代产品并构筑外围专利，也是原研企业应对专利断崖的主要策略。由此可见，核
心专利和外围专利在空间和时间上构筑的双重保护能够最大限度地发挥核心专利的价
值，将 20 年的专利保护期进行实质上的延长。

　　根据桔皮书检索结果，与克帕松（20mg/ml）产品相关的专利如表 3 - 1 所示。

表 3 - 1　克帕松产品相关专利

序号	专利号	申请日	授权日
1	US5981589A	1998 - 02 - 27	1999 - 11 - 09
2	US6054430A	1998 - 02 - 27	2000 - 04 - 25
3	US6342476B1	2000 - 02 - 22	2002 - 01 - 29
4	US6362161B1	2000 - 02 - 22	2002 - 03 - 26
5	US6620847B2	2001 - 12 - 14	2003 - 09 - 16
6	US6939539B2	2003 - 07 - 10	2005 - 09 - 06
7	US7199098B2	2005 - 04 - 05	2007 - 04 - 03
8	US8367605B2	2011 - 09 - 26	2013 - 02 - 05

　　与长效版克帕松（40mg/ml）产品相关的专利如表 3 - 2 所示。

表 3 - 2　长效版克帕松产品相关专利

序号	专利号	申请日	授权日	到期日
1	US82322250B2	2011 - 11 - 30	2012 - 07 - 31	2030 - 08 - 19
2	US8399413B2	2010 - 08 - 19	2013 - 03 - 19	2030 - 08 - 19
3	US8969302B2	2013 - 02 - 19	2015 - 03 - 03	2030 - 08 - 19
4	US9155776B2	2015 - 05 - 22	2015 - 10 - 13	2030 - 08 - 19
5	US9402874B2	2015 - 03 - 30	2016 - 08 - 02	2030 - 08 - 19

FDA 规定可以列入桔皮书的专利包括活性化合物、配方、组合物和药品用途，不能列入桔皮书的专利包括制造及工艺方法，外包装、代谢物、中间体等。桔皮书是美国药品专利链接制度的载体，因此桔皮书上披露的专利通常是上市药品对应的核心专利或能够延长核心专利的外围专利。

3.2.1 打造核心专利——研发、撰写、申请步步为营

在核心专利分析中，根据时间先后顺序以及被引证文献量的顺序，排名前两位的产品专利分别为 US3849550A、WO9531990A1（见表 3 - 3）。从引证和被引证量看，US3849550A 非常符合核心专利特点，技术上既有开拓性又有延续性，体现较高的技术价值，其中，WO9531990A1 核心专利族中成员（如 US5981589A）被桔皮书记载。

表 3 - 3 克柏松产品的核心专利

序号	公开号	申请日	独权主题	申请人	引证量	被引证量
1	US3849550A	1972 - 03 - 31	用于治疗 EAE 的药物制剂，含分子量 15 ~ 25kDa 的水溶性共聚物，由谷氨酸、赖氨酸、丙氨酸、酪氨酸以摩尔比 2.0 : 4.5 : 6.0 : 1.0 组成	YEDA	0	156
2	WO9531990A1 US5981589A US5800808A EP0762888B CN1174753C KR100403750B JP10500955A	1995 - 05 - 23	共聚物 - 1 级分，基本不含分子量 40kDa 以上的分子，平均分子量 4 ~ 8kDa	YEDA	18	78

US3849550A 保护主题涉及用于预防 EAE 的制剂，同时说明书中还公开了活性成分共聚物的制备方法，该专利于 1972 年 3 月 31 日申请，1974 年 11 月 19 日授权，按照美国专利保护期限的相关规定，1991 年专利权到期，已经不能提供专利保护。此外，相关技术的文献也由以色列魏茨曼科学研究院于 1971 年发表。TEVA 要想让克帕松在市场上有所作为，必须有核心专利的保护。

面对这种专利和期刊文献的双重公开，TEVA 如何打造克帕松的核心专利呢？

在产品、方法和用途 3 种主题类型中，产品专利具有最强的保护效力，而在药物领域，市场上销售的药物及药品包装上体现的用途与权利要求保护的主题直接对应，是药物保护较为常见的核心专利基础。方法专利相对于产品专利而言，由于相同的产品有不同的制备方法，且可能涉及步骤参数的限定，导致范围缩小，因此容易从技术上规避。同时，涉及制备方法的专利会造成大量工艺技术内容被公开，反而为竞争对手提供了利用公开信息，吸收转化改进的机会，从而对专利权人形成威胁和挑战，同

时在发生专利纠纷时，专利权人将面临举证困难的窘境。因此，制备方法作为核心专利是不利的。TEVA 首先要考虑的是能否获得产品专利，并且与 US3849550A 及其期刊文献具有实质性差异，从而不受现有技术公开的影响。WO9531990A1 于 1995 年 5 月 23 日申请，保护主题涉及特定的平均分子量 4～8KDa 的产品。对于共聚物而言，组成和分子量是很重要的结构特征。在组成相同的情况下，不同的分子量可能导致不同的生物学功能。WO9531990A1 比 US3849550A 记载的分子量减小一半以上，不仅与现有技术相比差异较大，而且大大降低原料成本，具有成为核心专利的基础。事实上，由于共聚物的制备方法决定了共聚物链长短的差异化，可以认为 WO9531990A1 是在 US3849550A 获得多肽共聚物的组合物基础上，通过组分功效分析而获得的选择性发明。可见在获得活性成分的基础上，最直接的改进是活性成分结构的精简，这种将功能研发和生产成本综合考虑的思路，对于打造药物核心专利不失为一种捷径。

其次要考虑的是核心专利的稳定性，这与专利撰写密不可分。科研人员赋予技术第一次生命，而专利撰写则赋予技术第二次生命，决定了技术转化为市场的潜力。核心专利应当在边界清晰的基础上尽量争取更大的保护范围。边界清晰意味着权利的稳定，边界清晰包括与现有技术的相对边界和自身表述界定的绝对边界的清晰，前者体现了对技术特征的选择，或者从何种角度描述技术，后者体现了撰写文字的组织以及术语表述。在边界清晰的基础上，通过区分技术特征的主次撰写范围层层缩小权利要求，在面对专利诉讼时进退有度，实现权利的稳定。WO9531990A1 涉及多项产品独立权利要求，涉及分子量和/或杂质两种限定方式，例如分子量由大到小限定，从 2～20kDa、4～8kDa 到 6.25～8.4kDa，杂质含量由大到小限定，从基本上不含、少于 5% 到少于 2.5%40kDa 以上分子量。对于一个肽共聚物而言，组成限定是必须的（对于克帕松而言，共聚物 1 的命名隐含了由谷氨酸、赖氨酸、丙氨酸和酪氨酸组成的结构特征），而分子量和杂质含量限定可以择一以争取最大的保护范围。但是采用组成和杂质含量限定的肽共聚物，与现有技术 US3849550A 的界限并不能清晰分离，因此权利稳定性存在风险。相对而言，采用组成和分子量限定的肽共聚物，比如 4～8kDa、6.25～8.4kDa 分子量，与 US3849550A 的界限清晰，权利更为稳定。另外，由于肽共聚物的制备方法决定了其为由大小不同的分子混合而成的混合物，通常采用平均分子量界定产品组成。平均分子量的计算有不同方式，不同计算方式结果略有差异。而围绕权利要求中限定的技术术语 "molecular weight" 是否清楚的问题，基于 US5800808 等一系列专利产生了一直打到美国联邦最高法院的判例，最终以 TEVA 部分专利有效、部分无效告终，为 TEVA 赢得几个月的销售期，按照当时克帕松日销售额 800 万美元计，也是一笔巨额收入。

核心专利产品不同角度的保护主要体现在制备方法上，因为最大范围的制备方法专利可以阻碍其他竞争对手接近核心专利产品。US5800808A 是制备方法专利，几乎与 WO9531990A1 同时提出申请。US5800808A 作为 US08/248037 和 US08/344248 的继续申请，其在先申请与 WO9531990A1 优先权相同。权利要求 1 保护主题涉及制备共聚物 1 的方法，包括将保护的共聚物 1 与氢溴酸反应形成三氟乙酸共聚物 1，用哌啶水溶液处理所述三氟乙酸共聚物1形成共聚物1，纯化所述共聚物1，产生分子量5~9kDa的共聚物1。现有技术US3849550A不但公开了共聚物1的产品，还公开了其制备方法，即先将L-谷氨酸的γ-羧基用苄酯保护，将L-赖氨酸的ε-氨基用三氟乙酰基保护，然后将L-丙氨酸、L-酪氨酸以及保护后的L-谷氨酸、L-赖氨酸做成氮羧酸内酸酐，将4种氮羧酸内酸酐溶于无水二氧六环中，在引发剂二乙胺的作用下室温搅拌24小时，之后用氢溴酸的冰醋酸溶液脱去谷氨酸γ-羧基的保护基，用1mol/L的哌啶脱去赖氨酸上的三氟乙酰基，TEVA在US3849550A公开的基础上如何撰写制备方法权利要求呢？US3849550A与US5800808A的方法均基于常规的保护侧链取代基后氨基羧基缩合，但后者方法步骤仅限定了对保护的共聚物1的处理，即与氢溴酸反应形成三氟乙酸共聚物1，再用哌啶水溶液处理所述三氟乙酸共聚物1形成共聚物1，只有基本的反应物限定，无任何反应条件限定。生物药制备方法和化学药制备方法规避性难易程度差别较大，通常生物药制备方法涉及基因重组系统、载体、宿主、调节元件等选择，得到相同产品的方法很多，容易规避，而化学药制备方法涉及有机合成反应，限定基本反应物或产物性质，基本就能清楚限定制备方法。虽然共聚物1为肽聚合物，但其制备方法是通过氨基酸缩和，本质是合成反应，在制备方法多样性上远远小于生物药，从而提高了规避的难度，同时最大限度地保护了工艺细节。

最后还要考虑核心专利的申请策略，利用不同的专利申请制度将核心专利的效力发挥到最大化（见表3-4）。

表3-4 克帕松核心专利申请汇总

序号	公开号	申请日	优先权	分案申请	独权主题
1	WO9531990A1 EP0762888B CN1174753C JPH10500955 KR100403750B	1995-05-23	US08/248 037 1994-05-24 （放弃） US08/344 248 1994-11-23 （放弃）		一种共聚物-1级分，其中所述共聚物-1的平均分子量为4~8kDa
2	CN1626238A	1995-05-23	US08/248 037 1994-05-24 US08/344 248 1994-11-23	CN1174753C	一种组合物，包含多肽的一种多分散混合物，所述多肽由谷氨酸、赖氨酸、丙氨酸和酪氨酸组成，其中所述混合物具有的平均分子量为4~9kDa
3	JP2003105000	1995-05-23	US08/248 037 1994-05-24 US08/344 248 1994-11-23	JPH10500955	一种共聚物-1级分，其中所述共聚物-1的平均分子量为4~8kDa

如表 3-4 所示，国际申请 WO9531990A1 于 1995 年 5 月 23 日提出申请，并进入了 MS 多发人群所在的欧洲市场，不多发但市场规模大的中国以及邻近国家日本和韩国，可见 TEVA 对市场的预期和保护考虑了 3 个方面，第一主流市场，第二潜在市场，第三潜在市场的维护。如果仅进入中国，而不进入日本和韩国，则可通过邻近国家购买而规避专利限制。

表 3-5 克帕松核心专利申请策略

序号	公开号	申请日	接续申请	分案申请	独权主题
1	US5800808A（授权）	1995-05-22	US08/344 248（部分）		制备共聚物 1 的方法，……产生分子量 5~9kDa 的共聚物 1
2	US5981589A（授权）	1998-02-27		US5800808A	分子量为 5~9kDa 的共聚物 1，通过以下方法制备……
3	US6048898A（授权）	1998-02-27	US5800808A		制备具有特定分子量谱的共聚物 1 的方法，……共聚物 1 形成特定分子量谱的共聚物 1
4	US6054430A（授权）	1998-02-27		US5800808A	分子量 2~20kDa 共聚物占 75% 的共聚物 1，由包含以下步骤的方法制成……
5	US6342476B1	2000-02-22	US6048898A		治疗 MS 的方法，包括给所需患者施用有效量的共聚物 1 级份，所述共聚物 1 级份中分子量高于 40kDa 的分子少于 5%，含有至少 75% 的分子量 2~20kDa 的分子，所述共聚物 1 级份通过以下步骤方法制备……
6	US6362161B1	2000-02-22	US6054430A		用于治疗 MS 的组合物，包含有效量的共聚物 1 级份，所述级份中分子量高于 40kDa 的分子少于 5%，含有至少 75% 的分子量 2~20kDa 的分子，共聚物 1 通过以下方法制备……

序号	公开号	申请日	接续申请	分案申请	独权主题
7	US6620847B2	2001-12-14	US6362161B1		具有分子量 4~9kDa 的共聚物 1，通过以下方法制备……
8	US6939539B2	2003-07-10	US6620847B2		包含混合多肽的共聚物 1 组合物，所述混合物的平均分子量为 4~9kDa
9	US7199098B	2005-04-05	US6939539B2		包含混合多肽的共聚物 1 组合物，包含共聚物 1 混合物，所述混合物中分子量高于 40kDa 的分子少于 5%，含有至少 75% 的分子量 2~20kDa 的分子

如表 3-5 所示，在美国单独提出申请的专利 US5800808A，一方面基于欧美主流市场，另一方面应当是考虑了美国灵活多样的申请制度，如完全继续申请（CA）、部分继续申请（CIP）、分案申请（DA）。完全继续申请和部分继续申请与中国专利申请程序中主张国内优先权和部分国内优先权类似，但在时间上要求宽松得多，只要基于的在先申请尚未结案都可以提出，且没有次数限制，提出继续申请后，母案并不自动被放弃。完全继续申请具有与在先申请相同的说明书，但是具有不同的权利要求，用于使在先申请中没有获得保护的技术特征在继续申请中得到保护。部分继续申请增加了在先申请中没有公开的内容，只有与在先申请相同的技术内容可以享受在先申请的申请日，用于修改或增加说明书内容，面对不利审查意见增加授权概率。分案申请通常是基于审查意见的行为。TEVA 基于 US5800808A 提出了 9 件专利，包括 2 件分案申请和 6 件继续申请。其中 2 个分案涉及不同方式分子量限定的产品（US5981589A、US6054430A），6 件继续申请分别涉及制备方法、活性成分、组合物、治疗方法，其中制备方法通过笼统限定"特定分子量谱的产品"扩大方法的保护范围，由于方法保护延及产品，相当于扩大了产品的保护范围（US6048898A）。此外，由于继续申请没有严格的时间限制，可以多次提出，因此可以根据竞争对手的研发情况调整权利要求的保护范围，提出继续申请。同时，不断提出的 CA 或 CIP，会让一系列后续申请之间的关系变得很复杂，提高对手提起无效的难度。

由此可见，TEVA 在研发上根据药物合成特点，结合生产成本需求确定了寻找更小活性成分的研发路线，与现有技术形成了有效区分；基于研发成果在专利撰写上尽可能地扩大核心专利的保护范围，形成清晰稳定的权利；在申请策略上，利用美国灵活的专利申请制度，在赢得先机的同时，给竞争对手制造无效难度。TEVA 在克帕松核心专利的打造上，从研发到专利撰写再到充分利用专利申请策略，步步为营，造就了克帕松核心专利强大的竞争力，从而使其在后续进入市场后表现优异，成为 TEVA 的常青树。

3.2.2 构建外围专利——剂型、工艺、用途并举

外围专利涉及对核心专利的技术改进，技术特征涵盖了核心专利，保护范围小于核心专利。原研企业基于掌握信息的天然优势，理论上比公众或竞争对手更容易在技术上实现对核心专利的改进，进而对核心专利外的公共领域的占领，特别是多角度全方位的专利布局有助于核心专利保护的延续。如果竞争对手占据核心专利外的公共领域，则会形成对原研企业的牵制。基于上述客观和主观的原因，原研企业都应当充分重视外围专利的布局（见表 3–6）。

表 3–6 克帕松外围专利汇总

序号	公开号	申请日	独权主题	改进	引证单位：次	被引证量
1	WO9830227A1 US6214791B1 CN1249690A	1998–01–12	一种口服固体药用组合物，该组合物含有 0.1～1000 毫克治疗多发性硬化症的乙酸 Glatiramer、药学上可接受的载体和肠包衣	剂型改进	230	45
2	WO0160392A1 US20010055568A1 CN1424915A	2001–02–16	药物制剂，包含作为活性成分的治疗有效量的共聚物 1（醋酸格拉替雷）和微晶化纤维素	剂型改进	41	9
3	WO2005041933A1 US2005170004A1	2004–10–28	纳米颗粒形式的醋酸格拉替雷药剂组合物	剂型改进	2	22
4	US2007161566A1 WO2007081975A2	2007–01–09	一种缓解 MS 患者复发症状的方法，包括周期性施用含有 40mg 醋酸格拉替雷的皮下注射单一制剂。单一剂量的药物注射组合物，含有 40mg GA 和药学接受载体	药物组合物	15	26
5	WO2007146331A1 US2008118553A1	2007–06–12	包含丹宁酸盐形式的多肽混合物的组合物，所述多肽由 L–谷氨酸、L–丙氨酸、L–酪氨酸、L–赖氨酸组成，且所述多肽不具有相同的氨基酸序列	活性成分修饰	3	12

续表

序号	公开号	申请日	独权主题	改进	引证单位：次	被引证量
6	US7855176B1	2010－05－21	减少 RRMS 患者复发频次的方法，包括施用 0.5ml 皮下注射水溶制剂，所述制剂含有 20mg 醋酸格拉替雷和 20mg 甘露醇	药物组合物	33	3
7	WO2014100639A1 CN104869983A	2013－12－20	一种口服片剂，其包含重量含量为 10% ~ 60% 的醋酸格拉替雷（glatiramer acetate）及一种或多种总重量含量高达约 90% 的胶凝剂	剂型改进	0	0
8	WO2014100643A1	2013－12－20	一种口腔贴剂，包括：a）衬垫；和 b）在所述衬垫上的薄膜组合物，所述薄膜组合物包括醋酸格拉默和一种或多种 成膜剂，所述醋酸格拉默的量按所述薄膜组合物的重量计占比为 10% ~ 40%，所述一种或多种成膜剂的总量按所述薄膜组合物的重量计占比为 40% ~ 80%	剂型改进	0	0
9	WO2015195605A1	2015－06－16	一种口腔贴片，包括衬底、膜组合物，膜组合物包含 40% ~ 80% 醋酸格拉替雷，成膜剂	剂型改进	8	0

对于药物而言，常见的外围专利布局集中在活性成分修饰、药物组合物、剂型、制备方法、制药用途（第二药用、联合用药）以及工具应用上。如表 3－6 所示，在克帕松相关专利中，产品改进主要包括 3 种类型，分别是活性成分修饰（共 1 项）、剂型改进（共 6 项）和注射剂型的药物组合物（共 2 项）。可见对于需要周期注射的药物，研发首先考虑的就是施用便捷、降低频次和缓解疼痛以提高用户体验。克帕松口服剂

型的研发始于 1998 年（WO9830227A1），持续十余年至 2015 年（WO2015195605A1），包括口服和口腔黏膜途径，其中，口腔黏膜途径始于 2013 年（WO2014100643A1），但在 2 年内看不到被引证数据，显示这一技术分支的研发投入缩减，与之相对的是，口服剂型被引证量平均水平较高，其中，第一项肠包衣口服剂型专利（WO9830227A1）被引证仅次于核心专利，表明口服剂型是 TEVA 的研究重点之一。同时在降低频次上，TEVA 重点开发了加量的长效注射剂（US2007161566 A1），被引证量仅次于口服剂型专利（WO9830227A1）。该专利中的产品在 2014 年通过 FDA 核准上市，在克帕松药物专利到期前后对于维持 TEVA 克帕松市场的稳定发挥了重要作用。可见 TEVA 研发思路与方便给药的市场需求紧密结合，投入相对集中，成果显著。

克帕松制备方法的改进专利共有 4 件，主要集中在杂质去除和工艺综合效能，其中杂质去除（WO2006029393A2）与产品质量相关，由于方法与产品能够建立直接联系，有利于产品的实质保护，从被引证量也能看出 TEVA 对于这一研究方向的重视。WO2006083608A1 解决的技术问题是谷氨酸的 γ - 羧基脱保护需要耗费大量的溴化氢/冰醋酸，从而产生大量难以处理、耗费成本的酸性废物，导致工艺综合效能降低。从被引证量看，该研究方向也是 TEVA 关注的重点之一。在 2015 年克帕松到期前后提交的制备方法改进涉及长效注射剂型的制备，其可以阻止竞争对手接近长效剂型的改进（见表 3 - 7）。

表 3 - 7　克帕松制备方法专利汇总

单位：次

序号	公开号	申请日	独权主题	改进	引证量	被引证量
1	WO2006029393A2 US20060052586A1 CN101166754B	2005 - 09 - 09	获得不是都具有相同氨基酸序列的三氟乙酰基多肽的混合物的方法，其中每种多肽基本上由丙氨酸、谷氨酸、酪氨酸和三氟乙酰基赖氨酸组成，其中所述混合物具有需要的平均分子量并且其中在所述过程中，每种基本上由丙氨酸、γ - 苄基谷氨酸、酪氨酸和三氟乙酰基赖氨酸组成的多肽混合物的批次用氢溴酸的乙酸溶液进行去保护，所述改善包括使用氢溴酸的乙酸溶液，所述溶液包含少于 0.5% 的游离溴和/或少于 1000ppm 的金属离子杂质	制备方法改进	171	15

续表

序号	公开号	申请日	独权主题	改进	引证量	被引证量
2	WO2006083608A1 US20060172942A1 CN101111252A	2006–01–20	一种制备多肽醋酸盐混合物的方法，每种多肽均由谷氨酸、丙氨酸、酪氨酸和赖氨酸组成，其中，该混合物具有目的峰分子量，包含下列步骤：a）用 0.01wt% ~ 20wt%的引发剂、在合适温度条件下，酪氨酸、丙氨酸、谷氨酸 γ-苄酯和三氟乙酰赖氨酸的 N-羧酸酐聚合适当的时间，生成受保护的多肽混合物，该多肽混合物的无保护形式具有第一峰分子量；b）通过使多肽与氢解催化剂和氢气接触，脱去受保护的多肽混合物的苄基保护基，生成三氟乙酰基保护的多肽混合物，该多肽混合物的无保护形式具有第一峰分子量；c）通过使多肽与有机碱溶液反应，脱去三氟乙酰保护的多肽混合物的三氟乙酰保护基，生成多肽混合物，该多肽混合物的无保护形式具有第一峰分子量；d）通过超滤作用，除去游离的三氟乙酰基和低分子量杂质，获得每种多肽均由谷氨酸、丙氨酸、酪氨酸和赖氨酸组成的多肽的混合物；e）将每种多肽均由谷氨酸、丙氨酸、酪氨酸和赖氨酸组成的多肽混合物和醋酸水溶液混合，生成具有目的峰分子量的，每种多肽均由谷氨酸、丙氨酸、酪氨酸和赖氨酸组成的多肽醋酸盐的混合物	制备方法改进	10	11

序号	公开号	申请日	独权主题	改进	引证量	被引证量
3	US9155775B1 US2016122722A1	2015 - 01 - 28	含有醋酸格拉替雷和甘露醇的水溶液在 0 ~ 17.5℃的滤过性优于室温，将所述过滤物装入适合的容器	制备方法改进	201	0
4	US2016213734A1	2015 - 09 - 21	制备药物组合物的方法，预装填的注射液包含 40mg 格拉替雷和 40mg 甘露醇，水溶液黏度 2 ~ 3.5cPa，或渗透压 275 ~ 325mOs mol/KG	制备方法改进	0	0

涉及克帕松应用改进的专利共 31 件，主要集中在其他适应症、联合用药、施用方式改进以及工具应用上。由于施用方式属于治疗方法的范畴，能够体现在药品使用说明书上，制药用途是治疗方法克服客体缺陷时的撰写方式，因此将施用方式和制药用途均归为药物应用主题（见表 3 - 8）。

表 3 - 8　克帕松应用改进专利汇总　　　　　　　　　　　单位：次

序号	公开号	申请日	独权主题	改进	引证量	被引证量
1	WO0020010A1	1999 - 10 - 01	治疗自体免疫疾病的方法，包括隔日施用治疗有效量的单一制剂的共聚物 1	施用方式改进	6	26
2	WO0193893A	2001 - 01 - 22	一种预防或抑制中枢神经系统或周围神经系统神经元退化，或促进中枢神经系统或周围神经系统神经再生的方法，包括向有需要的个体给予有效量的：a）已用 Cop1 或 Cop1 相关肽或多肽活化的活化 T 细胞；或 b）Cop1 或 Cop1 相关肽或多肽	第三药用	15	30
3	WO0193828A1	2001 - 06 - 05	用于减轻炎症、非自身免疫中枢神经疾病症状	第三药用	11	18

序号	公开号	申请日	独权主题	改进	引证量	被引证量
4	WO03048735A2	2002 – 12 – 04	一种测量相对于参考批次的醋酸格拉默的已知功效的试验批次的醋酸格拉默的功效的方法	工具应用	28	27
5	WO03047500A2	2002 – 12 – 05	一种用于减少患有运动神经元疾病（MND）的患者的疾病进展、和/或防止运动神经变性、和/或避免受谷氨酸毒性作用的方法，其包括用含有活性试剂的疫苗免疫所述的患者，该活性试剂从由 Cop1、与 Cop1 相关的肽、与 Cop1 相关的多肽和聚（谷氨酸、酪氨酸）构成的组中选出	第三药用	60	9
6	WO2004060265A2	2004 – 01 – 06	用于治疗性免疫接种哺乳动物的滴眼用疫苗，含有选自共聚物1、共聚物1相关肽和共聚物1相关多肽的活性剂	第三药用	9	4
7	WO2004064717A1 US20060264354A1	2004 – 01 – 20	选自共聚物1、共聚物1相关肽和共聚物相关多肽及其盐的活性成分，用于炎性肠病	第三药用	7	6
8	WO2004078145A2	2004 – 03 – 04	醋酸格拉替雷与辛伐他汀联合用药	联合用药	0	0
9	WO2004091573A1 US20070037740A1	2004 – 03 – 04	醋酸格拉默和 α – 骨化醇联合用药	联合用药	0	0
10	WO2004103297A2 US20070173442A1	2004 – 05 – 14	醋酸格拉默和米托蒽醌联合用药	联合用药	3	12

续表

序号	公开号	申请日	独权主题	改进	引证量	被引证量
11	WO2005084377A2 US2007244056A CN101227898A	2005-03-03	为需要神经保护的受试者的中枢或者周围神经系统提供神经保护的方法，周期性地施用一定量的醋酸格拉默和一定量的 2-氨基-6-三氟甲氧基苯并噻唑，当一起服用时所用量可有效提供对受试者的神经保护	联合用药	0	0
12	WO2005117902A1 US2007238711A1	2005-05-27	醋酸格拉默和米诺环素联合用药	联合用药	0	0
13	WO2006029036A2 US20090048181A1	2005-09-02	醋酸格拉默和 N-乙酰半胱氨酸联合用药	联合用药	0	0
14	WO2006057003A2 US20090191173A1	2005-11-29	诱导或增加内生和外生干细胞的神经形成和/或少突细胞形成的方法，包括对个体施用选自共聚物1、共聚物1相关多肽、共聚物1相关肽，和被共聚物1、共聚物1相关多肽、共聚物1相关肽活化的 T 细胞	第三药用	38	3
15	WO2006082581A1 US20090130121A1	2006-02-02	用于心血管疾病	第三药用	1	1
16	WO2006089164A1 US20080261894A1	2006-02-17	醋酸格拉默和雷沙吉兰联合用药	联合用药	71	1
17	WO2006116602A2 US2006240463	2006-04-24	鉴定醋酸格拉替雷治疗的反应者或非反应者的方法，包括检测核酸样品中标记的存在，所述标记物为 CTSS、MBP、TCRB、CD95、CD86、IL-1R1、CD80、SCYA5、MMP9、MOG、SPP1、IL-12RB2	精准医疗	8	5

序号	公开号	申请日	独权主题	改进	引证量	被引证量
18	WO03105750A2	2006－06－12	一种含有抗原呈递细胞以及药学上可接受的载体的药物组合物，其中所述抗原呈递细胞选自以下的抗原进行了脉冲处理：（c）选自共聚物1、共聚物1相关肽或多肽以及poly－Glu50Tyr50的共聚物	激活剂	12	2
19	WO2008001380A1	2007－06－28	用于年龄相关的黄斑部退化	第三药用	17	2
20	WO2009063459A1	2008－11－13	选自共聚物1、共聚物1相关肽和共聚物相关多肽及其盐的活性成分，用于神经发育紊乱治疗，如Rett综合征	第三药用	10	3
21	WO2009070298 A1 US20090149541A1 CN101877963A	2008－11－26	一种延缓在发展临床确诊的多发性硬化症的风险下的患者的临床确诊多发性硬化症的发作的方法，所述方法包括定期给予所述患者一药用组合物，所述药用组合物包括一治疗有效量的格拉默醋酸盐，从而延缓所述患者的临床确诊多发性硬化症的发作	MS 亚型细分	0	3

续表

序号	公开号	申请日	独权主题	改进	引证量	被引证量
22	WO2011022063A1 US8399413B US8232250 US8969302 US9155776 EP2405749B1 CN102625657A	2010 – 08 – 19	一种减轻患有复发 – 缓解型多发性硬化的人类患者或经历第一次临床发作且确定有发生临床上确诊的多发性硬化高风险的患者的复发 – 缓解型多发性硬化的症状的方法，其包括对所述人类患者经 7 天时间 3 次皮下注射投予治疗有效剂量的醋酸格拉替雷，其中每次皮下注射之间间隔至少一天，由此减轻所述患者的所述症状	施用方式改进	9	1
23	US2011230413A1	2011 – 03 – 16	一种对自身免疫性疾病患者施用含醋酸格拉替雷和药学接受载体的药剂的方法，包括施用治疗有效量的药剂；通过测量血液中选自生物标记物 IL – 10、IL – 17、IL – 18、TNFα、BDNF、caspase1、IL – 10 与 IL – 18 的比例、IL – 10 与 IL – 17 的比例检测患者是测醋酸格拉替雷的反应者或弱反应者或不反应者，比较测量值和参考值确定；如果是反应者继续施用，如果是弱反应者或不反应者调整施用方式	精准医疗	57	4
24	WO2012051106A1 US20120121619A1	2011 – 10 – 10	同 US2011230413A1，区别在于标志物的选择部分不同，以及检测后只对反应者施用的步骤	精准医疗	0	0

序号	公开号	申请日	独权主题	改进	引证量	被引证量
25	WO2013016684A1 US20130029916A1 CN103781354A	2012 – 07 – 27	一种治疗受多发性硬化症折磨或呈现临床孤立综合征的人类患者的方法，所述方法包含向所述患者经口投与日剂量的 0.6mg 拉喹莫德（laquinimod），和向所述患者皮下注射日剂量的 20mg 醋酸格拉替雷，其中所述量当结合在一起时比当每种药剂单独投与时更有效治疗所述人类患者	联合用药	7	11
26	WO2013055683A1 US2013123189A1	2012 – 10 – 09	一种使用包含醋酸格拉替雷（glatiramer acetate）和医药学上可接受的载剂的医药组合物治疗罹患多发性硬化症或与多发性硬化症一致的单一临床发作的人类个体的方法	精准医疗	2	1
27	WO2014058976A2 US2014107208A1	2013 – 10 – 09	同 US2013123189A1，区别在于标志物的选择不同，以及检测后只对反应者施用的步骤	精准医疗	3	0
28	WO2014107533A2	2014 – 01 – 02	一种用于表征醋酸格拉替雷相关的原料药或药品的方法	工具应用	3	0
29	WO2014165280A1 US2014271630A1	2014 – 03 – 12	一种治疗罹患某一形式的多发性硬化或呈现临床孤立综合征的个体的方法，其包含向所述个体定期投与至少两次一定量的抗CD20抗体，继而向所述个体定期投与一定量的醋酸格拉替雷，其中所述量有效治疗所述个体	联合用药	10	0

续表

序号	公开号	申请日	独权主题	改进	引证量	被引证量
30	WO2015061367A1 US2015110733A1	2014 - 10 - 21	一种使用包含醋酸格拉替雷和医药学上可接受的载剂的医药组合物治疗罹患多发性硬化症或与多发性硬化症一致的单一临床发作的人类个体的方法	精准医疗	2	0
31	WO2016004250A2	2015 - 07 - 01	鉴定醋酸格拉替雷相关药物的方法，通过一系列基因表达水平的变化鉴定药物	工具应用	4	0

如表 3 - 8 所示，在引用主题的改进中，制药用途包括 MS 适应症（1 件）、其他适应症（9 件）、联合用药（9 件）、施用方法改进（2 件），涉及 GA 反应者的诊断应用（6 件）。除了制药用途外，还有一些工具应用与疾病治疗或诊断没有直接关系，主要集中在醋酸格拉替雷作为工具的检测、鉴定等（4 件）。

克帕松外围专利布局中，值得我们关注的是，外围专利的构筑首先要从不同保护主题的角度把核心专利保护起来，例如获得核心专利的方法、核心专利的用途，方法和用途专利本质上的保护是核心产品本身。其次，结合市场需求确定研发路线，药物施用的便利是首要考虑的方向。最后，外围专利中应当尽量寻找能够延长核心专利生命的替代专利。在克帕松专利中，TEVA 幸运地获得了长效注射剂型的外围专利。虽然这种努力并不能总是成功，但原研企业应当有这样的意识和思路。

3.3　竞争对手的专利构成

克帕松专利于 2015 年到期，到期后的 MS 市场将呈现何种格局？根据 Decision Resources 的报告，5 种预期推出的新药，包括百健艾迪（Biogen Idec）的 Plegridy（聚乙二醇化干扰素 β - 1a）、罗氏的 Ocrelizumab（CD20 人源化单抗）、百健艾迪/艾伯维（AbbVie）的 Daclizumab（达克珠单抗）、TEVA/Active 制药的 Nerventra（拉喹莫德）、Receptos 公司的 RPC - 1063 和 1 种预期获批的新药（赛诺菲/拜耳的 Lemtrada），将在未来 10 年内帮助推动美国、日本、欧盟等主要市场（法国、德国、意大利、西班牙、英国）MS 药物销售增长，并在 2023 年达到 200 亿美元。虽然百健艾迪的口服新药 Tecfidera（富马酸二甲酯）2013 年 FDA 获批，注射型产品仍然是当前重要的治疗方案，同时也是目前 MS 管线的重要组成部分。预测百健艾迪的 Plegridy 和 TEVA

的长效版 Copaxone（40mg，每周注射 3 次）两种后续注射产品将帮助维持这两家公司各自的 MS 管线专营权，并在预测期内实现巨额销售。可见虽然新药频出，但是由于 TEVA 在克帕松市场上长期培育，市场份额虽有预期的缩减，但仍然维持在一定水平。

克帕松专利到期后对其仿制药格局又产生何种影响呢？Novartis – Sandoz/Momenta 在 2015 年 4 月 16 日获得美国 FDA 批准首款克帕松仿制药资格，其将获得 180 天独占期并分享 60% 以上的市场份额，这款仿制药以 Glatopa（Copaxone 的 20mg 剂量仿制药版本）商品名上市销售。此外，FDA 于 2017 年 10 月授权 Mylan/Nacto 向市场推广克帕松的仿制药，辉瑞/Synthon 公司开发的克帕松仿制药也于 2017 年在美国获得销售权。此外，中国翰宇药业 2017 年获得了美国 FDA 颁发的醋酸格拉替美（克帕松仿制药）DMF 注册号，醋酸格拉替美原料药获准进入美国市场，翰宇药业/爱克龙药业将在 2018 年共同完成醋酸格拉替美 FDA 仿制药的 ANDA 申报。Mylan 从 2016 年至 2017 年初通过第 IV 声明和 IPR 方式向 TEVA 发起克帕松多项专利挑战，延迟了克帕松仿制药市场的断崖式巨变，数据显示 2015 年核心专利到期当年仍然有 40 亿美元的全球销售额，2016 年的全球销售额为 42.23 亿美元。但到了 2017 年，随着 Mylan 获得 FDA 的仿制药批准，市场上将迎来更多的仿制药产品的竞争。2017 年 2 月中旬，TEVA 发布 2016 年第 4 季度业绩表示，若仿制药上市，将会抢走克帕松 10 亿 ~13 亿美元的市场份额。虽然 2017 年克帕松仍然为 TEVA 带来了超过 38 亿美元的收入，但越来越激烈的仿制药挑战将使该药物的销售额迅速萎缩至 18 亿美元。

由于仿制药是与被仿制药含有相同的活性成分、剂型、给药途径和治疗作用的替代品。1984 年美国通过 Hatch – Waxman 法案，由于仿制药不需要重复进行原研药批准之前的多年动物研究和人体临床研究，而是通过证明和原研药的生物等效性即可获得批准。仿制药在 1983 年仅占美国制药市场的 11%，而在 2012 年达到 50%，大大节约了患者的药物支出。由于仿制药与原研药活性成分相同，因而仿制药企业在专利布局上多以制备方法为主。这在克帕松不同的仿制药企业专利中均有体现。

如表 3 –9 所示，仿制药企业主要有 Sandoz、Mylan、Nacto、Synthon 和翰宇药业，专利集中在制备工艺的改进和 GA 生物等效性检测方面，这反映了仿制药企业的实际需求，对于布局完备的原研药而言，仿制药很难插入新的布局，更多的是工艺方法的小改进，而生物等效性检测方面更是仿制药通过的必经之路，基于实际研发开发相关的专利是很自然的。对于克帕松而言，肽共聚物的合成在现有技术中非常成熟，而且化学合成方法很难在原理上实现大的突破，因此专利实际申请情况和预期相仿。值得注意的是，Synthon 和翰宇药业分别提交了 2 件产品专利，即 CN103169670A 涉及能够缓释的 GA 微球，WO2014128079A1 涉及含有防腐剂的药物组合物，上述 2 件产品专利都有可能成为仿制药企业的核心专利。另外，仿制药企业之间倾向联合，从而在药品仿制特别是生物等效性检测方面更有优势，比如 Novartis – Sandoz/Momenta、Mylan/Natco、翰宇药业/Akron。

表3-9 克帕松竞争产品相关专利汇总

单位：次

序号	公开号	申请日	申请人	保护主题	发明点	改进	引证量	被引证量
1	WO2006050122A1 CN101044188A EP1807467A0 AU2005302500B JP5297653B2	2005-10-27	Sandoz	制备包含L-酪氨酸、L-丙氨酸、L-谷氨酸和L-赖氨酸的多肽或其可药用盐的方法	通过酸将γ-对-甲氧基苄基团从谷氨酸部分切下并且将N-叔-丁氧基羰基团从赖氨酸部分切下，仅需一次去保护	简化工艺	3	30
2	WO2015061610A1 US2015141284A TW201606305A	2014-10-23	Mylan	一种判定格拉默醋酸盐（GA）测试制备和GA参考标准品是否为免疫同一性的方法	通过刺激GA特异性T细胞株检测GA仿制药的免疫系统一性	检测产品质量	18	0
3	WO2009016643A1 US2010324265A	2007-09-24	Natco	制备共聚物1的方法	氢溴酸反应时间和温度以及洗涤三氟乙酸共聚物1的有机溶剂，优化条件		11	7
4	CN104844697A	2014-09-26	翰宇药业	一种制备高纯度醋酸格拉替雷的方法	提高纯度	控制产品质量	0	0
5	CN104371012A WO2015021904A1	2013-08-12	翰宇药业	一种合成醋酸格拉替雷的方法	利用酸化对共聚物的切割制作用控制分子量	控制产品质量	0	0
6	CN104297404A	2014-09-26	翰宇药业	一种醋酸格拉替雷产品中哌啶杂质的检测分析方法	特定杂质的检测方法	检测产品质量	10	0

续表

序号	公开号	申请日	申请人	保护主题	发明点	改进	引证量	被引证量
7	CN103641897A	2013-11-27	翰宇药业	一种合成醋酸格拉替雷的方法	通过加入一种不参与聚合反应的缄酸盐，消耗掉氯化氢气体，然后再加入乙胺引发剂，这样得到的全保护的格拉替雷的平均分子量可以非常方便地控制在一定范围内	控制产品质量	4	0
8	CN103169670A	2013-03-22	翰宇药业	一种醋酸格拉替雷微球	利用乳化作用形成微球实现GA的缓释，从而提供长效剂型	长效注射剂型	3	0
9	CN102718963A	2012-06-19	翰宇药业	一种制备醋酸格拉替雷的方法	降低氢溴酸浓度/乙醚洗涤三氟乙酸化共聚物	简化工艺控制质量提高得率	4	1
10	WO2014173463A1	2013-04-26	Synthon	检测一批GA效用的方法	生物等效性检测	检测产品质量	13	0
11	WO2014128079A1	2014-02-17	Synthon	药物组合物，包含多剂量GA和选自苯甲醇、甲酚、苯酚、对羟基苯甲酸甲酯、对羟基苯甲酸丙酯的一种或多种防腐剂	控制药物品质	药物组合物	9	0
12	WO2013139728A1	2013-03-18	Synthon	检测一批GA效用的方法	生物等效性检测	检测产品质量	17	1
13	EP2642290A1	2012-03-19	Synthon	检测一批GA效用的方法	生物等效性检测	检测产品质量	15	0

3.4　专利纠纷及诉讼

1984 年美国通过的 Hatch - Waxman 法案，被认为是美国医药发展史上的里程碑，有效地平衡了原研药企业的创新和仿制药企业之间的利益关系，对于原研药企业而言，获得 30 个月的专利诉讼遏制期，同时，首仿药企业可以获得 180 天的市场独占保护期。这一法案的目的是鼓励仿制药企业进行专利挑战，与诉讼相关的是仿制药专利声明书中第Ⅳ段声明，即向未到期的专利进行挑战，声明桔皮书所列专利不成立、无法执行或该仿制药生产和销售并不侵权。对于含有第Ⅳ段声明的 ANDA 申报，仿制药企业应当在 FDA 接受日起 20 天内通知原研药企业，原研药企业在 45 天内向法院申诉仿制药企业侵权，随即获得 30 个月的遏制期。

当手握专利权时，才能启动这样的遏制期。当手中的多个专利权形成专利组合时，会产生何种局面呢？通过 TEVA 可以看出，诉讼胜败常常直接影响股票价格涨跌，而专利保护期限的长短更关乎市场销售额的得失。2011 年，克帕松的销售额为 29.5 亿美元，平均每天销售额为 800 万美元，通常越临近专利保护期限，市场培育越完善，正是药物最赚钱之机。如果保护期限提前中止，哪怕仅数月，对于原研药企业也是不小的损失。

3.4.1　核心专利的权利要求解释之争

Sandoz 和 Mylan 作为制造克帕松的仿制药巨头，了解仿制药的上市必须在专利到期之后，否则造成侵权，因此，Sandoz、Mylan 同样关注 TEVA 的克帕松专利何时到期。在 Sandoz、Mylan 分别向 FDA 提交 ANDA 后，TEVA 于 2011 年 8 月 29 日基于其拥有的 US5800808、 US5981589、 US6048898、 US6054430、 US6342476、 US6362161、US6620847、US6939539、US7199098 共 9 项专利向纽约州地区法院起诉 Sandoz 构成专利侵权。这 9 项专利拥有相同的说明书，均为 US5800808 的继续申请或分案申请。

该案的关键在于权利要求的解释，被告认为权利要求中"分子量"是不清楚的，因为权利要求并未明确限定是哪种分子量或通过何种标准和条件测定。由于复杂的、非均一的混合物，如共聚物1，包含质量不一的分子，这种混合物的分子量不能通过单一分子的分子量表征，最精确的方法是用平均分子量（AMW）表征。而平均分子量的测定方法包括数均分子量（Mn）、重均分子量（Mw）、质均分子量（Mz）、黏均分子量（Mv）、峰位分子量（Mp），而且不同混合物的平均分子量的数值不同。当权利要求中限定的"分子量"不清楚，同时在关联案件面对不清楚审查意见时，在 US6620847 中，解释为本领域技术人员能够理解 kDa 是重均分子量的单位，而在 US6939539 中，解释为根据说明书附图 1，平均分子量指代峰位分子量，原告不一致的解释，让本领域技术人员对"分子量"的含义更加模棱两可。即便能够接受 US6939539 中的解释，在其之前申请的 7 件专利，也不能因为在后的术语清楚而追溯认为其中的术语也是清楚的。

地区法院认为，从内部证据（权利要求、说明书、审查历史）结合外部证据（工具书、专家证言、专题著作）看，权利要求本身并未对分子量进行解释。说明书实施例1描述了分子量测定时采用了凝胶过滤柱，这种方法被称为尺寸排阻层析，该方法在 1994 年已经广泛为本领域技术人员所了解。尺寸排阻层析中的色谱峰与最多的聚合物相关，从色谱图中可以直接得出峰位分子量（Mp），在 Mp 的基础上，通过计算进一步获得 Mn 和 Mw。而说明书并未记载相关计算过程，因此本领域技术人员能够理解 AMW 意指 Mp。从审查历史看，"平均分子量"最先出现在 US6939539 中，因为不能确定平均分子量具体指代哪种而指出其不清楚。在 TEVA 针对性回应后，审查员接受了"平均分子量"的表述。对于审查历史中的不一致和追溯问题，地区法院认为，US6620847 中的解释是错误的，本领域技术人员不会依赖该解释，因为任何一种平均分子量都可以用 Da 表示，结合被告的专家证言也能佐证。同时，追溯问题并不存在，因为从第一件申请 US5800808 中可以得出平均分子量指代 Mp。基于上述理由，地区法院认为权利要求足够清楚，维持有效。

Sandoz 不服，于 2013 年 7 月 26 日继续上诉联邦巡回上诉法院（CAFC），CAFC 认为❶，根据这 9 项权利要求对分子量的限定方式，可以将它们分为 2 组，一组涉及"共聚物 1 的分子量为 5 ~ 9kDa"，这种限定方式基于样本中丰度最高的分子的分子量；是一种相对分子量；另一种涉及"75% 的共聚物 1 级份分子量为 2 ~ 20kDa"，这种限定方式限定的是聚合物样品中有多少分子的分子量的范围，是一种绝对分子量。第一组对应 US5800808、US5981589、US6048898、US6620847、US6939539，第二组对应 US6342476、US6054430、US6362161、US7199098。地区法院并未区分二者。第二组专利中的定义是清楚的，而第一组专利中的定义是不清楚的。第一，权利要求的解释属于法律问题，应当采用重新审查（de novo）的标准来审查。第二，在两个不一致的审查历史中，接受的基础分别是解释为 Mw 和 Mp，但事实上只能是一种，这是不可调和的矛盾。第三，US5800808 的说明书中提到的尺寸排阻层析和附图 1 并不能排除 Mw 和 Mn，因为这也是用来计算 Mw 和 Mn 的方式，原告的专家证言也支持这一点。并且附图 1 的峰值本身并不能作为图例说明其为 Mp，事实上 7.7kDa 值更接近 Mw 而非 Mp。基于上述理由，CAFC 裁定部分专利有效，侵权成立，部分专利无效。

TEVA 不服，于 2014 年 10 月 15 日继续上诉联邦最高法院。联邦最高法院认为❷，该案争议焦点在于聚合物"分子量"指代 Mp、Mn 还是 Mw。根据美国法律，权利要求的解释属于法律问题（question in law）。对于法律争议问题，上诉法院不考虑下级法院的认定，而是采用重新审查（de novo）的标准。对于事实问题（question in fact），上诉法院采用明显错误（clearly erroneous）标准进行审查。换句话说，对于下级法院的事实认定给予一定尊重（deference），仅当其事实认定明显错误时，才予以推翻。对于上诉法院，推翻下级地区法该院所认定的事实认定比推翻法律认定更困难，因为前者

---

❶ Teva Phaemaxeuticals USA v. Sandoz, INC. 723 F. 3d. 1363 (2013).
❷ Teva Phaemaxeuticals USA v. Sandoz, INC. 135 S. Ct. 831 (2015).

需要证明存在明显错误。该案中，TEVA 认为地区法院对于"如何计算分子重量"的认定属于事实认定，而 CAFC 未证明这一事实认定是明显错误的，因此违反了民事诉讼联邦规则第 52（a）（6）条。Sandoz 则认为，"如何计算分子重量"是用于解释权利要求的范围，属于法律问题，CAFC 可以"重新审查"。因此，该案的争议焦点为：地区法院用于支持权利要求范围解释所作出的事实认定，是以 CAFC 所采用的"重新审查"的标准加以审查，还是应当以民事诉讼联邦规则第 52（a）条要求的"明显错误"标准加以审查？联邦最高法院认为：当审查地区法院在解释权利要求的范围时所作出的辅助事实认定时，CAFC 必须采用"明显错误"标准，而非"重新审查"标准。如何确定用于解释权利要求范围的"辅助事实认定"呢？联邦最高法院以"内部证据"（intrinsic evidence）和"外部证据"（extrinsic evidence）进行区分。关于内部证据和外部证据，仅仅基于内部证据来解释权利要求时，纯粹是法律问题，采用重新审查标准；当需要引入外部证据时（例如，理解背景技术、确定相关术语的含义），当存在辅助事实争议时，法院需要基于外部证据作出辅助事实认定。但是，在地区法院作出事实认定之后，并基于这些事实来解释权利要求的范围，最终仍是法律问题，上诉法院可以采用"重新审查"的标准。但是，为了推翻地区法院的辅助事实认定，上诉法院必须证明存在"明显错误"。

2015 年 6 月 18 日，CAFA 重新审理该案。CAFC 认为，该案中"分子量"或"平均分子量"具有 3 种可能的含义：Mp、Mn 和 Mw。权利要求并未指出是哪种含义，说明书也未定义甚至没有提到 Mp、Mn 和 Mw。"平均分子量"对于本领域技术人员而言并不具有清楚明白的含义。地区法院关于本领域技术人员能够理解色谱曲线反映分子量的事实认定没有明显错误，通过额外计算获得 Mn 和 Mw 的事实认定没有明显错误，本领域技术人员能够理解附图 1 中当色谱数据转化成曲线时产生偏差的事实认定也没有明显错误。然而，本领域技术人员虽然知道可能发生偏差，仍然不能合理地确定是哪一种平均分子量。在两个说明书完全相同的专利面对清楚的质疑时，专利权人的解释分别是 Mw 和 Mp。权利要求因不清楚而被无效的原因是根据说明书和审查历史，本领域技术人员无法合理确定分子量为 Mp，进而无法确定权利要求的保护范围，因此维持判决。

在整个诉讼过程中，由于胜败的反转产生了保护期限的变化，直接影响了 TEVA 的股市表现和市场份额。由于美国自 1995 年 6 月 8 日及之后提出的发明专利申请，专利保护期为自实际申请日起算 20 年，对于 1995 年 6 月 8 日前申请但在 1995 年 6 月 8 日后获得授权或在 1995 年 6 月 8 日仍有效的发明专利，专利保护期限以获得授权日起算 17 年或申请日起算 20 年，两者中较长者为准。由于 US5800808 申请日是 1995 年 5 月 22 日，授权日为 1998 年 9 月 1 日，在两种算法中取长则专利保护期限截至 2015 年 9 月 1 日。地区法院判决 TEVA 胜诉后，保护期限仍为 2015 年 9 月 1 日，直接导致股价上涨 12%。CAFC 维持专利部分有效部分无效后，导致专利保护期限为 2014 年 5 月到期，比预期缩短约 16 个月，也意味着 Mylan 的仿制药最快于 2014 年 5 月上市。

从 TEVA 在美国遭遇的专利诉讼和挑战中可以得出以下启示：

（1）专利的保护效力在专利诉讼时得以充分体现。一件专利能够发挥保护作用，首先是保护范围清楚，特别是与发明点相关的技术特征的表述。在"分子量"的解释上，TEVA 在申请文件解释的缺失以及审查历史中对同一术语解释认定前后不一致的疏忽直接导致了专利被挑战，从而缩短了保护期限。

（2）继续申请能够纠正在先申请中的错误、弥补漏洞。当部分同族专利无效时，继续申请策略能保证不会全军覆灭，从而继续维持专利保护期限。TEVA 如果没有继续申请，则在 2013 年 6 月 26 日 CAFC 判决生效后就会丧失全部专利权，从而更加缩短专利保护期限。

虽然 TEVA 在美国的专利诉讼和挑战中处于不利地位，但在欧洲，情况则出现反转。2012 年 9 月，Generics 在英国启动诉讼，申请撤销 EP762888，TEVA 诉 Mylan 子公司 Generics，英国高等法院支持 TEVA 克帕松专利有效，高等法院裁定专利保护持续至 2015 年 5 月 23 日，Mylan 的克帕松仿制药已经构成一定侵权。

3.4.2 长效版替代专利无效的 IPR 捷径

2011 年 9 月，美国 AIA 法案出台，新增了授权后复审（Post - Grant Review，PGR）和多方复审（Inter Partes Reexamination，IPR）程序，即无效宣告一件美国专利时，要么通过 PGR 在授权后或者再授权之后的 9 个月内提出，要么在无法提出 PGR 时通过 IPR 提出。IPR 仅能基于美国专利法第 102 条和第 103 条提出，也就是新颖性和创造性无效，对于 IPR 结果不服的，可以向 CAFC 提出上诉。PGR 和 IPR 都由专利上诉委员会（PTAB）审查。

2014 年 8 月，Mylan 联合 Novartis - Sandoz/Momenta 团队，计划生产长效版克帕松，FDA 接受该 ANDA。TEVA 的长效版克帕松在桔皮书的专利有 US82322250B2、US8399413B2、US8969302B2、US9155776B2、US9402874B2，2015 年 8 月和 9 月，Mylan 分别对 US82322250B2、US8399413B2 以及 US8969302B2 向 USPTO 提出 IPR 程序，2016 年 8 月和 9 月，PTAB 裁定上述 3 项专利无效，2016 年 11 月，Mylan 继续对 US9155776B2 向 PTAB 提出 IPR 程序，2017 年 1 月，美国 Delaware 法院宣判上述与 40mg/ml 长效版克帕松剂型相关的 4 件专利基于显而易见性被无效❶。

相对于第Ⅳ段声明途径，IPR 程序在审理期限和费用上都体现了多快好省的优势，更为重要的是，在第Ⅳ段声明中，专利权默认有效，法官和陪审团技术背景薄弱，无效难度较大；而在 IPR 途径中，专利没有默认有效，PTAB 的法官具有较强的技术背景，无效成功率较高。与较高收益相匹配的是 IPR 途径的风险，如果挑战方失败，不得在任何程序中以新颖性和创造性为由对该专利再次提出无效请求。这种收益和风险的配置，从另一个角度解释了较高的无效成功率。

---

❶ 历经 PIV 和 IPR 洗礼下的 MS 之王——Copaxone［EB/OL］. http：//med. sina. com/article_ detail_ 103_ 2 _ 28003. html.

3.5　撰写疏漏的发现及专利挑战

从 1996 年 12 月克帕松通过 FDA 批准上市以来，2006～2009 年，3 年销售额实现倍增，并且在 2012 年以后维持 40 亿美元销售额，即使面临专利悬崖，也没有表现出销售额的明显下滑。这和其专利布局的保护密不可分，专利的独占不仅阻止了竞争对手对市场的分割，同时给原研药企业提供了培育市场的机会，以致当专利保护到期时，仍然能够依靠核心替代专利和患者的信赖在一段时间内继续维持市场份额（见表 3 - 10）。

表 3 - 10　克帕松 2006～2016 年销售额汇总

年份	2006	2007	2008	2009	2010	2011	2012	2013	2014	2015	2016
销售额/亿美元	14.1	17	23	28	29.58	35.7	39.96	43.3	42.4	40	42.23

3.5.1　对我国原研药企业的启示

对于药物开发而言，当研发了新的活性成分时，原研药企业首先考虑的是采用何种方式保护核心技术，如果现有技术与新的发明之间存在较大差异，或者与现有技术的区别不易通过反向工程破解，可以通过技术秘密来保护。对于克帕松而言，核心专利所面临的现有技术的公开程度，已经不适合通过技术秘密的方式保护，更适合专利保护。

当选择专利保护后，就要考虑专利布局，只有通过专利布局才能充分发挥专利保护的价值。专利布局的基础是核心专利水平，既要有技术创新高度，也要有撰写水平高度。专利撰写是将技术转化为无形资产的第一步，没有稳定清晰的专利权属，专利保护和运营犹如无源之水，克帕松在核心专利撰写上存在的疏漏给 TEVA 带来了直接损失，即专利保护期限缩短，仿制药提前上市。万幸的是一方面竞争对手发起 ANDA 申报的时间较晚，这主要与竞争对手研发仿制药的时间相关。竞争对手一般根据预期的专利保护期限来决定启动研发和生产的时间。另一方面，TEVA 采用了灵活的申请策略制造了复杂的专利关系，提高了专利无效的难度。

基于产品核心专利，可以布置涉及不同保护主题的外围专利，如制备方法、药物组合物、治疗方法、制药用途。原研药企业的利益最终在市场上以产品的销售实现，保护主题无论是制备方法还是用途，都应当与实际产品产生关联或者对应。在核心专利基础上，原研药企业应当将技术研发重点放在延续核心专利保护生命的技术上，并将其作为外围专利。延续核心专利的替代专利，可以从市场需求，例如给药的便利性上入手。对于已经为市场所接受的药物而言，给药的便利性通常不涉及药效的改变，无论在药品上市的申报上还是市场的接受度上都容易得多。专利布局与研发进展应当同步，甚至早于研发进展。例如对于克帕松这样周期性施用的药物而言，研发首先考虑的就是施用便捷、降低频次和疼痛以提高用户体验，用户需求就是研发导向。换句话说，根据专利布局的常规思路结合药物的特点能够预期原研的研发方向。对于原研药企业而言，可以预先在这个方向上进行专利布局。1998 年，TEVA 对长效剂型开始布局（WO0020010A1，优先权日 1998 年 10 月 2 日），距离 WO2011022063A1（申请日 2010 年 8 月 19 日）申请，在美国、欧洲获得授权的专利已经过去了十多年。与此相应的是，2012 年 6 月，TEVA 宣布 GA 低频疗法Ⅲ期临床试验获积极性结果，Ⅲ期临床旨在评价 GALA 的疗效、安全性和耐受性，随机、双盲、有安慰剂对照的临床试验历时一年，试验显示 40mg/ml 克帕松安全性和耐受性良好，降低患者 34.4% 年复发率。2014 年 1 月，FDA 批准克帕松长效剂型，该长效剂型专利 2030 年到期，与克帕松最初剂型相比具有优势，每周注射 3 次即可。2015 年，美国已有 70% 患者转用长效版克帕松，全年克帕松收入约为 42 亿美元，占公司收入 21%，2016 年收入仍为 42 亿美元，有效地应对了专利悬崖，延长了核心专利的市场生命。

专利布局周期如此之长有何意义呢？第一，很早地告知竞争对手自己的研发方向和布局，起到震慑作用，由于药物研发高投入、高风险，而且原研药企业在技术上有天然的占先优势，因此，竞争对手不会轻易贸然行动，而是选择专利保护期限前结合仿制药批准时间进行研制。第二，为自己赢得时间和空间，尽量延长真正关注的长效剂型申请时间，从而将核心专利的市场生命尽量延长。

3.5.2 对我国仿制药企业的启示

对于竞争对手而言，同样应当具有专利布局意识。仿制药企业的专利布局，首先应当关注原研药企业的核心专利，寻找漏洞，如果 Mylan 等仿制药企业能够早点发现克帕松核心专利撰写的漏洞，而不是惯性思维地等待专利即将到期再启动诉讼，那么克帕松的销售传奇恐怕要改写了。其次，应当关注原研药企业在什么方向上开发核心替代专利。了解原研药企业的市场和研发行为，提前预知研发方向，进行自己的专利布局，等到原研药企业研发进入己方的布局范围，则可基于专利运营实现企业利益，如许可、转让、融资和诉讼。在长效剂型克帕松的专利布局中，技术方案实质仅是通过剂量倍增达到隔日注射或长效的技术效果，如果竞争对手能够基于预期而提前布局，形成专利交叉许可之势也不是没有可能。最后，仿制药企业需要了解不同国家和地区的专利挑战制度和最新动态，从而把握机遇，例如，美国 ANDA 的程序和要求，2012 年后的 IPR 程序。同时美国作为技术创新和专利制度创新发达的国家，平衡好公共利益是价值取向重点，其所传达出的导向对于我们国家药物行业发展而言，也具有较好的借鉴意义。

第4章　撕开壁垒空白点的专利反包围圈

【编者按】宫颈癌疫苗的新潮流带来数十亿美元的市场规模，两家巨头赢在起跑线，为争夺市场，双方都使出大招，专利许可配合自主研发使佳达修成为世界首个宫颈癌预防疫苗，卉妍康则通过空白挖掘组合反包围"篱笆"专利迎头赶上，双方通过优先权实战进行了较量，佳达修地位能否被撼动还有待市场反馈。

宫颈癌是全球女性最常见的恶性肿瘤，也是唯一病因和发病机理明确、可通过早期检查和进行早期预防的癌症。宫颈癌疫苗研发成功至今，十年间，除佳达修和卉妍康产品以外再无其他宫颈癌疫苗产品进入全球市场。本章对默克和葛兰素史克从众多抗肿瘤疫苗研发公司中脱颖而出背后的专利运营策略进行了深度剖析，提出了有效构建专利组合的层次和方法，并且基于中小型医药企业常常面对的已经形成产业专利壁垒的形势，针对如何开发专利资产来支撑企业竞争力提升的策略模式提出了相关建议。

4.1　宫颈癌疫苗产品基本情况

人乳头状瘤病毒（human papillomavirus，HPV）是引发宫颈癌的原因，HPV 的晚期蛋白 L1 或者晚期蛋白 L1 和 L2 在一定的条件下能够形成具有球形结构的病毒样颗粒，这种病毒样颗粒不携带病毒基因，无致病性，但可以激发机体的免疫反应，从而作为疫苗成分使用。目前，市场上用于预防宫颈癌的疫苗（俗称"宫颈癌疫苗"）即重组人乳头瘤病毒疫苗。

与宫颈癌密切相关的 4 种人乳头状瘤病毒亚型为 HPV6、HPV11、HPV16 和 HPV18，这 4 种亚型导致的宫颈癌占总数的 90% 以上，其中，最重要的 2 种是 HPV16 和 HPV18，相关病例占宫颈癌总数的 70% 以上。目前市场上的宫颈癌疫苗只有 3 种：葛兰素史克生产的 HPV16、HPV18 2 价重组疫苗卉妍康、默克生产的 HPV6、HPV11、HPV16、HPV18 4 价病毒重组疫苗佳达修，以及 9 价 HPV 病毒亚型重组疫苗佳达修 9。

自 2006 年佳达修上市以来，平均销售额超过 12 亿美元，2013 年的销售额一度高达 18.3 亿美元，远超年平均销售额约 2.1 亿英镑的卉妍康，而佳达修 9 获得 FDA 批准之后，有分析预计其年销售额峰值将达到 19 亿美元❶。这种市场份额的差异与法律法

---

❶ 默沙东：9 价 HPV 疫苗销售峰值将达到 19 亿美元 [EB/OL]．[2014 - 12 - 15]．http：//www．biodiscover．com/news/company/115561．html．

规、政府政策、市场营销、专利技术、专利布局、专利运营等因素有着千丝万缕的联系。本章以佳达修及其竞争对手卉妍康的典型案例入手，分析其专利申请策略、专利布局、专利挑战和诉讼，直至许可与合作过程中蕴含的意识、知识和技巧，为我国医药产业构建专利组合或其布局提供参考，也为我国制药企业如何将知识产权运用到产业中开拓思路和提供借鉴。

1. 卉妍康

重组人乳头瘤病毒 2 价（HPV16、HPV18）疫苗（商品名为"卉妍康"，Cervarix®）由葛兰素史克生产，用于 9～25 周岁女性预防 HPV16 和 HPV18 引起的宫颈癌，1 级、2 级或更严重的宫颈上皮内瘤以及原位腺癌。

2. 佳达修

重组人乳头瘤病毒 4 价（HPV6、HPV11、HPV16、HPV18）疫苗（商品名为"佳达修"，Gardasil®）由默克生产，用于预防下列疾病：外阴和阴道癌；9～26 周岁女性由 HPV6、HPV11、HPV16、HPV18 型引起的生殖器疣（尖锐湿疣）及原位宫颈腺癌，2 级和 3 级宫颈上皮内瘤变，2 级和 3 级外阴上皮内瘤变，2 级和 3 级阴道上皮内瘤变，1 级宫颈上皮内瘤变的癌前病变或增生性病变；9～26 周岁男性由 HPV6 和 HPV11 型引起的生殖器疣；6～26 周岁人群由于 HPV6、HPV11、HPV16、HPV18 型引起的肛门癌及相关的癌前病变。

3. 佳达修 9

重组人乳头瘤病毒 9 价（HPV6、HPV11、HPV16、HPV18、HPV31、HPV33、HPV45、HPV52、HPV58）疫苗（商品名为"佳达修 9"，Gardasil 9®）由默克生产，用于 9～26 周岁女性预防以下疾病：由 HPV16、HPV18、HPV31、HPV33、HPV45、HPV52、HPV58 引起的宫颈、外阴、阴道、肛门癌；HPV6 和 HPV11 引起的生殖器疣（尖锐湿疣）；HPV6、HPV11、HPV16、HPV18、HPV31、HPV33、HPV45、HPV52、HPV58 引起的癌前病变或增生性病变，2/3 级宫颈上皮内瘤变和宫颈原位腺癌，1 级宫颈上皮内瘤变，2 级和 3 级外阴上皮内瘤变，2 级和 3 级阴道上皮内瘤变，1 级、2 级和 3 级肛门上皮内瘤变；用于 9～15 周岁男孩预防以下疾病：HPV16、HPV18、HPV31、HPV33、HPV45、HPV52、HPV58 引起的肛门癌，HPV6 和 HPV11 引起的生殖器疣，以及 HPV6、HPV11、HPV16、HPV18、HPV31、HPV33、HPV45、HPV52、HPV58 引起的 1、2 和 3 级肛门上皮内瘤变的癌前病变或增生性病变；用于 9～26 周岁男性预防以下疾病：HPV16、HPV18、HPV31、HPV33、HPV45、HPV52、HPV58 引起的肛门癌，HPV6 和 HPV11 引起的生殖器疣和 HPV6、HPV11、HPV16、HPV18、HPV31、HPV33、HPV45、HPV52、HPV58 引起的 1 级、2 级和 3 级肛门上皮内瘤变的癌前病变或增生性病变。

4.2 原研公司的专利布局

如今人们已经知晓 HPV 的晚期蛋白 L1 或者晚期蛋白 L1 和 L2 所形成的病毒样颗粒

可以作为疫苗成分使用，可有效地预防宫颈癌，但在最初的相关研究中，科研工作者和密切关注宫颈癌的医药企业都曾将注意力集中在被认为可以用于阻断病毒侵袭、治疗宫颈癌的早期蛋白上，例如默克公司在 1991～1993 年申请的专利 EP0412762A 和 EP0531080A2 即涉及治疗宫颈癌的药物组合物，其主要成分是有效治疗量的 E7 蛋白。在这段时期内，全球宫颈癌疫苗相关的专利年申请量不足 10 件（见图 4－1），且其中大部分请求保护的是涉及 HPV 早期蛋白的治疗性疫苗，与预防性疫苗产品关联较少。

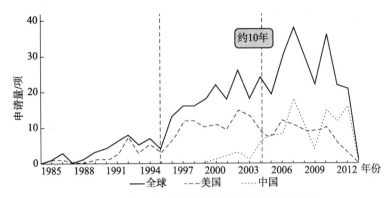

图 4－1　宫颈癌疫苗专利申请量年度变化趋势

科研院校的工作者最早发现纯化表达的 HPV 晚期蛋白 L1 或 L2 能够引起机体抗体水平的提升，但不能有效模拟天然存在的病毒并诱导免疫，随后的研究发现，晚期蛋白 L1 和 L2 在一定的条件下能够形成具有球形结构的病毒样颗粒（VLP），这种病毒样颗粒可以激发机体的免疫反应，从而可作为疫苗成分使用。研究进一步发现单独的晚期蛋白 L1 能够形成具有球形结构的病毒样颗粒（见图 4－2）。

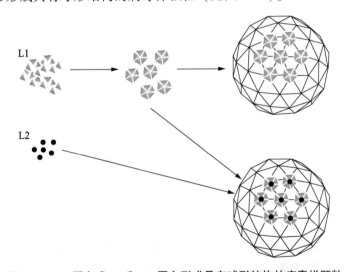

图 4－2　L1 蛋白或 L1 和 L2 蛋白形成具有球形结构的病毒样颗粒

默克公司针对这些研究成果分别于 1992～1994 年申请了专利。直至 1995 年，默克公司提交涉及由晚期蛋白 L1 或 L1 和 L2 构成 VLP 的专利申请，才正式标志着医药产业围绕预防性宫颈癌疫苗产品构建专利组合的第一步，也掀起宫颈癌预防性疫苗的产业化热潮。

相对而言，我国医药行业对于宫颈癌疫苗的研究起步较晚，专利申请增长高峰的出现推迟了 10 年左右，几乎可以说，我国宫颈癌疫苗的研发起步比国际领先的医药企业晚了一代药物的时间，这与我国医药产业的研究情况是相似的。面对国际领先的医药企业在专利保护下的技术垄断、标准垄断甚至国内外的市场垄断，我国医药企业如何突破药品专利壁垒，进而构筑自主知识产权产品，站稳国内，适时打入国际市场是迫在眉睫的问题。

通过对产业先行者默克公司的专利解读，掌握其如何进行专利布局，以达到最大范围的技术垄断，能够为我国医药产业从业者构建自主专利组合或布局提供参考，也为我国企业在专利壁垒下，如何寻找技术突变点和空白点提供分析的基础。

4.2.1　许可获得的基础专利

单个专利权人或多个专利权人为了发挥单项专利不能或很难发挥的效应，将相互联系又存在显著差别的多项专利进行有效组合而形成的专利集合体被称为专利组合。在技术的早期阶段，无论是 HPV 病毒的 L1 和 L2 蛋白，还是 HPV 病毒的 VLP 颗粒，作为疫苗成分都是科研院校的研发成果。默克公司在通过许可获得科研院校的专利技术基础上，继续开发、改善和优化制剂成分，改进生产方法以适应大规模的产业化，最终获得上市产品佳达修系列疫苗。可见，科研院校的专利技术也构成了默克公司围绕疫苗产品构建的专利组合的一部分。

追踪分析默克公司最早申请的 2 项关于保护性疫苗的专利 WO9531532A1 和 WO9615247A1，可以发现，有 4 项更早的专利 WO9302184A1、WO9405792A1、WO9400152A1 和 WO9420137A1 分别由昆士兰大学、美国健康和人类服务部、乔治城大学申请，上述专利进入欧洲、美国、日本等国家和地区，未进入中国。其中，昆士兰大学的专利 WO9302184A1 独家许可给默克公司，构成了默克公司佳达修产品专利组合中最早也是最基础的专利技术。

昆士兰大学的发明专利 WO9302184A1 并不能被认为是"一件"专利，其是一项专利（见表 4 - 1）。由于该项发明专利根据相同的优先权在不同国家、地区或地区间专利组织多次申请、公开和/或获得批准形成了一组专利（即专利族），当该专利族申请进入国家和地区阶段后，各个国家和地区的专利局在审查过程中会接受或拒绝不同的专利权利要求，导致一项发明在不同的国家和地区获得不同的保护范围，即同族专利。同族专利以优先权为联系基础，一般情况下，同族专利的专利权人和/或专利权受让人相同，专利族所拥有的专利数量越多也意味着该项技术对权利人和/或受让人的重要性越大❶。同族专利之间相互联系又存在一定的区别，形成的专利集合体可视为专利组合。可认为昆士兰大学 WO9302184A1 的同族专利已经形成了简单的

---

❶　何敏. 企业专利战略 ［M］. 北京：知识产权出版社，2011.

专利组合。

WO9302184A1 进入美国国家阶段并且获得授权的专利为 US7476389B1，其涉及除 HPV16 以外的 HPV 病毒 L1 蛋白制备 VLP 的方法，该专利保护范围广泛，构成了全部使用 HPV 病毒 L1 蛋白制备 VLP 技术的壁垒（除 HPV16 以外）。同时，对于可能被认为单独不一定能够形成 VLP 的 HPV16 的 L1 蛋白，US7939082B2、US7169585B2 仍针对有可能具备重要作用的 HPV16 的 L1 蛋白、编码核酸、制备方法进行了保护，从而在美国产生了针对 HPV VLP 疫苗的专利屏障，构成了其与默克公司达成技术许可的基础，其广泛涉及 HPV 病毒亚型 VLP 的专利覆盖程度，也为默克公司研发多价疫苗（4 价、9 价）提供了较为坚实的基础。

表 4 - 1　默克公司（昆士兰大学）基础专利布局

公开号	专利权人	同族专利	获得的权利（部分）	许可/使用
WO9302184A1	昆士兰大学	US7476389B1	制备 VLP 的方法，构建、表达 L1 蛋白，获得 VLP（未述及 L2），其 HPV 不是 HPV16。权利要求 9 制备方法包括表达 L1 和 L2。	1995 年默克获得排他许可的 CSL 公司授权使用
		US7939082B2	分离的 HPV16 L1 蛋白，当与 L2 蛋白一起表达时，所述 HPV16 L1 蛋白能够折叠形成 VLP。	
		EP1359156B1 US6613557B1	表达 HPV16 L1 蛋白的重组分子的制备方法，核酸 HPV16 基因组的部分核酸分子。	
		EP0595935B1	制备 HPV11 或 HPV6 的 VLP 的方法，表达 L1 蛋白，或同时表达 L1 和 L2	

4.2.2　自主研发的重点专利

默克公司申请的第一件与 HPV 病毒 L1 蛋白及其形成的 VLP 疫苗相关的专利始于 1995 年，是以 1994 年 5 月 16 日的美国专利 US242794 为优先权的 PCT 国际申请 WO9531532A1，并随后进入美国、欧洲、澳大利亚、中国、日本、墨西哥、韩国、俄罗斯、加拿大等 17 个国家和区域性组织。默克公司围绕宫颈癌疫苗于 1996～2012 年连续提出多件专利申请，基本每年都在多个国家和地区进行专利申请布局，广泛涉及 VLP 的制备、改良突变、表达优化、纯化、制剂等产业化过程中的工艺技术，形成了全面覆盖宫颈癌疫苗产品及制备工艺的专利体系（见表 4 - 2）。

表 4 - 2 默克公司自主申请专利的权属状态

申请日	公开号/专利号	中国同族	发明主题
1995 - 05 - 15	WO9531532	CN1152935	病毒样颗粒
1995 - 09 - 18	WO9609375	CN1163634	病毒样颗粒
1995 - 11 - 13	WO9615247	CN1173203	病毒样颗粒
1996 - 03 - 18	WO9629413	CN1185176	病毒样颗粒
1996 - 03 - 26	WO9630520	CN1185810	病毒样颗粒
1996 - 07 - 15	WO9704076	无	病毒样颗粒的制备
1996 - 09 - 11	US5821087	无	酵母表达方法
1996 - 11 - 12	WO9718301	无	病毒样颗粒的制备
1997 - 09 - 08	WO9810790	无	免疫原组分
1997 - 09 - 30	WO9814564	无	病毒样颗粒的合成
1997 - 10 - 22	US5888516	无	疫苗
1997 - 12 - 05	WO9825646	无	病毒样颗粒的合成
1997 - 12 - 16	WO9828003	无	疫苗
1998 - 04 - 07	WO9844944	CN1259051	疫苗制剂
1999 - 08 - 10	WO0009157	无	递送方法
1999 - 08 - 10	WO0009671	CN1354787	纯化方法
1999 - 12 - 14	WO0035479	无	病毒样颗粒
1999 - 12 - 20	WO0039151	无	假病毒
2000 - 02 - 01	WO0045841	无	疫苗制剂
2000 - 03 - 22	WO0057906	无	疫苗制剂
2000 - 08 - 21	WO0114416	无	病毒样颗粒
2000 - 10 - 11	WO0128585	无	病毒样颗粒的制备
2001 - 07 - 03	WO0204595	无	嵌合病毒
2002 - 08 - 19	WO03019143	无	PCR 检测 HPV
2003 - 04 - 25	WO03093511	无	检测免疫结果的方法
2004 - 03 - 19	WO2004084831	CN1761759	酵母表达方法
2004 - 09 - 24	WO2005032586	CN1859923	酵母表达方法
2004 - 11 - 10	WO2005047315	CN1942583	酵母表达方法
2005 - 03 - 18	WO2005097821	CN1934131	酵母表达方法
2006 - 04 - 24	WO2006116276	无	PCR 检测 HPV
2008 - 03 - 06	WO2008112125	CN101622008	疫苗制剂
2012 - 06 - 22	WO2012177970	无	疫苗制剂

在默克公司针对预防型宫颈癌疫苗进行专利布局之初，该领域尚处于较为空白的状态，默克公司首先针对晚期蛋白 L1 或 L2 形成 VLP 的相关技术进行了专利申请，在 WO9531532A1 和 WO9615247A1 中广泛涉及选自 HPV6、HPV11、HPV16、HPV18、

HPV31、HPV33、HPV45、HPV52、HPV58 各亚型的 L1 或 L2 自组装形成 VLP 的方法。随后，WO9629413A2 和 WO9630520A2 等专利则聚焦在特定的重要亚型上，针对 HPV11、HPV16 或 HPV18 的 L1 或 L2 蛋白及 VLP 进行了具体的保护，并且搭建了相应的疫苗制备工艺及纯化工艺。在一系列技术研发的基础上，1998 年申请的专利 WO9844944A2 请求保护并且获得了含有 HPV6、HPV11、HPV16 和 HPV18 VLP 的抗原组合物的无铝抗原制剂的权利保护范围（US6358744B1），奠定了 4 价 HPV6、HPV11、HPV16 和 HPV18 亚型重组疫苗佳达修生产的技术基础和专利保护基石。

在成功研发并且保护了佳达修最核心的 HPV6、HPV11、HPV16 和 HPV18 VLP 抗原组合物之后，默克公司并没有中止围绕其产品的专利组合的构建。在随后的数年间，默克公司继续对于疫苗生产、纯化、制剂及稳定贮藏相关的技术进行改进，为适应大规模生产做好准备，并持续申请专利保护，完善围绕产品上下游的专利屏障，持续保持其在技术上的领先优势。默克公司 9 价 HPV6、HPV11、HPV16、HPV18、HPV31、HPV33、HPV45、HPV52 和 HPV58 型重组疫苗佳达修 9 已于 2014 年 12 月获得 FDA 批准。图 4-3 列出了结合关联追踪和引文分析等方法确定的佳达修及佳达修 9 相关重点专利分布。

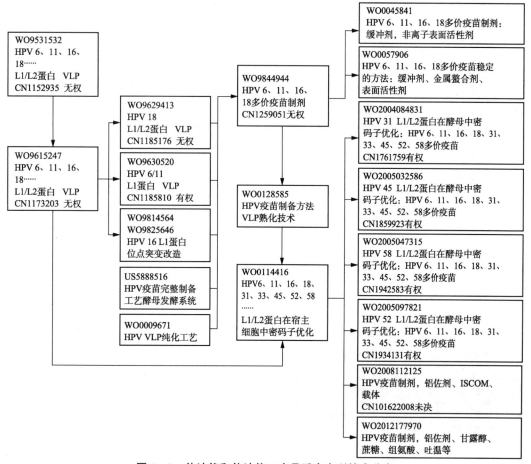

图4-3　佳达修和佳达修9产品重点专利技术分布

默克公司在宫颈癌疫苗领域的知识产权保护起步较早，并逐步申请了数十项相关专利，自主技术较为密集，处于产业链的高端，属于战略资产型企业。这类企业掌握着产业的核心技术，面对的专利壁垒较少，因而可在技术研发过程中贯彻专利策略、设计的观念，通过保护范围相对宽泛的申请抢占先机，通过研发过程中技术的逐步深入，对产品主要成分进行针对性的单独申请，再围绕产品制备工艺和纯化技术等全面展开，在保护自己产品的同时，给竞争对手设置专利壁垒，以赢得更充分的产品开发时间，从源头上奠定占领市场的基础。战略资产型企业根据自主研发技术构建专利组合进行保护的方式可为我国大型医药企业有效保护自身产品、稳定市场保有率提供参考。

4.3 专利布局规避设计及空白点的发现

葛兰素史克公司进行预防型宫颈癌疫苗研发的时间较晚，其获得乔治城大学独占许可专利技术的时间为 1997 年（默克公司 1995 年获得昆士兰大学独占许可），以葛兰素史克公司为申请人的第 1 件相关专利申请为 1999 年提交的最早优先权为 GB19980005105 的 PCT 国际申请 WO9945957A2，比默克公司申请的第 1 件相关专利 WO9531532（涉及 HPV 病毒样颗粒）申请日相对滞后 4 年。

从技术层面来看，葛兰素史克公司的专利 WO9945957A2 请求保护包括乙肝病毒抗原、单纯疱疹病毒抗原和刺激 TH1 细胞应答的免疫佐剂的疫苗组合物，该疫苗组合物可含有选自 L1、L2 等的 HPV 抗原成分（权利要求 20），与随后的 WO0117550A、WO0117551A 相似，均涉及联合疫苗的技术方案，与最后上市的宫颈癌产品卉妍康关联性并不紧密，并且，这些 PCT 国际申请虽然进入了欧洲、美国、日本、中国、澳大利亚、加拿大等国家和地区，但在各地获得专利权的范围并不相同，例如，WO9945957A2 包括 HPV 抗原成分的疫苗组合物的权利要求在欧洲获得专利权（EP1064025B1，权利要求 18），但是在美国的授权文本中甚至并未涉及包含 HPV 抗原的技术方案（US6451320B1、US6932972B2）（见表 4 - 3）。

表 4 - 3　葛兰素史克公司基础专利的权属状态

申请日	公开号/专利号	中国同族专利	发明主题
1999 - 03 - 04	WO9945957	CN1299288	联合疫苗（佐剂）
2000 - 09 - 06	WO0117550	CN1390136	联合疫苗（佐剂）
2000 - 09 - 07	WO0117551	CN1387443 CN1618465	联合疫苗（佐剂）
2001 - 07 - 20	WO0208435	CN1462309	高表达优化序列
2002 - 04 - 25	WO02087614	CN1522153	联合疫苗
2003 - 03 - 17	WO03077942	CN1642571	疫苗组分

申请日	公开号/专利号	中国同族专利	发明主题
2003 - 03 - 17	WO03078455	无	病毒样颗粒组合物的制备方法
2003 - 12 - 05	WO2004052395	无	病毒样颗粒偶联蛋白
2003 - 12 - 18	WO2004056389	CN1747745	病毒样颗粒组合物的用途
2005 - 06 - 14	WO2005123125	CN1976718	免疫组合物
2006 - 04 - 24	WO2006114273	CN101217975	疫苗
2006 - 04 - 24	WO2006114312	CN101217976	免疫程序
2006 - 12 - 12	WO2007068907	CN101330924 CN102631670	佐剂
2009 - 07 - 29	WO2010012780	CN102159239	免疫程序
2010 - 06 - 24	WO2010149752	CN102497880	嵌合多肽
2013 - 03 - 18	WO2013139744	无	免疫程序

　　与默克公司相比，葛兰素史克公司获得基础性专利技术独占许可的时间较晚，葛兰素史克公司在进军预防型宫颈癌疫苗产业时，面临着包括默克公司在内的先行者专利技术垄断格局，如何突破横亘在其面前的专利技术壁垒，是葛兰素史克公司研发其产品必须解决的问题。

　　处于研发滞后的企业要想解决在先专利权的掣肘，通常会选择专利规避设计，并且通过寻找和抢占技术空白点，尝试从技术研发领域进行突破，甚至形成对已有专利壁垒的"反包围"。已知最成功的"反包围"例子是日本采用防御型专利战略，在他人在先申请专利的基础上大量申请改进型外围专利，构成"专利篱笆"。当在先申请专利的持有者在生产过程中必须采用某种外围专利技术时，"篱笆专利"的所有者就可据此迫使对方同意交叉许可，从而获得对核心技术的使用权。

4.3.1　专利规避设计

1. 地域规避

　　规避专利侵权是企业进行市场竞争的合法行为，其目的是从法律的角度绕开某项专利的保护范围以避免专利权人发起专利诉讼。由于专利权有保护实效和地域限制，因而，在判断一项专利对于企业开发的技术和产品是否构成知识产权壁垒时，应首先确认该项专利的有效性和地域性。通过检索竞争对手在哪些国家或地区获得专利，分析所述专利权利要求覆盖的技术范围，明晰其保护边界是规避专利侵权以及进行规避专利设计的基础。

　　由于默克公司通过许可获得了昆士兰大学涉及除了HPV16以外的所有HPV亚型L1蛋白形成VLP的最早的，也是最为基础性的专利技术（优先权日期为1991年7月

19 日）。因而，对于葛兰素史克公司而言，如果要生产和销售基于 HPV 亚型 L1 蛋白 VLP 的疫苗产品将面临对默克公司专利侵权的风险，尤其是最早的基础性专利 WO9302184A。在推出宫颈癌疫苗之前，确保自己的产品拥有良好的专利环境是葛兰素史克公司必须考虑的问题。

默克公司 WO9302184A 进入不同国家和地区所获得的内容相关但授权范围不同的一组专利（专利族）如表 4 - 1 所示。

从表 4 - 1 可见，昆士兰大学在美国的专利较多，其申请并获得的权利覆盖了除 HPV16 以外所有 HPV 亚型的 L1 蛋白制备 VLP 的技术，同时，对于可能被认为单独不一定能够形成 VLP 的 HPV16 的 L1 蛋白、其编码核酸、制备方法也进行了保护。

但 WO9302184A1 在欧洲的专利则较少，所获得的权利仅涉及 HPV16 L1 蛋白以及制备 HPV11 或 HPV6 的 VLP 的方法，而 HPV11 或 HPV6 并非致病性最高的 2 种 HPV 亚型（致病性最高的 2 种 HPV 亚型为 HPV16、HPV18）。由于 WO9302184A1 在欧洲没有有效的针对 HPV16、HPV18 的 VLP 的专利保护，为葛兰素史克公司在欧洲生产和制备包含 HPV16、HPV18 VLP 的 2 价疫苗卉妍康提供了不侵权的良好环境，也可能是葛兰素史克公司在产品上市时以欧洲、英联邦地区为主要市场目标的原因之一。

2. 技术规避

如表 4 - 2、图 4 - 3 所示，默克公司在自主研发过程中围绕 VLP 结构、疫苗制剂、生产条件优化、适应症拓展等方向申请专利，组成了立体式的专利组合，对于 VLP 结构的改良主要集中在形成 VLP 的 L1 或 L2 蛋白的突变体、适于表达的密码子优化等方面，以及例如 WO9629413A2 和 WO9630520A2 等专利聚焦在特定的重要亚型上，其针对 HPV11、HPV16 或 HPV18 的 L1 或 L2 蛋白及 VLP 进行了具体的保护，还有部分专利涉及特定亚型 VLP 的组合，例如 US6358744B1，其保护含有 HPV6、HPV11、HPV16 和 HPV18 VLP 的抗原组合物的无铝抗原制剂。

在默克公司不断完善专利组合的过程同时，葛兰素史克公司也在积极寻求能够摆脱已有专利技术覆盖的其他方式，以通过技术难度基本相当的方法获得效果相似但结构和/或组成不同的产品，即修改已有的专利技术思路，达到规避已有专利保护范围的目的。

葛兰素史克公司专利 WO03078455A3 是较为典型的技术规避设计。其权利要求请求保护一种制备混合 VLP 的方法，所述混合 VLP 包括至少源自 2 种 HPV 亚型的 L1 蛋白，并且在从属权利要求中进一步限定了所述 2 种 L1 蛋白为源自 HPV6 和 HPV11，还可以是 HPV16 和 HPV18。该专利申请 WO03078455 分别进入欧洲、美国、日本、中国、韩国、印度、墨西哥、澳大利亚等国家和地区。在美国，该案在经过了驳回（Final Rejection）之后，通过再审最终获得了授权，根据审查过程中通知书及答复意见可以明确，授权文本 US7205125B2 保护的是一种制备包括至少源自 2 种 HPV 亚型的 L1 蛋白的混合的 VLP 的方法，所述方法是先将至少 2 种 L1 蛋白混合，再自组装形成 VLP，至少 1 种 L1 蛋白是源自 HPV18 或者至少 1 种 L1 蛋白是源自 HPV16；同时保护的还有该方法形成的产品。可见，该授权专利涉及的是混合 L1 蛋白自组装形成的组合 VLP，而非包含不同 VLP 的组合物,成功地规避了在先的包含至少 1 种亚型 L1 蛋白形成的 VLP 的疫苗/组合物的专利技术壁垒,并且获得了自主知识产权。

4.3.2　专利空白点的挖掘

1. 利用缺陷撕开空白点

前文已经分析了默克公司通过许可获得的昆士兰大学专利 WO9420137A 在欧洲的授权情况,其权利要求只涵盖了 HPV16 L1 蛋白以及制备 HPV11 或 HPV6 的 VLP 的方法,并未对葛兰素史克公司在欧洲生产和制备包含 HPV16、HPV18 VLP 的 2 价疫苗卉妍康形成专利壁垒,未起到有效的阻挡作用。而在美国,葛兰素史克公司通过许可获得的乔治城大学 WO9420137A 专利族的保护布局覆盖较为全面,覆盖了除 HPV16 以外所有 HPV 亚型的 L1 蛋白制备 VLP 的技术,同时,对于可能被认为单独不一定能够形成 VLP 的 HPV16 的 L1 蛋白、其编码核酸、制备方法也进行了保护。

有观点认为,产品技术在更新换代中,当初的知识产权布局可能出现漏洞❶,从而出现空白点。实际上,需要明确的是,空白点的挖掘和填补,与规避专利设计相似,其本质都是研发过程和成果的体现,不仅仅是搭建专利体系时的意识策略。仔细分析昆士兰大学专利组合可见,其在美国的布局组合中确实存在较为明显的"豁口",即与 HPV16 的 L1 蛋白所形成的 VLP 相关的技术方案并没有得到有效的专利保护,形成了一个保护的空白点。但是这个空白点并非昆士兰大学申请时的疏漏,而是通过相关利益方与昆士兰大学的不断交锋中崭露出来的。

在昆士兰大学 WO9302184 专利申请的优先权中描述,HPV16 的 L1 蛋白单独无法形成 VLP,这一观点也在发明人 Frazer 于 1991 年发表在 Virology 期刊的文章 "Expression or Vaccinia Recombinant HPV16 L1 and L2 ORF Proteins in Epithelial Cells Is Sufficient for Assembly of HPV Virion – like Particles" 中记载。由于葛兰素史克公司通过许可获得的乔治城大学专利 WO9420137 中明确验证了 L1 蛋白能够单独形成 VLP,从而,发现了 HPV16 L1 蛋白形成 VLP 的方法以及对应的产品可能是专利组合中可行的突破点,在该点上集中力量可望获得优厚的回报。

美国乔治城大学在全球专利布局的基础则正是针对 HPV16 的 L1 蛋白单独正确折叠形成 VLP 的技术,其在美国国内的专利 US8062642B1 保护纯化的、非感染性的、HPV16 L1 VLP 或壳蛋白,所述方案中 VLP 正确地折叠。虽然该专利的保护范围仅涉及 HPV16,但由于其首次验证并提出了正确折叠的 HPV16 L1 VLP,而默克公司所获得昆士兰大学许可的专利则保护的是除 HPV16 以外的 HPV 病毒 L1 蛋白制备 VLP 的方法,可见,乔治城大学 US8062642B1 专利填补了昆士兰大学 VLP 的空白之处,也对于昆士兰大学涉及 HPV16 的 L1 蛋白、编码核酸、制备方法的专利形成反包围,构成了有效的"篱笆专利"。

另外,美国乔治城大学与澳大利亚昆士兰大学在专利覆盖地区上也并不相同,

❶　赵艳秋. 如何规避知识产权侵权对知识产权很重要 [N]. 中国电子报,2005 – 09 – 23.

更重视在欧洲的专利布局，在欧洲获得的专利技术包括纯化的重组 HPV16 L1 壳蛋白、能够被 HPV18 患者抗体识别的纯化的重组 HPV L1 壳蛋白（对于感染性最强的 HPV16、HPV18 均有覆盖），还对于壳蛋白编码多肽进行了保护，形成了有效的基础性专利壁垒。与主要立足于英联邦地区，并意图进入美国市场的葛兰素史克公司的利益相符。葛兰素史克公司在获得独占许可后继续研发和制备了 2 价疫苗，即上市产品卉妍康。

2. 技术特色产生空白点

默克公司与葛兰素史克公司的宫颈癌疫苗重点专利布局对比如图 4-3 所示。

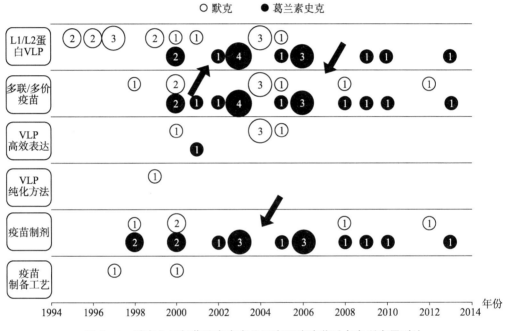

图 4-4　默克公司与葛兰素史克公司宫颈癌疫苗重点专利布局对比

注：图中数字表示申请量，单位为项。

葛兰素史克公司在晚期蛋白 L1/L2、多联或多价疫苗和制剂方面申请了大量的专利。例如，专利 WO03078455A3 涉及制备特定 HPV 亚型的晚期蛋白 VLP 混合物的方法；WO03077942A3 涉及 HPV 抗原、HSV 抗原、HIV 抗原的多联疫苗等。特别是在疫苗制剂方向，葛兰素史克公司基于其处于世界最先进地位的疫苗佐剂技术申请了大量专利，对于以制剂成分（如佐剂、稳定剂等）为特征的疫苗进行保护，包括 WO9945957A2、WO0117550A2、WO02087614A3、WO03077942A3、WO03078455A3 和 WO2005123125A1 等，其涉及使用氢氧化铝和/或 3D-MPL 佐剂的疫苗制剂。实际上，葛兰素史克公司的宫颈癌疫苗产品卉妍康即由 HPV16 和 HPV18 型晚期蛋白 VLP 与其新型专有 AS04 佐剂（含有氢氧化铝和 Toll 样受体激动剂 MPL）混合制剂而成。佐剂使疫苗免疫后表现出优异的耐久性抗体应答。

寻求与默克公司不同的研发道路，研发预防多种疾病的多联疫苗，使用特有新型佐剂代替传统的羟基磷酸铝佐剂，是葛兰素史克公司依据自身的优势平台，针对默克公司围绕佳达修构建的专利组合中存在的空白点进行的研发和专利填补。长期看来，这种填补对于产品技术附加值的提升是有效的。

4.3.3 "反包围"篱笆专利

前文已讨论阐释，葛兰素史克公司通过许可获得的美国乔治城大学的基础专利在美国国内的保护范围覆盖了 "纯化的，非感染性的，HPV16 L1 VLP 或壳蛋白，所述方案中 VLP 正确地折叠"。该专利对于昆士兰大学涉及 HPV16 的 L1 蛋白、编码核酸、制备方法的专利形成反包围，构成了有效的 "篱笆专利"，即对于默克公司的 4 价疫苗佳达修（涉及 HPV6、HPV8、HPV16、HPV18 的 L1 蛋白的 VLP）构成了有效的 "篱笆专利"。

不仅如此，与 WO03078455A3 同日申请的专利 WO03077942 也是葛兰素史克公司在针对佳达修专利组合的布局中所形成的，一定程度上可作为对佳达修系列产品进行 "反包围" 的专利申请，涉及一些特定的 VLP 颗粒的组合。具体的，WO03077942 请求保护一种疫苗组合物，其包括含有 HPV16、HPV18、HPV31 和 HPV45 亚型的 L1 蛋白或 L1 蛋白功能性衍生物的 VLP，该专利申请在美国的授权专利 US7815915B2 保护了包括 HPV16、HPV18、HPV31 和 HPV45 的 VLP 组合物；US7217419B2 则保护包含 HPV16、HPV18、HPV31 和 HPV45 及佐剂的疫苗，US7416846B2 保护的范围则覆盖了施用包含 HPV16 VLP、HPV18 VLP、HPV31 VLP 和 HPV45 VLP 及佐剂的疫苗以预防宫颈癌的方法。这些专利的获得对默克公司后续开发多价疫苗，例如 9 价疫苗佳达修 9 构成了反包围的壁垒。

葛兰素史克公司的空白点挖掘填补策略，包括特色新型佐剂的专利技术，是其产品卉妍康的特色。在空白点填补工作中挖掘形成的针对佳达修基础专利的 "篱笆"，以及对于佳达修系列产品预先构建的 "篱笆"，在葛兰素史克公司最终达成与默克公司的交叉许可中发挥了一定的推动作用。

4.4 "包围" 与 "反包围" 专利组合的构建方式

前述默克公司和葛兰素史克公司在产品的研发和形成过程中均采用了构建专利组合的策略，围绕本公司产品的结构、制剂组分、生产条件优化、适应症拓展、药物联用等方向申请的专利，以及针对竞争对手产品进行规避设计而获得的专利技术，进攻型或防御型的专利布局共同组成了其各自的专利组合。

事实上，对于葛兰素史克公司而言，由于自行申请的最早的预防型宫颈癌疫苗相关专利晚于默克公司达 4 年之久，且最早的专利均为联合疫苗方向，并不能起到对于主要活性成分为 HPV L1 蛋白折叠产生的 VLP 的宫颈癌疫苗的有力保护，其专利组合也不能完全规避或反击默克公司的专利壁垒（例如 HPV18 L1 形成 VLP 的方法，HPV18 L1 蛋白的 VLP 是卉妍康的主要成分之一，其被默克公司的基础专利

US7476389B1 保护），不能保障葛兰素史克公司的产品在美国的生产和销售不侵犯默克公司的专利权。

可见，如果仅仅围绕着基础/核心专利技术进行的改进、规避并不会对基础或核心专利的法律状态产生影响，也不能避免自己实施时的侵权行为。默克公司专利技术在时间上的在先性和布局的广泛性，共同构成了其在竞争中的强大武器。默克公司与葛兰素史克公司围绕宫颈癌疫苗产品的专利保护之争逐渐聚焦到双方专利组合中的最基础的专利上。

4.5 空白点的抢占及专利挑战

专利权的运营与法律关系密切，很多方式都属于法律规则的具体运用。专利诉讼不仅是风险，也是一种实现商业目标的法律手段。大多数专利诉讼是通过和解来解决的，并没有实际进行庭审、上诉或终审。

4.5.1 诉讼过程及焦点

葛兰素史克公司助力乔治城大学利用诉讼手段，针对默克公司专利组合中可行的突破点，在美国专利商标局（USPTO）专利上诉及审判委员会（Board of Patent Appeals and Interferences）上主张昆士兰大学的专利申请 WO9302184A1 优先权无效，掀起了历时近十年的在先申请之争（见图 4-5）。

1996~2005年	Schlegel (乔治城大学)向USPTO提出WO9302184优先权不成立
2005年2月	默沙东公司与葛兰素史克公司签署交叉许可合作协议
2005年9月	USPTO裁定WO9302184优先权不成立
2005年12月	Frazer(昆士兰大学)起诉
2007年8月	联邦巡回上诉法院判决WO9302184 (昆士兰大学)获得优先权

图 4-5 默克公司与葛兰素史克公司优先权之争

1996 年，乔治城大学 Schlegel 向美国专利商标局专利上诉及审判委员会提出昆士兰大学的专利申请 WO9302184A1 优先权无效。

就相同主题的发明创造在优先权期限内提出并要求了优先权的专利申请，都看作是该优先权日提出的。在优先权期间内，不会因为任何单位和个人申请、公布及利用相同主题的发明创造而失去效力，从而，在该时期内，任何单位和个人提出的相同主题发明创造的专利申请不能被授予专利权。因而，如果昆士兰大学的专利申请 WO9302184A1 优先权无效而乔治城大学的 WO9400152A1 优先权成立，乔治城大学的 WO9400152A1 享有的优先权日即 1992 年 6 月 25 日，将早于昆士兰大学 WO9302184A1

的申请日 1992 年 7 月 20 日。此时，葛兰素史克公司使用和实施的乔治城大学 WO9400152A1 将成为最早的基础专利，默克公司对于涉及 HPV 晚期蛋白 L1 组装的 VLP 的任何利用、生产及销售都将导致对葛兰素史克公司侵权。

4.5.2　推定付诸实施与能够实现

关于 WO9302184 优先权的诉讼焦点涉及如下 3 个方面：

（1）外国优先权的效力；

（2）推定付诸实施（constructive reduction to practice）的判断；

（3）对说明书及实施例能够实现（enablement）的要求。

针对外国优先权的效力，联邦巡回上诉法院裁定，外国优先权与本国优先权具有同等的效力，能够作为推定付诸实施的依据。第 2 ~ 3 点是该诉讼案最关键之处，其关系着默克公司与葛兰素史克公司的利益，也是分歧最大的地方，正是因为对于第 2 ~ 3 点认识的不同，联邦巡回上诉法院推翻了美国专利商标局关于 WO9302184 优先权不成立的判定，判决 Frazer 的优先权（默克公司基础专利）成立。

Frazer 提出的国际申请进入美国时公开文本的独立权利要求 65，以及获得授权的 US7476389B1 的独立权利要求 1 请求保护制备 VLP 的方法，包括构建、表达 L1 蛋白获得 VLP 的步骤，并限定所述的 HPV 不是 HPV16，可见，该权利要求保护的是 L1 蛋白单独形成 VLP 的方法。

进入美国时公开文本的独立权利要求 67 以及 US7476389B1 独立权利要求 3 则涉及请求保护前述方法制备的产品。

乔治城大学主张 WO9302184 不能享受优先权，其认为，WO9302184 所要求的优先权文件 AU9200364 中记载的是 L1 和 L2 需要在同一个质粒中共同表达，而之后在 WO9302184 中述及的是 L1 单独即可组装成 VLP。他的观点被 USPTO 接受，USPTO 提出，依据证据来修改假设是已完成了某项研究的表现特点，由于在提交申请 WO9302184 时相对于优先权文件修改了观点，说明在优先权文件提交时并没有完全明了 VLP 形成的机制。优先权文件 AU9200364 因而被判定公开不充分，优先权不成立（2005.9，Patent Interference 104，776（Nagumo））。

从优先权文件 AU9200364 可见，该文本中确实描述了“L1 和 L2”基因是预防和治疗 HPV 感染的疫苗的基础，制备疫苗的步骤包括制备 L1 和 L2 重组基因，优选 L1 和 L2 基因在同一个重组 DNA 中，表达“L1 和 L2”（第 6 ~ 7 页），在具体实施例中，AU9200364 中明确描述，用只表达 HPV 16 L1 或 L2 的重组疫苗病毒转染的细胞不能形成 VLP（第 13 页第 1 段），L1 和 L2 蛋白在 VLP 组装中都是必需的（第 15 页第 19 ~ 22 行）。

但在联邦巡回上诉法院判决中，法院认为，当优先权出现异议时，需要判断其是否依据所记载的实施方式的内容建立了一种推定付诸实施的方案。AU9200364 提出了制备 HPV VLP 的构想，详细记载了获得 HPV L1 和或 L2 的基因、构建表达载体、导入宿主细胞表达蛋白、产生 VLP 的具体方法和步骤，使得 VLP 的获得能够实现。并对所产生的 VLP 进行了分析和检测。虽然在优先权文件中，Frazer 以为其所产生的 VLP 是 L1 和 L2 共同作用形成的，并且提出仅使用 L1 不能形成 VLP，但这属于科研的复杂性，这种复杂性并不能否认 VLP 的制备方法已经被披露。在以后研究中所发现的 L1 单独或 L1 + L2 可以形成 VLP 并不会否定其在优先权中所记载或推定付诸实施的制备 VLP 的方法。

法院认为，该优先权并没有仅提出一种未经证实的假说或猜测[1]，其是能够实施的[2]。并没有证据表明该方法不能获得除 HPV16 L1 蛋白以外的其他 HPV L1 蛋白的 VLP。

4.5.3 优先权运用启示

1. 延长专利保护，加强组合纵深

优先权原则是《巴黎公约》确定的主要原则之一，根据这一原则，《巴黎公约》成员国的任何国民（包括自然人和法人）依据在成员国提出的工业产权申请，在一特定期限内（6 个月或 12 个月）可以在其他成员国申请保护，其中在后申请被视为在先申请的同一日提出，即享有在先申请的优先权。默克公司通过购买昆士兰大学关于 L1 和 L2 蛋白自组装形成 VLP 的专利，将围绕佳达修的专利组合中最早的专利保护时间向前追溯至 1991 年（优先权日）。

虽然 2007 年联邦巡回上诉法院最终判定许可给默克公司的昆士兰大学 WO9302184A1 优先权成立，默克公司实际享有最先的基础专利，但是，葛兰素史克公司在积累自主专利、获得局部占先的同时，积极针对竞争对手最早的基础专利撕开空白点，结合资本运营的手段补充专利资产，也获得了申请日（优先权）较早的关于 HPV16 L1 蛋白形成 VLP 的基础性专利，对自身专利组合的技术纵深和保护时间纵深进行补强。

更重要的是，由于优先权归属的纷争将决定哪一方是侵权方，为保障产品的顺利上市，在 2005 年 USPTO 的判决之前，默克公司已与葛兰素史克公司签订了交叉许可协议，相互授权使用名下的相关专利，又各自独立研发、独立销售。由此，葛兰素史克公司和默克公司通过专利资产开发、资本和市场运营共同掌握了宫颈癌预防性疫苗产业的核心技术，形成了互补性的专利组合，通过专利的交叉许可组成了垄断市场的实质联盟。

2. 全面记载方法，谨慎描述结果

昆士兰大学的专利 WO9302184A1 在优先权中明确提出仅 HPV16 的 L1 蛋白无法形成 VLP 结构，而在申请 WO9302184A1 文本中更新了实验数据，并请求保护 HPV 各亚型 L1 蛋白形成 VLP 的方法以及相应的产品，最终 WO9302184A1 进入美国获得授权的

---

[1] Rasmusson v. SmithKline Beecham Corp. , 413 F. 3d 1318, 1325（Fed Cir. 2005）.
[2] Genetech, Inc. v. Novo Nordisk A/S, 108 F. 3d 1361, 1367 – 67（Fed. Cir. 1997）.

文本中，并未获得 HPV16 的 L1 蛋白形成 VLP 的方法以及相应产品的保护范围，导致基础专利出现缺口，未能充分保护产品的上市。

虽然，法院裁定 HPV16 的 L1 蛋白无法形成 VLP 结构不足以认为该优先权关于 HPV 的 L1 蛋白形成 VLP 结构的技术方案未推定付诸实施，但是，所述优先权记载数据结果与正式申请中数据结果的不同引起竞争对手的重点突击，引起历时 10 年的专利诉讼，并且该案是否能作为其他具体情形下技术方案具备优先权的判例依据还存在不确定性。因此，对于优先权的应用，在充分利用优先权带来的完善实验数据验证的同时，还应讲究策略，谨慎描述技术方案付诸实施所可能产生的效果。

尽管昆士兰大学 WO9302184A1 优先权文件 AU9200364 存在上述缺陷，但其全面记载了 HPV L1 蛋白、L2 蛋白的序列获得、表达，以及 VLP 制备的方法、验证的步骤等，这些全面详细的记载最后作为法院判断该方法满足推定付诸实施，也实际上能够按该方法步骤获得由 L1 蛋白形成的 VLP 的结果。优先权中所述的"不能形成"只是科学技术复杂性的一种体现，研究者当时未发现 VLP 形成的现象而得出错误的结论。无论该案如何判定，以及是否能作为其他具体情形下技术方案具备优先权的判例依据，其给出了这样的启示，即在优先权文件中，尽量全面、详略得当地记载与技术方案相关的方法步骤和必要的参数条件是非常有用的。

3. 充分关注对手，合理规避壁垒

优先权原则带来的益处包括完善在先申请。有观点提出，在优先权期间内，申请人可以对在先申请补充实施例或者增加新的要素，但不得变更在先申请的主题。虽然 Frazer v. Schlegel 案的判决似乎验证了这一观点，但在实际操作中，对于怎样补充实施例和/或新的要素符合优先权成立的要求，可能还存在不同判断方式的争论。

但可以肯定的是，在递交了优先权申请文本之后的一段期限内，应充分考虑通过 PCT 申请进入哪些国家和/或地区的选择，这种专利申请的布局将极大地影响产品未来的销售及市场份额（见图 4-6）。

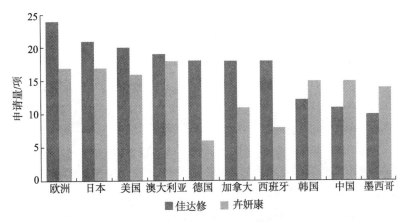

图 4-6 佳达修和卉妍康产品相关国家或地区专利布局

从基础专利在美国布局的开始，默克公司的专利申请即体现出一定程度的倾向性，也体现出其对于市场的预期（见图4-7）。默克公司基础专利 WO9302184A1 在欧洲地区没有有效地针对 HPV16、HPV18 的 VLP 的专利保护，为葛兰素史克公司在欧洲生产和制备包含 HPV16、HPV18 VLP 的 2 价疫苗卉妍康提供了不侵权的良好环境，而默克公司布局不足的亚太地区也成为卉妍康的主要销售地区，包括一些东南亚国家以及英联邦体系内的澳大利亚、新西兰等国，这些国家的销售额占卉妍康全球销售额的一半以上，而且马来西亚、越南等国的销售潜力巨大。可见，葛兰素史克公司将营销重点放在亚太地区国家，也一定程度上避开了与默克在美国市场的争夺。2016 年 7 月 18 日，卉妍康（商品名为希瑞适）获得 CFDA 的上市许可，成为中国首个获批的预防宫颈癌的 HPV 疫苗。

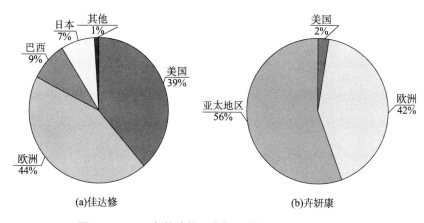

(a)佳达修　　　　　　　　　　(b)卉妍康

图 4-7　2013 年佳达修和卉妍康全球销售地份额分布

第5章　助力技术升级的专利"斯诺克障碍"

【编者按】美罗华在布局时攻守兼备，其抗体及其变体的序列奠定了美罗华核心专利的基础地位，适应症以及联合用药在后期发力有效延长了保护期，设置防御性用途专利布局"斯诺克障碍"以防止对手轻松过关，积极研发升级产品以限制对手"me-better"，明星药物必有其成王之道。

5.1　美罗华药品基本情况

5.1.1　美罗华的发现

1988 年，科学家首次从人类 B 细胞中分离鉴定出 CD20 抗原。CD20 抗原是一种分子量为 33～37kDα 的磷酸化蛋白质分子，位于 B 淋巴细胞表面，是 B 淋巴细胞表面分化抗原。CD20 抗原与 HTm4 和 FcERI 同属于 4 次跨膜的蛋白质超家族。CD20 抗原是 B 淋巴细胞上的跨膜蛋白质，有 279 个氨基酸残基，以非糖基化形式存在，其分子量因磷酸化程度不同而不同。CD20 抗原蛋白的结构最初是由其 cDNA 序列推测出来的，即细胞膜有 3 种可能的拓扑结构。通过一系列的胰蛋白酶和蛋白酶 K 的酶解作用确定最终只有一种构象存在，即存在 4 个跨膜区（TM1～TM4），其中只有 TM3 与 TM4 之间的氨基酸序列在细胞膜外侧，TM1 和 TM2 相连，TM2 与 TM3 之间的区域、N 端和 C 端均在细胞质内。所以 CD20 抗原分子在细胞外裸露较短，CD20 胞外区的抗原表位相对来说较少。

人类 CD20 抗原基因为单拷贝基因，位于染色体 11q12.13.1，长 16 kb，有 8 个外显子，其中外显子 I 含有转录的起始位点，外显子Ⅲ含有翻译的起始位点，mRNA 在剪接时外显子 V 会被剪切下来，外显子Ⅷ编码 CD20 抗原分子 mRNA 的 3 端非翻译区。CD20 抗原的表达因淋巴瘤细胞的不同而有所差异，例如 CD20 抗原在慢性 B 淋巴细胞白血病中的表达远低于正常的 B 细胞和其他 B 淋巴瘤细胞，CD20 抗原的表达高低在一定程度上决定了抗体和补体杀伤瘤细胞的程度。细胞的生长因子能够调节一些瘤细胞中 CD20 抗原的表达。IL-4、TNF-a、GM-CSF 上调慢性 B 淋巴白血病细胞的 CD20 抗原的表达❶。

目前，CD20 分子的作用尚未完全阐明，它有可能是一种钙通道，因为抗体和 CD20 抗原结合以后，引起细胞膜内的钙离子流动，导致多种生物学效应，阻断细胞周

---

❶　刘银星，杨纯正. CD20 分子与靶向治疗［J］. 生命的化学，2003，23（1）：60-62.

期，阻止细胞分化成熟进而诱导细胞凋亡。而且，CD20 抗原的分布特点具有重要意义，在 NHL 患者中，85%~90% 是 B 细胞淋巴瘤，而 CD20 抗原是 B 淋巴细胞和 B 淋巴瘤细胞表面特有的膜表面蛋白，不表达于造血干细胞、祖细胞、正常浆细胞以及人体其他正常组织。即使治疗性抗体杀灭了体内所有 CD20+ 的 B 淋巴细胞和 B 淋巴瘤细胞，但是不会影响造血干细胞，这些细胞仍可以继续发育成熟，分化成 B 细胞群，同时，未受影响的其他组织可以维持正常的功能，其他的免疫组分也可以继续发挥免疫效应。CD20 抗原在 B 细胞表面的表达非常稳定，在与抗体结合以后不易脱落与内化，抗体可以很容易与抗原结合进而完成一系列生理作用。抗体与 CD20 抗原结合以后，可能通过诱导细胞凋亡以及 ADCC、CDC 作用发挥杀伤作用。❶ 鉴于 CD20 抗原的特点，科学家将其作为进行肿瘤免疫治疗的重要靶点，研制出抗 CD20 抗原的单克隆抗体就可能专一性地杀伤 B 细胞和 B 淋巴瘤细胞，达到更好的治疗效果。

5.1.2　美罗华的研发和上市

美罗华是罗氏制药公司（以下简称"罗氏"）的一款"重磅炸弹"级抗肿瘤药物，其主要用于非霍奇金淋巴瘤以及自身免疫疾病的治疗。对于美罗华的研发最早可以追溯到 20 世纪 90 年代，1991 年 Biogen IDEC 开发的首个抗 CD20 抗体——嵌合 IgG1 kappa 单克隆抗体（C2B8）。C2B8 是由 2B8 小鼠杂交瘤细胞分离出 RNA，反转录之后从 cDNA 中分离出小鼠免疫球蛋白轻链、重链可变区 DNA，并将轻链、重链可变区 DNA 片段直接克隆进 TCAE8 载体中的人轻链、重链恒定区的前面所获得的。来自 2B8 的小鼠轻链可变区是小鼠 kappa VI 家族，来自 2B8 的小鼠重链可变区是小鼠 VH2B 家族。该嵌合抗体能够产生显著的溶胞作用，并具有较强的介导 ADCC 效应的能力。C2B8 的临床分析数据证明采用周剂量制式进行治疗会获得更佳的效果，当高剂量抗体反复给药时，在外周淋巴结和骨髓中也能引起 B 细胞总数的显著消耗，未观察到不利的健康影响，因此，单次和多次输注都无剂量依赖性毒性，耐受性很好。

1992 年，Biogen IDEC 实现对嵌合 IgG1 kappa 单克隆抗体 C2B8 的工业化生产，1995 年，Biogen IDEC 与罗氏签署战略合作协议，共同研发嵌合 IgG1 kappa 单克隆抗体（C2B8）——美罗华，并于 1997 年完成 III 期临床试验，获得 FDA 批准上市。1998 年，美罗华获得 EMA 批准上市。上市初期，美罗华仅仅被批准用于特定亚型的非霍奇金淋巴瘤（NHL）的治疗，随着临床研究数据的不断积累，美罗华再次获批为非霍奇金淋巴瘤（NHL）的一线治疗药物。

5.1.3　美罗华的用药安全性

美罗华上市之后，对 CD20 阳性细胞的良好疗效和安全性受到越来越多的关注，随后进行的多项临床研究也得到了令人鼓舞的结果，使得含美罗华的免疫化疗方案在细

---

❶ 张冠一. 抗 CD20 嵌合抗体的构建、表达和功能及 CD20 相互作用蛋白的初步研究 [D]. 北京：军事医学科学院，2009.

胞中应用日益广泛并逐渐成为标准治疗方案。在对各种亚型的非霍奇金淋巴瘤的治疗中，例如，❶ 弥漫大 B 细胞性淋巴瘤（diffuse large B – cell lymphoma，DLBCL）、套细胞淋巴瘤（mantle cell lymphoma，MCL）、滤泡性淋巴瘤（follicular lymphoma，FL）、慢性淋巴细胞白血病（chronic lymphocytic leukemia，CLL）、小淋巴细胞淋巴瘤（small lymphocytic lymphoma，SLL）、脾脏边缘区淋巴瘤（splenic marginal zone lymphoma，SMZL）、淋巴浆细胞淋巴瘤/Waldenstrm 巨球蛋白血症（lymphoplasmacyticlymphoma，LPL/waldenstrm macroglobulinemia，WM），含美罗华的免疫化疗方案都显示出了良好的疗效。

随着对 B 细胞发育过程、作用机制的深入研究和认识，发现美罗华适用于多种其他病症的治疗，例如，霍奇金淋巴瘤、系统性红斑狼疮（SLE）、自身免疫性溶血性贫血（AIHA）和原发性或继发性血小板减少性紫癜（ITP）；并且，在 2006 年，FDA 批准美罗华联合甲氨蝶呤（methotrexate）治疗类风湿关节炎，随后，进一步批准了其联合糖皮质激素用于治疗韦格纳肉芽肿（WG）、显微镜下多发性血管炎（MPA）。

在用药安全性方面，美罗华在使用过程中存在一些严重和潜在不良反应，主要包括致命性的输液反应、肿瘤溶解综合征等。美罗华治疗最常见的不良反应为输液反应，多发生在首次用药开始后的几分钟。轻度反应包括寒战、发热、乏力、面色发红、恶心、呕吐、心动过速、呼吸急促和胸背部疼痛。严重反应表现为低氧血症、血管神经性水肿、支气管痉挛、急性呼吸窘迫综合征、心肌梗死、心室颤动、心源性休克等。抗过敏治疗、激素预处理、降低输液速度可缓解大部分输液反应。曾有在美罗华使用后发生肿瘤溶解综合征的报道，但总体少见，上市后数据表明与美罗华相关的发生率不足 0.2%。在首次输注美罗华后可导致细胞显著下降，但大多数患者的血清免疫球蛋白和细胞水平正常。美罗华治疗与感染相关不良事件有关，但大多为轻度，且经治疗后可恢复。美罗华导致的血液学毒性明显低于常规化疗。Meta 分析提示，美罗华联合化疗在惰性 NHL 中可轻度增加 3 ~4 级白细胞降低风险。虽然美罗华在用药过程中存在一些不良反应和风险，但是，总体而言，美罗华单药或与化疗联合治疗的耐受性良好，安全性较高❷。

美罗华的问世，为治疗淋巴瘤开创了一个崭新的治疗模式。由于美罗华具有影响免疫功能的作用，且不增加化疗药物毒副作用，其单药或联合化疗已成为多数 B 细胞 NHL 的标准一线治疗推荐，并被广泛用于治疗淋巴瘤和其他免疫相关的疾病。

5.1.4 美罗华的销售情况

美罗华作为第一个抗 CD20 药物，开启了淋巴瘤治疗的新纪元，与传统的化学药物相比，其具有更好的治疗效果、更低的副作用以及更高的用药安全性。1997 年，美罗华获得 FDA 批准，上市初期就受到了市场的广泛关注，其销售情况如图 5 –1 所示。

---

❶ 任燕珍，韩艳秋. 利妥昔单抗在淋巴瘤中的应用进展 [J]. 中华临床医师杂志，2013（10）：4409 – 4412.

❷ 姜文奇，毕锡文. 利妥昔单抗美罗华临床应用 15 年——回顾与展望 [J]. 中国肿瘤内科进展暨中国肿瘤医师教育，2014：244 – 254.

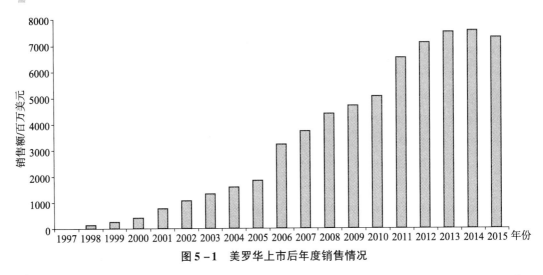

图 5 – 1　美罗华上市后年度销售情况

虽然，FDA 仅批准美罗华在特定亚型的非霍奇金淋巴瘤（NHL）治疗中使用，但是，上市当年，其在美国就斩获了 5500 万美元的销售额。1998 年，美罗华被 EMA 批准上市，正式进入欧洲市场，随后，FDA 获准其作为一线药物治疗非霍奇金淋巴瘤（NHL）。随着临床研究数据的不断积累以及良好的疗效和市场反馈，1998 ~ 2005 年，美罗华的销售额一路攀升。2006 年，FDA 批准了美罗华联合甲氨蝶呤（methotrexate）治疗类风湿关节炎，随后，进一步批准了其联合糖皮质激素用于治疗韦格纳肉芽肿（WG）、显微镜下多发性血管炎（MPA），进一步扩大了美罗华的适应症范围。随着美罗华与化疗药物联合治疗方法方案的开发，其成为多种非霍奇金淋巴瘤（NHL）的标准治疗方案。上述因素促使了美罗华的销售额在 2006 年以后保持着高速的增长状态，并在 2013 年达到了年销售额 75 亿美元，成为当年的明星药品。

美罗华近 10 年来一直占据非霍奇金淋巴瘤市场近 50%的份额，且保持了持续增长的态势，但是，随着 2013 年美罗华核心专利的到期，其销售额首次出现了负增长。一方面，罗氏第二代抗 CD20 抗体 Gazyva 于 2013 年在美国获批上市，如同当年的美罗华，Gazyva 上市后同样表现出了"重磅炸弹"级药物的潜质，而且，其在药效和安全性上更优于美罗华。由于 Gazyva 的冲击，美罗华在 2015 年的销售额出现了回落。另一方面，仿制药的逼近对于美罗华的市场份额也带来了不少的影响，例如，诺华的山德士和勃林格殷格翰都有产品进入了Ⅲ期临床，Celltrion 也称将重启Ⅲ期临床计划。预计首个美罗华仿制药物将于 2019 年上市。

从图 5 – 1 中可以看出，美罗华在非霍奇金淋巴瘤市场产生了巨大的市场利润，随着其核心专利的到期，各大制药企业必然会纷纷进行仿制，期望抢占一部分市场份额，而整个非霍奇金淋巴瘤市场也必然迎来列强纷争的时代。

5.2　原研公司的专利布局

药物专利对药物的销售额和利润的保护起到非常重要的作用，特别是药物基础专利的到期将使得原研药企业的药物销售额和利润大幅下降。自 2012 年开始，全球有 600 余种专利药到期，许多原研药企业正遭受药物"专利悬崖"之困 。美罗华的核心专利于 2013 年在欧洲到期，其中国的最早序列核心专利于 2013 年 11 月也期满终止，其美国专利也于 2016 年到期。对于其原研药企业罗氏而言，如何防止美罗华"专利悬崖"导致的利润大幅下降是必须面对的问题。通过分析发现，罗氏拥有非常强的应对药物专利到期的能力，其通过专利布局和组合的手段，为其在 CD20 抗体领域构建了一条"马奇诺防线"。本节通过分析罗氏在 CD20 抗体领域的专利布局和组合策略，梳理出其应对"专利悬崖"的策略，以期能够对相关企业为药品构筑专利网络以及仿制药企业突破罗氏专利网络降低侵权风险提供一些参考。

5.2.1　罗氏针对 CD20 抗体的专利布局和组合

截至 2014 年 4 月 14 日，罗氏共提出约 153 项 CD20 抗体药物相关专利，其中 136 项专利高度相关。在中国，罗氏也提出约 105 件专利，其中包括 17 件分案申请（以上专利申请仅包括以霍夫曼－拉罗切、基因泰克、格黎卡特（Ghycart）、Bigen 为申请人的专利申请）。表 5－1 列出了罗氏在 CD20 抗体领域的在华重点专利组合情况，其中，涵盖了 CD20 抗体及抗体改造、CD20 抗体的生产和制备、抗体药物的适应症、CD20 抗体药物与其他药物的联合应用、抗体制剂等多个方向。

表 5－1　美罗华在华相关重点专利

类型	相关抗体	申请号	公开号	申请日	发明名称
抗体及其改造	Rituxan	93121424.6	CN1094965A	1993－11－12	抗人类 B 淋巴细胞限制分化抗原的嵌合及放射标记抗体
		200610090080.X	CN101007850A		
		200610090084.8	CN101007851A		
	Rituxan 变体	200510106781.3	CN1763097A	2000－01－14	具有改变效应功能的多肽变体
		00804905.X	CN1343221A		
	Rituxan 或 Gazyva	02826018.X	CN1607960A	2002－10－22	糖蛋白组合物
	Ocrelizumab	200380109682.X	CN1747969A	2003－12－16	免疫球蛋白变体及其用途
		200810174816.0	CN101418044A		
	Gazyva	201110285833.3	CN102373214A	2004－11－05	具有增加的 Fc 受体结合亲和性和效应子功能的 CD20 抗体
		201110285834.8	CN102373215A		
		200480039946.3	CN1902231A		
	Gazyva	200680038849.1	CN101291954A	2006－08－25	具有改变的细胞信号传导活性的修饰的抗原结合分子
		201310053310.5	CN103204935A		

类型	相关抗体	申请号	公开号	申请日	发明名称
适应症与联用	Rituxan	99814329.4	CN1356909A	1999－11－9	使用抗CD20嵌合抗体治疗循环肿瘤细胞相关的血液恶性肿瘤
	抗CD20抗体，包括rituximab等	00809834.X	CN1378459A	2000－05－04	抗体在制备治疗哺乳动物自身免疫病的试剂中的用途
	Rituxan	200680050934.X	CN101365487A	2006－11－14	用于治疗关节损伤的方法
	Rituxan与Gazyva联用	200880105614.9	CN101821292A	2008－08－20	Ⅰ型和Ⅱ型抗－CD20抗体的组合疗法
	Gazyva	200880111728.4	CN101827611A	2008－10－13	Ⅱ型抗CD20抗体在制备用于与抗Bcl－2活性剂联合治疗表达CD20的癌症的药物中的应用
制剂	Rituxan或Ocrelizumab等	201080050468.1	CN102686216A	2010－09－10	包含抗CD20抗体的高度浓缩的药物配制剂

针对抗CD20抗体改造的专利申请主要涉及两个方面：①抗体Fc区的改造，以使得抗体具有增强的ADCC效应；②抗体可变区的氨基酸的突变或替换，以提高抗体对抗原的亲和力，同样对重链或轻链可变区的氨基酸替换位点进行限定。

针对CD20抗体适应症的专利申请，罗氏针对B细胞相关免疫疾病采取了"自上而下、广撒网"的保护策略。"自上而下"是仅笼统地请求保护CD20抗体在治疗自身免疫病和抗移植排斥中的用途；"广撒网"则是指申请涉及眼部疾病（如虹膜炎、葡萄膜炎）、类风湿性关节炎、系统性红斑狼疮、干燥综合征、抗中性粒细胞胞浆抗体相关血管炎、骨质疏松、中度－严重炎性肠病（IBD）（如溃疡性结肠炎、克罗恩氏病）、阿尔茨海默病等具体的适应症。

CD20抗体的药物联合使用主要集中于CD20抗体与其他单抗的联合用药，其中包括CD40抗体、BAFF抗体、DR5抗体、DR4抗体、VEGF抗体、BR3抗体或Ⅰ型和Ⅱ型CD20抗体联用。从2009年开始，罗氏开始尝试将紫杉醇、卡铂、多柔比星、长春新碱、苯达莫司汀、氟达拉滨等化学药与CD20抗体联合使用。

对于 CD20 抗体的生产制备方法，主要是通用型的技术改进，同时，还涉及 CD20 抗体，抗体结晶、纯化、浓缩方法以及宿主细胞的培养方法，以及表达人 CD20 的转基因小鼠。

对于 CD20 抗体制剂的改进，主要涉及抗体药物的稳定化制剂、抗氧化制剂、高浓度 CD20 抗体制剂以及皮下注射剂型等。

综上可以看出，罗氏在以 CD20 抗体为原点的基础上，构筑了相对全面、完整的专利壁垒，几乎囊括抗体研发和生产的全产业链，对于罗氏保护 CD20 抗体的市场份额起到全方位的作用。

5.2.2　罗氏的产品升级策略

随着技术不断向前发展，一种 "重磅炸弹" 级药物上市后，必然引起社会的广泛关注，也必然吸引众多的企业和研究机构对其进行改造。美罗华的基础专利申请于 1993 年，其保护了 C2B8 抗体。在美罗华上市之后不久，便引起了社会的广泛关注，为了防止竞争对手在美罗华的基础上进行改进，从而拥有升级产品影响其市场份额。罗氏提出了包含 CD20 抗体在内的抗体 Gal2 构象改造相关专利（1997 年提出优先权文件，1998 年正式提出专利申请），利用抗体的糖基化改造来改善药物的作用效果。之后还进行了抗体的 Fc 改造和去岩藻糖改造。2003 年，罗氏正式提出美罗华的替代药物 Ocrelizumab 的专利申请，该替代药物的临床试验也在紧锣密鼓地开展。该替代药物是针对 CD20 抗原靶点的人源化抗体，可能是美罗华的初步候选替代药物，但是似乎该药物的研究进程并不十分顺利，目前仅有治疗多发性硬化的临床试验仍在进行。

2005 年，罗氏收购了瑞士 Glycart 公司，同时将该公司 2003 年提出的专利申请（糖基化修饰的 Ⅱ 型 CD20 抗体 GA101）收至囊中，进而加强了 GA101 药物的临床开发，并于 2013 年在美罗华专利申请临近届满之前上市，成功推出美罗华的换代药物 Gazyva。

美罗华是 Ⅰ 型抗 CD20 嵌合抗体，而 Gazyva 则是 Ⅱ 型抗 CD20 人源化糖基工程化抗体。Herter 等曾报道了 Gazyva 和美罗华的临床前数据比较，Gazyva（糖基化改造的 GA101）显示出更强的直接诱导细胞凋亡和全血 B 细胞清除能力，其 ADCC 活性也优于美罗华；在诱导 CDC 活性方面，Gazyva 不如美罗华；在细胞内化时，Gazyva 也慢于美罗华。体内模型显示，Gazyva 表现出更强的肿瘤细胞清除能力，并且经过美罗华治疗的模型后，再使用 Gazyva 进行治疗，肿瘤生长可得到有效控制。通过比较，Herter[❶] 等还发现 GA101 较 GA101WT 也显示出更强的抗体依赖的细胞介导的细胞毒性作用（ADCC 效应），推测该文献所指的 GA101WT 即为 GA101 未经糖基化等改造的初始人源化抗体。综合而言，Ⅱ 型 CD20 抗体药物 Gazyva 较 Ⅰ 型 CD20 抗体显示出一定的优势，同时，经过糖基化改造后的抗体也较未改造的抗体显示出更佳的治疗效果。可以

---

❶ Sylvia Herter, Frank Herting, Olaf Mundigl, et al. Preclinical activity of the type Ⅱ CD 20 antibody GA101（Obinutuzumab）Compared with Rituximab and Ofatumumab in vitro and in Xenograft models［J］. Molecular Cancer Therapeutics, 2013, 12（10）: 2031 - 2042.

看出，罗氏通过不断的抗体改造，研发出升级产品 Gazyva，其必然在美罗华核心专利到期后填补一部分销售额的损失。同时，罗氏通过抗体改造专利的申请，可以有效地限制竞争对手采用 "me – better" 方式对美罗华进行改进。

5.2.3 利用适应症和联合用药专利延长美罗华的保护期

罗氏在适应症和联合用药方面也申请了大量专利，形成了有效的专利组合。与抗体改造方面的专利不同，适应症和联合用药的专利申请一方面是进行防御性公开，防止对手拥有相关的适应症和联合用药专利，影响美罗华自身的实施；另一方面，通过保护美罗华的适应症和联合用药方面的给药方式或制药用途，使仿制药在上市实施时，也会遭遇较高的侵权风险。例如，专利 US7976838B2 保护的是治疗人类类风湿性关节炎的给药方法，当仿制药上市用于治疗人类的类风湿性关节炎时，其在上市后的实施就有可能落入该专利的保护范围中。罗氏就可以通过侵权诉讼的方式影响其在市场的销售和使用。

纵观罗氏适应症和联合用药的专利申请方式，可以发现其保护策略分为以下几类：

（1）药物新用途仅是一种设想。

有相当一部分 CD20 抗体药物专利申请的说明书所记载的内容显示，其所要求的用途仅是一种设想，利用已有的 CD20 抗体治疗某种新的适应症，但是并没有相关的试验数据来证实 CD20 抗体的确能够治疗该新适应症。此类专利申请常会以说明书公开不充分为由而被拒绝授权。当然，这种设想并不是漫无目的的凭空设想，而是基于 CD20 抗体的作用机制，在一些可能的治疗方向上进行专利申请布局。为防止他人在相同方向上进行研究和专利申请，较早提出此类专利申请，可以阻碍他人在相同或相似药物用途方向上的专利授权。

（2）基于 CD20 抗体的已知用途的小改进或具体选择。

此类专利申请的特点是基于 CD20 抗体的已知性质或治疗用途，在现有用途范围内进行的小改进或具体选择，但是，这种小改进或具体选择往往难以达到专利法所要求发明专利应当达到的创造性高度。因此，此类专利申请通常会以权利要求不具备新颖性或创造性而被驳回或申请人主动放弃而视为撤回。此类专利申请同样可以防止他人在相同或相似用途方向上改进或选择发明专利申请的授权。

（3）CD20 抗体与其他相关药物的联用。

从目前研究的机理来看，CD20 抗体药物能够治疗过表达 CD20 抗原的癌细胞相关癌症，如 B 细胞非霍金氏淋巴瘤（NHL）、慢性淋巴细胞性白血病（CLL）等，或治疗自身免疫性疾病，如类风湿性关节炎（RA）、移植排斥等。尽管罗氏拥有最早的 CD20 抗体药物美罗华，随后又相继开发了多种 CD20 抗体药物，并成功推出第二代 CD20 抗体药物 Gazyva。但是如默沙东（GSK）等公司也有其他 CD20 抗体药物，还有一些公司也拥有治疗上述癌症或自身免疫性疾病的其他抗体药物或化疗药物。为了防止其他申请人将自己的 CD20 抗体药物与其他药物联合应用提出用途专利申请，罗氏率先提出将 CD20 抗体药物与其他相关药物联用在 NHL、CLL 或自身免疫病等方面的专利申请。

（4）可授权的新适应症或联合用药专利申请。

即进行切实的研究，在现有技术公开的适应症之外开发新的适应症，如 CD20 抗体药物治疗白血病相关的专利和首次提出治疗自身免疫性疾病的专利等。此类专利是美罗华药物研发者 BioGen IDEC 公司和基因泰克公司对 CD20 抗体药物新适应症的探索和开发。

从以上 4 类专利申请来看，罗氏绝大多数 CD20 抗体药物用途专利属于前 3 类情况，这些专利申请的提出很可能是罗氏为避免他人抢先申请甚至获得授权而进行的防御性专利申请，一方面是努力争取获得尽可能多的专利权利，另一方面则是避免他人在相同或相近用途中获得专利权，导致自身药物的应用受到限制。当然，在新适应症或药物联用的研究方面，罗氏也进行了不遗余力的开发，从而使保护自身药物治疗用途作用的专利切实保护药物在相应治疗用途上的市场控制力，维护了药物的盈利能力，同时也限制了他人 CD20 抗体药物在相应治疗用途上的应用。

5.2.4　合适的专利申请时机确保核心专利的利益最大化

传统的化学药专利到期对于专利药的销售额有着巨大的影响，基于药品专利对于药品销售额的高效维持作用，药品开发者自然希望其药品核心专利申请的提出时间越晚越好。由于药品在临床试验阶段可能被不同机构和不同人员所接触，可以认为药品处于一种半公开的状态，在药物临床试验之后出现泄密或公开的风险会大幅增加，因此，药品注册和临床试验之前是进行新药专利申请的最晚时机。

美罗华最早是由 Biogen IDEC 和罗氏（基因泰克）联合开发。最早的专利 WO9411026A2 由 Biogen IDEC 公司提出，其在中国的同族专利有 CN1094965A、CN101007850A 和 CN101007851A，上述专利均授权，已于 2013 年 11 月 13 日因专利权有效期届满而终止。WO9411026A2 的优先权日为 1992 年 11 月 13 日，1993 年 11 月 12 日提出正式申请，优先权的提出为其产品的专利保护期延长了 1 年的保护时间，而美罗华的临床试验最晚于 1993 年 7 月 13 日已开展，也就是说其临床试验是在其产品核心专利的优先权日和申请日之间开展的。当时 Biogen IDEC 公司已做好药品注册和开展临床试验的准备后才提出专利申请的优先权文件（在先申请），并在上述在先申请获得优先权日之后开展药品注册和临床试验工作，随后在在先申请的申请日之后 1 年的时候提出正式的专利申请。

新药专利申请时机的选择并不只是由这一个因素决定的，还与新药研发时相同或同类产品及技术的研发进展、竞争状态有关。Gazyva 核心专利的提出策略则略有不同，与 Gazyva 相关的抗体序列专利申请包括 CN1902231A 和 CN101291954A，上述两个专利申请的时间分别是 2004 年 11 月 5 日和 2006 年 8 月 25 日，这两件专利的最早优先权日分别是 2003 年 11 月 5 日和 2005 年 8 月 26 日，均涉及 CD20 抗体及其变体。Gazyva 的临床试验时间最晚于 2007 年 8 月 16 日之前即已开展（NCT00517530），着手准备的时间当然会在更早些的时候，但是这个时间已经较上述专利 CN101291954A 的申请日晚近 1 年的时间。

没有选择在 Gazyva 的临床试验之前的最晚时刻提交专利申请也与该药品的诞生时机有关。2005 年，CD20 抗体药物的研究已经比较成熟，人源化抗体甚至完全人抗体技术也已为多家大型制药企业掌握，并且有多家制药企业正在开展 CD20 抗体药物的研究与开发，竞争已经异常激烈。作为 Ⅱ 型 CD20 抗体的代表，Gazyva 核心专利的提出已不能再像美罗华那样从容，在基本完成临床前试验的情况下，尽早提出相关专利，避免相同或相似抗体专利被他人甚至竞争对手抢先申请就显得更加重要。

因此，专利申请时机的选择并不是越早越好，也不是越晚越好。需要抗体制药企业综合考量自身药物研发进度、药品市场竞争情况、现有技术状况以及自身技术秘密维护等因素，选择适当的新药核心专利申请时机。这对于企业利益的最大化非常有价值。

5.3 竞争产品的技术困境

据全球医药市场预测机构 Evaluate Pharma 的预测，2017~2020 年生物仿制药销售额将达到 1940 亿美元，生物仿制药蕴藏的巨大市场潜力引发了业界的无限热情。2012 年以后，随着一批"重磅炸弹"级生物药品专利的陆续到期，全球的制药企业纷纷在生物仿制药的研发上进行相应的布局，期望在第一时间内抢占"重磅炸弹"级生物药品的市场。美罗华作为第一个抗 CD20 抗体，其在上市近 20 年间一直保持着高速的增长态势。2013~2015 年，年均销售额在 70 亿美元以上，属于"重磅炸弹"级生物药中的明星。随着美罗华在欧洲的专利于 2013 年到期，在美国的专利也将于 2018 年到期，其成为各大制药企业争相仿制的热点。在众多仿制药企业中，不仅有来自"世界药房"印度的众多仿制药企业，也不乏像辉瑞、安进这样的跨国制药企业。可以看出，随着美罗华专利的到期，整个 CD20 抗体市场必然进入一个"群雄逐鹿"时代。

5.3.1 欧美市场的竞争产品分析

从表 5-2 中可以看出，欧美市场上进行仿制药研发的公司共有 12 家，其中有 7 家公司进行了临床研究，有 3 家处于临床前研究状态，还有 3 家进入临床研究后，宣布了中止美罗华仿制药的研发。

表 5-2 欧美市场的美罗华仿制药研发和申请情况

公司名称	药品名称	适应症	临床完成时间/年	状态
Amgen	ABP 798	RA/NHL	2014	Ⅲ 期临床
BioXpress Therapeutics	BX2336	—	—	临床前
Boehringer Ingelheim	BI 695500	RA/NHL	2015	Ⅰ/Ⅲ 期临床后中止
Celltrion/Hospira	CT-P10	RA/NHL	—	Ⅰ/Ⅲ 期临床
iBio	—	—	—	Rituximab produced in non-transgenic green plants. Alliance made with GE Healthcare in 2012

续表

公司名称	药品名称	适应症	临床完成时间/年	状态
Mabion	MabionCD20	NHL	2016	Ⅰ/Ⅲ期临床
Merck	MK – 8808	RA/NHL	2014	Ⅰ期临床
Oncobiologics/Viropro	—	—	—	临床前
Pfizer	PF – 05280586	RA/NHL	2015 2016	Ⅰ/Ⅱ期临床（RA） Ⅲ期临床（NHL）
Samsung BioLogics	SAIT101	RA	2012	Ⅲ期临床后中止
Sandoz	GP2013	RA/NHL	2015 2017	Ⅰ/Ⅱ期临床（RA） Ⅲ期临床（NHL）
Teva /Lonza	TL011	RA/NHL	2012	Ⅲ期临床后中止

注：类风湿性关节炎（rheumatoid arthritis，RA）；非霍奇金淋巴瘤（Non – Hodgkin's Lymphoma，NHL）。

在欧美市场上，进行美罗华仿制的企业多为实力雄厚的跨国企业。安进制药公司是全球最大生物制药企业之一，拥有非格司亭（filgrastim）等"重磅炸弹"级原研生物药，其具有极强的研发能力。除了在原研药物上的产品优势外，安进制药公司同样也十分重视对于仿制药的布局与开发，其美罗华生物仿制药 ABP798 已进入了Ⅲ期临床。

大型跨国制药企业辉瑞也加入了美罗华的仿制大军，其美罗华生物仿制药 PF – 05280586 也进入了临床阶段，2015 年，辉瑞完成了 PF – 05280586 治疗类风湿性关节炎的Ⅰ/Ⅱ期临床，目前，PF – 05280586 治疗淋巴瘤的Ⅲ期临床仍在进行中。

韩国生物制药公司 Celltrion 联合美国制药公司 Hospira 共同研发的美罗华生物仿制药 CT – P10 在 2017 年 7 月完成治疗类风湿性关节炎的Ⅲ期临床试验并向 FDA 提交了上市申请；同时，CT – P10 预计在 2018 年 3 月完成治疗淋巴瘤的Ⅲ期临床试验。CT – P10 的研发也经历了曲折，2013 年，Celltrion 完成了 CT – P10 的Ⅰ期临床，其在疗效和安全性方面显示出与美罗华相同的水平，取得了良好的实验结果。2014 年，由于其Ⅲ期临床试验的效果不尽如人意，Celltrion 突然宣布中止 CT – P10 的研发，然而，在 2015 年，Celltrion 宣布重启 CT – P10 研发项目并向 EMA 提交了上市审批申请。

除了上述 3 家公司外，美国的默克公司、瑞士的山德士公司、波兰的 Mabion 公司都研发了相应的美罗华生物仿制药并已进入临床研究阶段。

2011 年，韩国三星公司与跨国生物制药公司签订战略合作协议，合资成立三星生物制剂公司，致力于提供生物制品生产和生物仿制药开发服务。2012 年，三星生物制剂公司研发的美罗华生物仿制药 SAIT101 进入Ⅲ期临床试验阶段，令人遗憾的是，由于Ⅲ期临床试验的结果并不理想，三星生物制剂公司目前已经中止了美罗华生物仿制药 SAIT101 的研发项目。有同样遭遇的还有 Teva 制药公司和德国的勃林格殷格翰，其美罗华生物仿制药也是由于Ⅲ期临床试验结果不理想而被迫中止。

从上述几家公司的遭遇可以看出，与化学药的仿制相比，生物药的仿制存在较高的风险，因为生物药的仿制与化学药并不一样：生物药的分子大、结构更复杂，一级结构氨基酸序列的相同不代表两个产品的功效完全相同，产品质量的稳定性受各种因素影响，而且此类产品的生产工艺复杂，难以复制，细微的差别都会严重影响药物的安全性和有效性。另外，美国和欧洲对于生物仿制药的质量、安全性和有效性方面要求较高，这也造成了生物药在仿制的过程中面临较高的成本风险。目前，没有一款美罗华仿制药在欧美市场获得审批上市。

5.3.2 俄罗斯、印度及拉美市场的竞争产品分析

2014 年 4 月 17 日，俄罗斯卫生部批准了俄罗斯生物技术公司 Biocad 研发的美罗华生物仿制药 AcellBia，成为俄罗斯国内市场首个获批的 CD20 抗体生物仿制药。2010 年，Biocad 在俄罗斯联邦政府的支持下，启动了美罗华生物仿制药的研发项目，2011 ~ 2012 年，Biocad 分别在印度、俄罗斯、南非和乌克兰等 30 多个国家和地区进行了美罗华生物仿制药临床试验。鉴于 AcellBia 在药代动力学、药效学、安全性和有效性上所表现出的良好效果，俄罗斯卫生部批准其上市申请。从研发立项到审批上市，Biocad 研发的美罗华生物仿制药 AcellBia 仅用了短短的 4 年时间。能够如此迅速将美罗华生物仿制药推向本土市场，得益于俄罗斯联邦政府的支持。同时，俄罗斯卫生部对于生物仿制药在质量、安全性和有效性方面的审批要求也远没有 EMA 和 FDA 严格，这也是 AcellBia 能够迅速上市的原因之一。

从表 5 - 3 中可以看出，被称为"世界药房"的印度已有 5 家制药企业推出了美罗华生物仿制药并获批上市。由于印度奉行药品强制许可制度，其仿制药企业可以在原研药专利保护期内进行仿制生产，这也使得印度仿制药在上市速度和数量上远远超过其他国家。早在 2007 年，印度知名仿制药企业 Dr Reddy's Laboratories 就推出了世界上首个美罗华生物仿制药 Reditux。目前，Reditux 不仅在印度本土市场站稳了脚跟，而且，分别在玻利维亚、智利、厄瓜多尔、巴拉圭、秘鲁等国家通过了药品上市批准，成功进军了拉美国家市场。同时，从表 5 - 3 中还可以看出，拉美国家本土的制药企业也看好美罗华仿制药的巨大市场利润，阿根廷制药企业 Laboratorio Elea 的美罗华生物仿制药 Novex 于 2013 年在本土获批上市，墨西哥制药企业的美罗华生物仿制药 Kikuzubam 于 2014 年在本土、玻利维亚、智利、秘鲁获批上市。

表 5 - 3 俄罗斯、印度及拉美市场上市的美罗华仿制药

药品名称	适应症	上市国家	研发公司	上市时间/年
AcellBia	RA/NHL	俄罗斯	Biocad	2014
Kikuzubam	RA/NHL	墨西哥、玻利维亚、智利、秘鲁	Probiomed	2014

续表

药品名称	适应症	上市国家	研发公司	上市时间/年
Reditux/Tidecron	RA/NHL	玻利维亚、智利、厄瓜多尔、巴拉圭、秘鲁、印度	DrReddy's Laboratories	2007
Novex	RA/NHL	阿根廷	Laboratorio Elea	2013
MabTas	NHL	印度	Intas Pharmaceuticals	2013
Rituximab	RA/NHL	印度	Reliance Life Sciences	2015
Rituximab	NHL	印度	Zenotech Laboratories	2013
Maball	NHL	印度	Hetero Group	2015

从俄罗斯、拉美国家及印度市场的竞争产品分析可以看出，由于不同的国家和地区所采取的医药审批制度、专利保护制度以及经济发展水平不同，仿制药的上市速度和数量也存在较大的不同。从上述国家和地区的仿制药分布情况来看，由于拉美各国经济发展的不均衡，特别是经济较为落后的国家，如玻利维亚、智利、厄瓜多尔、巴拉圭、秘鲁等，其对于价格较低的仿制药的需求较大，而且这些国家的知识产权制度存在差异，拉美各国近几年逐渐成为仿制药企业输出产品的新兴市场。

5.3.3　中国市场的竞争产品分析

2000 年，CFDA 批准美罗华进入中国。在中国上市后，美罗华在中国市场的销售额逐年攀升，2013 年的销售额达到 16.27 亿元人民币。如此巨大的销售额驱使国内的众多制药企业纷纷启动美罗华生物仿制药的研发项目，如表 5 - 4 所示。

表 5 - 4　中国市场美罗华生物仿制药的研发或申请情况

药品名称	企业名称	状态
重组人鼠嵌合抗 CD20 单克隆抗体注射液	浙江特瑞思药业股份有限公司	在审评
重组抗 CD20 人鼠嵌合单克隆抗体注射液	南京优科生物医药有限公司	在审批
重组人鼠嵌合抗 CD20 单克隆抗体注射液	珠海市丽珠单抗生物技术有限公司	在审评
重组人鼠嵌合抗 CD20 单克隆抗体注射液	深圳万乐药业有限公司	已发批件
重组抗淋巴细胞瘤（CD20）单抗注射液	华兰基因工程有限公司	在审评
重组抗 CD20 人源化单克隆抗体注射液	上海医药集团股份有限公司	已发批件
重组抗 CD20 单克隆抗体注射液	成都金凯生物技术有限公司	在审评
重组抗 CD20 人鼠嵌合单克隆抗体注射液	山东新时代药业有限公司	已发批件
重组人鼠嵌合抗 CD20 单克隆抗体注射液	信达生物制药（苏州）有限公司	Ⅰ期临床
重组人鼠嵌合抗 CD20 单克隆抗体注射液	上海复宏汉霖生物技术有限公司	Ⅰ/Ⅱ/Ⅲ期临床

药品名称	企业名称	状态
重组人鼠嵌合抗 CD20 单克隆抗体注射液	浙江海正药业股份有限公司	Ⅰ期临床
重组人 CD20 单克隆抗体注射液	深圳赛乐敏生物科技有限公司	已发批件
重组人鼠嵌合抗 CD20 单克隆抗体注射液	神州细胞工程有限公司	Ⅲ期临床
重组人鼠嵌合抗 CD20 单克隆抗体注射液	上海中信国健药业有限公司	已发批件

从表 5-4 中可以看出，目前国内共有 14 家药品企业进行美罗华生物仿制药的研发，其中有 9 家已获得临床批件，信达生物制药（苏州）有限公司、上海复宏汉霖生物技术有限公司、浙江海正药业股份有限公司、神州细胞工程有限公司已经进入了临床试验阶段。然而，虽然国内众多制药企业进入了美罗华生物仿制药领域，而且，美罗华在中国的核心专利也于 2013 年到期，但是，目前仍然没有一家企业的美罗华生物仿制药获批上市。由于美罗华的仿制药迟迟没有上市，美罗华在 2014 年斩获了 17.5 亿元人民币的销售额。究其原因，2015 年之前，我国没有出台针对生物仿制药的法规与指导原则，按照《药品注册管理办法》第 12 条规定：生物制品按照新药申请程序注册。按照新药申请程序注册必然导致生物仿制药的审批时间较长，成本较高。2015 年 3 月，CFDA 发布了《生物类似药研发与评价技术指导原则（试行）》，其中规定"本指导原则所述生物类似药是指在质量、安全性和有效性方面与已获准注册的原研药具有相似性的治疗用生物制品"，而且该指导原则仅适用于结构和功能明确的治疗用重组蛋白质制品。新指导原则的颁布必然会加快美罗华生物仿制药的上市速度。

在国内众多美罗华生物仿制药企业中，特别值得一提的是，2014 年，上海复宏汉霖生物技术有限公司的重组人鼠嵌合抗 CD20 单克隆抗体 HLX01 复获得 CFDA 颁发的 NHL 适应症的临床大批件（即Ⅰ、Ⅱ、Ⅲ期临床试验一起批准）。2015 年 3 月，HLX01 的 NHL 适应症Ⅲ期临床试验正式启动。在申请 NHL 适应症的同时，也向药品审评中心（CDE）递交了类风湿关节炎（RA）适应症的临床申请，并于 2015 年 4 月获得临床批件。截至目前，HLX01 产品的 2 项适应症均处于临床研究阶段。同时，上海复宏汉霖生物技术有限公司的重组人鼠嵌合抗 CD20 单克隆抗体 HLX01 还获得美国 FDA 临床批件，2015 年 10 月，HLX01 的 NHL 适应症在美国启动了Ⅲ期临床试验。上海复宏汉霖生物技术有限公司的重组人鼠嵌合抗 CD20 单克隆抗体 HLX01 已于 2018 年 12 月递交了上市申请，届时，其有可能成为国内第一个美罗华生物仿制药产品。

5.4　证据链断裂的专利挑战

勃林格殷格翰集团（以下简称"勃林格殷格翰"）是一家以高度研发驱动的领先医药公司，核心业务包括处方药、自主保健品、动物保健和生物制药。勃林格殷格翰主要的研究领域包括免疫及呼吸疾病、心血管及代谢疾病、中枢神经疾病和肿瘤药物。其拥有的畅销处方药有思力华、毕泰全、美卡素以及可必特等。2011 年，勃林格殷格翰宣布进入生物仿制药领域，同年 9 月，启动第一个生物仿制药项目——美罗华生物仿制药 BI 695500 的研发。2015 年，勃林格殷格翰的美罗华生物仿制药 BI 695500 在美国进入Ⅲ期临床阶段。为了排除 BI 695500 在美国上市后可能存在的专利侵权风险，2014 年，勃林格殷格翰基于美国授权后多方复审（IPR）程序向原研制药企业美罗华的 3 项专利提出无效挑战。本节将基于勃林格殷格翰的 CD20 抗体相关专利申请分布、无效挑战方式的选择以及 IPR 挑战过程 3 个方面来分析勃林格殷格翰专利无效挑战策略。

5.4.1　勃林格殷格翰 CD20 抗体专利申请分布

从表 5 - 5 中可以看出，勃林格殷格翰共有 7 件涉及 CD20 抗体的专利。从专利保护的主题中可以看出，CD20 抗体并不是专利请求保护的主要对象，例如，在专利 WO2009019312 中，该专利保护对象主要是一种新的 CD37 抗体及其组成的序列，CD20 抗体只是 CD37 抗体治疗淋巴瘤的药物组合物中成分之一。纵览勃林格殷格翰涉及 CD20 抗体专利的内容可以看出，其在保护其他药物组合时，均将 CD20 抗体药物联用的成分之一进行保护。其并未有意识地对 CD20 抗体进行相应的专利布局与组合。

表 5 - 5　勃林格殷格翰 CD20 抗体专利申请

序号	公开号	公开日	主要内容
1	WO2007054551A1	2007 - 05 - 18	小分子化合物以及其与 CD20 抗体联合用药治疗淋巴瘤
2	WO2009019312A2	2009 - 02 - 12	新的 CD37 抗体及其与 CD20 抗体的联合用药
3	WO2012007576A1	2012 - 01 - 19	新的 CD37 抗体及其与 CD20 抗体联合用药治疗淋巴瘤
4	WO2012143498A1	2012 - 10 - 26	抗 BCMA 抗原的抗体及其与 CD20 抗体的联合用药
5	WO2013171287A1	2013 - 11 - 21	CD37 抗体治疗 B - NHL 和 CLL；CD37 抗体和 CD20 抗体联合用药
6	US2013309224A1	2013 - 11 - 21	CD37 抗体的变体及其与 CD20 抗体联合用药治疗淋巴瘤
7	WO2014198330A1	2014 - 12 - 18	CD37 抗体治疗 NHL 和 CLL；CD37 抗体和 CD20 抗体联合用药

为什么勃林格殷格翰启动了美罗华仿制项目却未申请以 CD20 抗体为主要保护对象的专利呢？主要有以下两个方面原因。

（1）进行 CD20 抗体的专利保护不符合勃林格殷格翰的产品战略。2011 年，勃林格殷格翰首次进入生物仿制药领域，生物药的仿制与化学药不同，其分子大、结构更复杂，一级结构氨基酸序列的相同不代表两个产品的功效完全相同，产品质量受各种因素影响不太稳定。另外，此类产品的生产工艺复杂，难以复制，而细微的差别将会严重影响药物的安全性和有效性。同时，欧美药品管理部门对于生物仿制药的审批方式也比化学仿制药更为严格。可见，生物仿制药需承担比化学仿制药更高的风险，如果，在仿制的基础上再进一步对抗体进行相应的改进，必然会遇到更多的不确定。也必然需要面对更高的成本分析和审批难度。因此，作为公司开发的第一款生物仿制药，勃林格殷格翰采取更为保守的"me-too"策略，并不对 CD20 抗体进行结构改进。另外，专利在对产品进行相应保护的同时，也需要请求保护的公司承担一定的保护费用。如果公司对产品进行专利布局和组合保护，必然产生相应的管理成本。在勃林格殷格翰的生物仿制产品与原研产品不存在差别的情况下，鉴于控制成本和风险的考虑，勃林格殷格翰并未进行 CD20 抗体的专利保护。

（2）CD20 抗体领域已形成的专利布局和组合使勃林格殷格翰难以形成有效的专利保护。罗氏作为全球最大的生物制药公司之一，其从抗体序列、抗体改造、生产方法、抗体制剂、联合用药、适应症等多个方向对 CD20 抗体进行完整的专利布局和组合，其专利保护的范围几乎囊括了 CD20 抗体研发的全部方向。勃林格殷格翰进行 CD20 抗体研发领域较晚，除了面对罗氏已经完成的专利布局，还需考虑其他申请人对于 CD20 抗体的保护，在这样的情况下，其很难形成有效的专利组合对产品进行保护。

鉴于上述两方面的原因，勃林格殷格翰放弃采用专利布局和组合的方式进行产品保护，而采用挑战专利有效性的方式来排除仿制药上市可能存在的侵权风险。

5.4.2 勃林格殷格翰专利挑战策略分析

2015 年，勃林格殷格翰的 CD20 抗体生物仿制药 BI 695500 在美国进入Ⅲ期临床阶段，其Ⅲ期临床试验虽已终止，但在当时该药物很有希望替代美罗华，为了排除 BI 695500 在美国上市后可能存在的侵权风险，2014 年，勃林格殷格翰基于 IPR 程序，针对美罗华的 3 项美国专利的有效性提出了挑战，3 项专利分别是 US7820161B1、US7976838B2、US8329172B2。

（1）为什么要选择上述 3 项专利进行挑战？

从上述 3 项专利的保护范围来看，US7976838B2 保护的是"治疗对 TNF-α 抑制剂应答不充分的人类的类风湿性关节炎的方法，包括给施用与 CD20 结合的抗体，通过静脉注射 2 次治疗有效量 1000mg 的上述抗体"。US7820161B1 保护的则是"治疗人类的类风湿性关节炎的方法，包括给施用与 CD20 结合的抗体，其通过静脉注射一次或多次治疗有效量上述抗体和联合施用治疗有限量的甲氨蝶呤"。US8329172B2 保护的则是"一种治疗人类患者中低级非 Hodgkin 氏淋巴瘤的方法，其包括，该患者给予化学药物 CVP 治疗，和持续性给予利妥昔单抗的治疗，所述持续性给予利妥昔单抗的治疗为 2 年内每 6 个月每周一次共计 4 次给予剂量为 $375mg/m^2$ 的所述抗体。"其生物仿制药 BI 695500 属于 CD20 抗体，其序列的组成与美罗华完全相同。根据临床试验所显示的信息来看，在治疗类风湿性关节炎的临床试验中，原研企业采用 1000mg 剂量进行静脉注射的方式并联合施用甲氨蝶呤，而且有一部分病人对 TNF-α 抑制剂无效；在非霍奇金淋巴瘤的临床试验中，其采用的治疗方式和 US8329172B2 类似。这意味着，在生物仿制药 BI 695500 上市后的施用过程中，存在侵犯上述 3 项专利保护范围的风险，一旦专利权人提起诉讼，就有可能出现生物仿制药 BI 695500 无法在市场上使用和销售的风险。因此，勃林格殷格翰必然挑战上述 3 项专利。

上述 3 项专利到期的时间分别是 2020 年、2027 年和 2028 年，如果生物仿制药 BI 695500 能在 2017 年上市，上述 3 项专利最短的保护时间还有 3 年，最长的则还有 11 年。另外，上述 3 项专利的专利权人分别是基因泰克和 Biogen，它们分别是罗氏的子公司，以及与罗氏联合开发美罗华的公司，其必然要保护美罗华在 CD20 抗体市场中的份额，一旦提起诉讼，通常会用尽诉讼程序，不太会出现庭外和解。因此，无论从专利保护的剩余时间考虑，还是从专利权人的角度考虑，勃林格殷格翰都有必要通过挑战上述 3 项专利，从而掌握相应的主动权。

（2）为什么选择 IPR 程序进行无效挑战？

在美国，挑战一项专利权的有效性通常有专利诉讼、授权后重审程序（PGR）、多方复审程序（IPR）和单方复审程序，其中多方复审程序（IPR）和专利诉讼相比，具有更宽的权利要求保护范围的解释、更少的举证责任、更专业的主审法官、更快审结速度、更低的费用和更高的无效胜率等优点。

更宽的权利要求保护范围解释意味在采用新颖性或显而易见性为理由挑战专利有效性时，现有技术文献更有可能落入权利要求的保护范围中，从而破坏其新颖性和显而易见性。更少的举证责任、更低的费用则意味着无效请求方的诉讼成本更低。与专利诉讼中有陪审团作出最终判决不同，IPR 程序的主审法官是由专利上诉委员会中的技术审查官员组成，其具有相应的技术背景，能够更好地理解发明的实质，可以更为准确和客观地作出判决。从 2012 年 IPR 程序启动至今，近 87% 的专利被无效或部分无效，如此高的无效胜率，对于勃林格殷格翰而言是具有巨大吸引力的。另外，IPR 程序通常要求 1 年内审结，当有特殊理由时，可延长 6 个月，勃林格殷格翰当时预计其利妥昔单抗生物仿制药——BI 695500 将于 2017 年上市，为了尽快排除产品上市后的侵权分析，快速的无效程序也符合对于产品的战略部署。

通过上面的分析可以看出，IPR 程序的快速、成功率高、成本低等优势十分符合勃林格殷格翰的无效需求。虽然，在 IPR 程序中，其无效的理由只能是新颖性和显而易见性，但是，勃林格殷格翰选择无效的 3 项专利都是涉及 CD20 抗体的适应症和施用方法专利，通常，该类型的专利都出现在新抗体专利之后，而新的抗体出现后，研究人员通常都会对其适应症和用法进行相应的研究，现有技术更容易出现破坏其新颖性和显而易见性的文献。因此，鉴于上述各种因素的综合考虑，勃林格殷格翰最终选择了基于 IPR 程序对上述 3 项专利进行无效挑战。

5.4.3　勃林格殷格翰专利挑战过程

2015 年，勃林格殷格翰基于 IPR 程序挑战美罗华的相关专利 US7820161B1、US7976838B2、US8329172B2。美国专利审查与上诉委员会（PTAB）受理了勃林格殷格翰的申请，并给出了审理结果。

在针对专利 US7820161B（以下简称"161 专利"）的 IPR 程序中，161 专利主要请求保护 CD20 抗体与治疗有限量的甲氨蝶呤联合类风湿关节炎的方法，其权利要求为"1. A method for treating rheumatoid arthritis in a human comprising：（a）administering to the human more than one intravenous dose of a therapeutically effective amount of rituximab；and（b）administering to the human methotrexate."

勃林格殷格翰（以下简称"请求人"）举证了 11 篇现有技术文献，认为 161 专利的权利要求 1~12 不具备非显而易见性，不符合美国专利法第 103（a）条的规定，不应被授予专利权。请求人认为根据提供的 11 篇现有技术文件记载的内容可知，在申请日以前，已经存在可以利用 CD20 抗体治疗人类类风湿关节炎的技术启示，同时，也存在甲氨蝶呤可以与生物制剂，例如，单克隆抗体联用治疗类风湿关节炎的技术启示，另外，现有技术中同样也存在甲氨蝶呤和抗 CD20 抗体静脉给药方式的启示。可见，本领域技术人员在知晓上述启示的情形下，将 CD20 抗体与甲氨蝶呤联用治疗类风湿关节炎是显而易见的。

对于请求人的无效理由，专利权人基因泰克认为，161 专利保护的给药方式自上市以来取得良好的市场反馈和巨大的商业利润，在商业上取得了成功，应该认可 161 专利的显而易见性。同时，现有技术中并未给出类风湿关节炎的实验结果，仅仅是一种推测，161 专利却给出了证明，因此，161 专利取得了预料不到的技术效果，应该认可 161 专利的显而易见性。PTAB 充分考虑双方意见认为：基于现有技术中的启示，本领域技术人员可以显而易见地获得 CD20 抗体与甲氨蝶呤联用治疗类风湿关节炎的给药方法，而且美罗华上市后获得的巨大销售额和利润主要来自对 NHL 的治疗，而并非对于类风湿关节炎的治疗，因此，161 专利中限定的给药方法并未取得商业上的成功。另外，161 专利中并未给出专利效果的明确实验证明，其与现有技术一样都是通过机理的推导而得出相应的结论，因此，其也未取得预料不到的技术效果。综上，161 专利的权利要求 1、2、5、6、9、10 不具备非显而易见性，不能被授予专利权，而权利要求 3、7、11、4、8、12 是从属权利要求，其所进一步限定的内容在现有技术中没有明确启示，因此，权利要求 3、7、11、4、8、12 应该被授予专利权。

在针对专利 US7976838B2（以下简称"838 专利"）的 IPR 程序中，838 专利请求保护利用 CD20 抗体治疗对 TNF－α 抑制剂应答不充分的人类的类风湿性关节炎的方法，其权利要求 1 为"1. A method of treating rheumatoid arthritis in a human patient who experiences an inadequate response to a TNF－α inhibitor，comprising administering to the patient an antibody that binds to CD20，wherein the antibody is administered as two intravenous doses of 1000 mg."

请求人举证了 7 篇现有技术文献，认为 838 专利的权利要求 1~5，7~9，11~13 不具备新颖性，不符合美国专利法第 102 条的规定，不应被授予专利权，权利要求 1~14 不具备非显而易见性，不符合美国专利法第 103（a）条的规定，不应被授予专利权。请求人认为权利要求中的特征限定"对 TNF－α 抑制剂应答不充分的患者"表述不清楚，按照最大权利要求保护范围的解释原则，该特征应该被解释为"患者"，而在请求人提供的 7 篇现有技术文件中，其中 1 篇明确公开了治疗类风湿性关节炎患者的方法，包括给施用与 CD20 结合的抗体，通过静脉注射 2 次治疗有效量 1000mg 的上述抗体。因此，838 专利中的权利要求 1～5、7～9、11～13 不具备新颖性。同时，根据提供的 7 篇现有技术文件记载的内容可知，在申请日以前，已经存在可以利用 CD20 抗体治疗类风湿关节炎的技术启示，同时，也存在对 TNF－α 抑制剂治疗无效的患者使用 CD20 抗体可以达到治疗类风湿关节炎的技术启示，因此，本领域技术人员在知晓上述启示的情形下，获得权利要求 1～14 的技术方式是显而易见的。对于请求人的无效宣告请求理由，专利权人基因泰克认为，838 专利的特征限定"对 TNF－α 抑制剂应答不充分的患者"表述清楚，不应被解释保护为"患者"，而且 838 专利请求保护的给药方式在商业上取得了成功且取得了预料不到的技术效果，应该认可 838 专利的新颖性和显而易见性。PTAB 支持了请求人的意见。因此，权利要求 1～14 不应被授予专利权。

　　勃林格殷格翰基于 IPR 程序挑战由基因泰克拥有的专利 US7820161B 和 US7976838B2 取得全部无效和部分无效的良好结果，虽然，IPR 程序并不是终局结果，但是，就目前的结果来看，其生物仿制药 BI 695500 在治疗类风湿关节炎方面的应用已不存在侵权风险。从上述内容中可以看出，勃林格殷格翰在挑战时进行了充分的准备。首先，尽可能多地提供相关现有技术文献，由于 IPR 程序的主审法官可能是 PTAB 的技术审查官员，其有一定的技术背景，详细的现有技术文件有助于全面了解技术领域的发展情况，作出准确的判断；其次，基于不同的现有技术文件，从不同的角度质疑权利要求的非显而易见性，这样可以提高无效的胜率；再次，灵活运用 IPR 程序中的规则，准确抓住了权利要求中不清楚的特征，以最大原则解释权利要求的范围，导致了权利要求出现新颖性问题。

　　然而，在挑战 Biogen 公司拥有专利 US8329172B2 过程中，勃林格殷格翰却遭遇了滑铁卢，其引用了 9 篇文献来质疑 US8329172B2 的非显而易见性，其中最主要的文献是名为"ECOG1496"和"ECOG4494"的临床试验协议，其中，ECOG 是一个合作小组，主要由美国国家癌症研究所（NCI）资助的研究人员、医生和卫生保健专业人员组成。勃林格殷格翰认为，"ECOG1496"和"ECOG4494"的临床试验协议日期在 US8329172 申请日之前，而且 ECOG 可以将它们提供给机构成员，并分发给医生和患者属于公开的出版物。但是，PTAB 认为勃林格殷格翰没有提出任何直接的证据来自 ECOG，也没有证据具体说明"ECOG1496"和"ECOG4494"是否或如何被分发，同时，勃林格殷格翰也没有证据支持 ECOG 协议的所有成员没有保密的限制。总体来说，勃林格殷格翰没有相应的证据或者证据链解释他们是如何获得上述 ECOG 协议，因此，"ECOG1496"和"ECOG4494"的临床试验协议不能被认为是公开的出版物作为现有技术证据使用。最终，PTAB 作出了维持 US8329172B2 专利权有效的决定。从上述勃林格殷格翰挑战失败的原因可以看出，在 IPR 程序中，挑战方应该特别注意证据是否属于公开出版物，对于不是正规刊物出版的科技文献或专利公开文献，应该提供有力的证据或证据链来证明其公开性。

综上所述，勃林格殷格翰根据其产品战略、仿制药的临床试验情况、CD20 抗体专利保护的情况以及各种无效方式的特点，选择侵权诉讼风险最大的 3 项专利进行了挑战，取得了不错的效果，一定程度上廓清了生物仿制药 BI 695500 上市后的侵权诉讼风险。遗憾的是，2015 年，生物仿制药 BI 695500 Ⅲ 期临床试验结果不尽如人意，勃林格殷格翰宣布中止 CD20 抗体生物仿制药项目，但是，其在挑战原研制药企业专利权的策略选择上，特别是，IPR 挑战程序中的经验和教训，还是非常值得国内制药企业学习的。

5.5 "斯诺克"式专利布局的构建

美罗华上市已经近 20 年时间，在这 20 年间，其一直保持着 CD20 抗体市场里的霸主地位，为罗氏带来了巨大的市场利润。随着核心专利的到期，全球各大制药企业纷纷加入美罗华仿制领域中，企图在 CD20 抗体市场分得一杯羹。而且，Gazyva 的崛起，必然也会不断挑战美罗华的霸主地位。在这 20 年里，无论是罗氏对于美罗华的专利运营，还是，仿制药企业对于美罗华的挑战，都可以给我国制药企业带来一些启示。

5.5.1 对我国制药企业原研药品专利运营的启示

罗氏对于美罗华专利布局与组合是非常完善的。虽然，美罗华的核心专利在我国和欧洲已经到期，但是，目前仍然没有相应的仿制药物在上述市场审批上市，这意味着，美罗华仍然可以维持其市场份额，不得不说，罗氏的专利策略实现了保护美罗华利润最大化的目的。

通过对罗氏提出的 CD20 抗体重点专利构成的组合分析即可确定，不同技术角度提出的围绕核心药品的专利对于药品的保护力度和保护效果是不同的。多角度、多层次、连续的专利申请可以更加长时有效地维护上市药品的销售收入。同时，为制药企业进一步研发和开拓市场保留了广阔的空间。另外，专利组合的存在也较单个专利更强有力地限制了潜在竞争对手可能的改进研发。专利组合的效果综合体现在对专利权人或专利申请人药品市场竞争力的维护。

具体针对一个或一系列抗体药物的专利布局，罗氏的 CD20 抗体药物相关专利布局方式有一定的借鉴意义。

第一，基于抗体及其变体的序列提出围绕抗体药物最核心的专利，有效保护抗体药物，同时，还可适当延迟竞争对象对核心药物序列的跟踪。

第二，对抗体药物的制备方法，可以基于方法、工艺的他人可掌握性，专利侵权可判定性，技术秘密的可保留程度等因素，适当选择技术秘密和专利结合的方式来维护对技术的所有权。

第三，努力开发药物的新治疗用途，开拓药物的适应症应用范围，对效果确定和有价值的适应症及早提出适度扩展，但概括得当的专利申请，对基于药物治疗机理推测可能的治疗用途或其他相同适应症的不同药物也可进行防御性的药物用途专利布局。

第四，对于维持抗体药物效果优良的制剂，也不容忽视，需要适时提出药物制剂专利。

第五，对前瞻性或可应用范围广的技术及早选择合适的角度对该技术进行专利保护。

在专利申请时，合适的权利争取策略也必不可少：优先权的提出、选择合适的专利申请时机可以有效延长专利对药物的实质保护时间；分案申请制度的应用、据理力争，对于争取最大的或最有利于己的保护范围是有效的举措；对核心药品或技术在专利可授权前提下进行适度的掩藏可以延缓他人对核心技术的窥探；针对同一技术方案多方向的专利保护能够最大范围地获得保护。

以一个专利组合为对象，可以在组合内对各个专利进行法律价值、技术价值和经济价值的评估，或者以某一项或几项专利或技术或药品为标准，对其他专利或专利组合的价值进行评估，从而为自己或他人专利或专利组合的交易作出更加客观的评价。

综合而言，专利对于抗体药物企业的根本价值体现在对药物市场价值的维护。技术研发是专利产出的基础，合理的专利组合布局和专利申请策略的运用是对技术和产品有效专利保护的保障。

5.5.2 对我国制药企业选择仿制药策略的启示

目前，全球进行美罗华仿制的制药企业有 29 家，不同的制药企业有着不同的策略，通过总结仿制药企业在市场选择、专利申请、专利挑战方面的策略，为我国企业在进行药物仿制时，提供了一些参考。

（1）基于目标市场的不同，选择合适的仿制时机。

由于各个国家的经济发展水平的不同，其在市场需求、药品审批制度、知识产权制度方面都有较大的区别。例如，印度奉行的药品强制许可制度，使其能够在原研药物专利保护期内进行仿制生产，较早地研发出仿制药品；俄罗斯的药品审批制度相对宽松，使其仿制药能够在最短的时间内上市；拉美国家由于知识产权制度的不健全和经济发展水平较低，可以原研药物专利保护期内进行销售，使其成为首选的销售市场；虽然美国、日本、欧洲、中国等市场很大，但是，由于健全的知识产权制度和严格的药品审批制度，使仿制药的上市存在较高的运营成本和风险。因此，国内企业在进行药品仿制时，可以根据企业的战略和产品的特点选择现有的目标市场，以获得利益最大化。

（2）基于仿制药技术领域的专利布局，选择合适的专利策略。

仿制药企业在进行药物仿制研发时，是否对仿制药物进行专利布局和组合，可以根据原研药企业专利组合以及整个领域的专利布局情况，进行合理选择。

第一，仿制药企业在技术发展的早期进入该领域，原研药企业还未进行完整的专利布局，仿制药企业可以考虑进行改进型仿制，并申请相应的产品改进型专利，一方面可以阻击原研药企业的进一步研发；另一方面，也可以在产品改进的研发路径上设置专利壁垒，阻挡其他仿制药企业研发改进型产品，保障自己的市场利益。

第二，仿制药企业在技术发展的中期进入该领域，原研药企虽然在产品改进的研发路径上设置专利壁垒，但是，在药物应用方向上布局不足。这时，仿制药企可以考虑进行改进型一般性仿制，并申请相应的产品适应症和联合用药专利，一方面可以通过适应症和联合用药防御性公开来阻击原研药企业对于药物应用保护以延长产品的专利保护期；另一方面，通过拥适应症和联合用药专利，来提高原研药企和其他仿制药企在药品施用中的侵权风险。

第三，仿制药企业在技术发展的晚期进入该领域，整个领域各个方向的专利布局已经形成。仿制药企业可以考虑在该领域中不进行专利申请保护，并根据需求进行相应的专利挑战，并对已有产品的侵权风险进行分析。

（3）基于产品的特点和上市时间预期，选择合适的挑战策略。

仿制药品在上市的过程中，会伴随着侵权诉讼风险，如何排除风险？IPR 程序挑战是一个不错的选择，如何提高无效的成功率？国内制药企业可以考虑以下四个方面：

挑战谁？如何选择无效的对象。对于这个问题，首先，应考虑自身的产品是否落入授权专利的保护范围内，其次，了解专利权人的状态，评估一下是否有合作、许可的可能？最后，考虑一下授权专利的保护时间。

何时挑战？无效时间的选择。药品需要经过复杂的临床试验和严格的审批，其上市的过程伴随着许多不确定因素。如何平衡无效的时间和药品审批进度之间的关系呢？通常的做法是在药品Ⅲ期临床时，启动无效挑战，一般药品进入Ⅲ期临床，则意味着上市的可能性较大，而从Ⅲ期临床到真正上市通常还有两年的时间，这两年的时间基本可以满足无效挑战及其后续诉讼程序对于时间的需求。

用什么挑战？用什么方式进行无效的挑战。企业可以根据自身产品的特点、请求无效专利的具体情况以及各个无效程序间的特点进行合理的选择。以美国的 IPR 程序和无效为例，如果挑战者需要更快的时间、更低费用，更高的无效胜率且可以新颖性或创造性为理由进行无效宣告请求时，则可以选择 IPR 程序。如果希望用其他的条款进行无效宣告请求，则选择无效诉讼。

如何挑战，采用何种无效策略，企业需要根据各个无效程序的特点以及被无效专利的具体情况选择合适的无效策略，还是以美国的 IPR 程序为例，在该程序中，请求人应尽可能多地提供相关现有技术文献，基于不同的现有技术文件，从不同的角度去质疑权利要求的非显而易见性，这样可以提高无效的胜率。

第6章 扳动"高端制剂"的专利创新触发点

【编者按】来得时选择在制剂以及给药装置方面进行了升级，充分考虑了糖尿病治疗的特点和患者的顺应性，可见技术的改进不局限于药物本身，找准创新的"触发点"，小小注射笔也能承载大大的梦想。

6.1 来得时药品基本情况

糖尿病是危害人类健康的全球重要疾病之一，根据国际糖尿病联盟（International Diabetes Federation，IDF）公开的数据，2015 年全球有 4.15 亿名成年人患有糖尿病，其中，北美洲以及加勒比海区域有约4430 万名患者、欧洲地区有5980 万名患者、东南亚地区 7830 万名患者、西太平洋地区（包括中国、印度、日本、韩国、澳大利亚等）有 1.53 亿名患者。2015 年，有 500 万名患者因糖尿病而死亡，超过了因疟疾、肺结核和 HIV 致死人数的总和。到 2040 年预计有 6.42 亿人患有糖尿病。糖尿病患者的增加也为糖尿病药物提供了广泛的市场。

糖尿病的治疗药物主要有化学药和生物药两种，化学药主要有二甲双胍（Metformin）、格列齐特（Gliclazide）、二肽基肽酶 – 4（DPP – 4）抑制剂等，生物药包括不同类型的胰岛素及其类似物、胰高血糖素样肽 – 1（Glp – 1）类似物等。其中，胰岛素于 1921 年由加拿大科学家 Banting 等发现，之后广泛用于 Ⅰ 型和 Ⅱ 型糖尿病的治疗。随着基因技术的发展，胰岛素及其合成技术也不断发展。1982 年礼来公司（以下简称"礼来"）上市了第一支重组人胰岛素，之后不断出现各种胰岛素类似物，包括速效胰岛素（赖脯胰岛素、门冬胰岛素、谷赖胰岛素）、长效胰岛素（甘精胰岛素、地特胰岛素）、超长效胰岛素（德谷胰岛素）等。

在众多的胰岛素类似物中，甘精胰岛素是全球第一个真正意义上的长效胰岛素，实现了 24 小时内给药 1 次即可稳定控制血糖的效果。甘精胰岛素在人胰岛素 A 链的第 21 位突变为甘氨酸，第 31~32 位突变为精氨酸后获得。甘精胰岛素由法国赛诺菲 – 安万特公司（以下简称"赛诺菲"）研发，并于 2000 年最早在德国上市，商品名称为来得时（Lantus®），其结构式为如图 6 – 1 所示。

来得时是赛诺菲的明星药物，也是全球销量前 10 位的"重磅炸弹"级药物。在胰岛素类药物领域，来得时在全球市场上一直保持着绝对的领先地位。2000 年上市第一年销售额达到 1000 万欧元，2005 年超过 10 亿美元，2014 年达到最高 63.44 亿欧元（约 84.3 亿美元）（见图 6 – 2）。

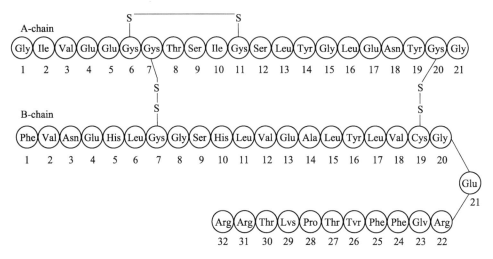

图 6-1　甘精胰岛素结构式

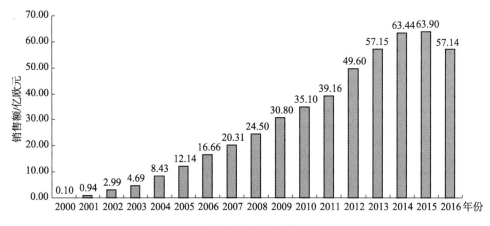

图 6-2　来得时全球年度销售情况

注：数据来源于赛诺菲年报。

　　在来得时全球市场分布上，美国市场是举足轻重的，上市以来，在美国的销售量始终居于首位，占据全球一半以上的市场。除美国之外，欧洲是来得时的第二大市场，中国和日本也是来得时的主要市场，2015 年中国成为来得时全球销售额第二位的国家，销售额已经达到全球销售额的 17.8%，仅次于美国。到 2016 年，随着甘精胰岛素仿制药在欧洲上市以及赛诺菲推出来得时的升级产品 Toujeo，来得时在美国以及欧洲的销售额开始下降，而在亚洲市场有一定程度的增长。

6.2　原研公司的专利布局

　　生物医药领域是一个高科技、高风险、高投入以及高产出的行业，药物的研发往往需要大量人力、物力的投入，即原研药企业在药物研发的过程中承担巨大的风险。

专利的有效保护是对原研药企业非常重要的一个环节,它能够保障研发成本的回收、创造的利润最大化,因此专利布局尤为重要。

来得时最初由诺和诺德研发,发现胰岛素 A 链的 21 位突变为甘氨酸可以延长作用效果,但是由于其副作用,诺和诺德放弃了进一步研发,转让给赛诺菲。赛诺菲对其进一步改进,在胰岛素 B 链的 C 末端添加 2 个精氨酸实现了长效的效果,即获得了甘精胰岛素。

目前,赛诺菲的甘精胰岛素类似物产品共有 3 种:来得时(Lantus)、SoloSTAR 和 Toujeo。其中,来得时是最早的上市产品,SoloSTAR 为预填充甘精胰岛素的注射笔,Toujeo 为剂型改变的甘精胰岛素。赛诺菲针对这 3 款产品分别在美国 FDA 提交了上市申请,并在桔皮书中披露了相关的专利信息。

6.2.1 来得时

来得时的核心化合物甘精胰岛素由赛诺菲于 1988 年 11 月 8 日申请了 DE19883837825A1 专利,同时向美国、日本、韩国、澳大利亚以及欧洲等国家申请了专利,并分别获得了授权保护。可能由于市场以及专利制度的原因,甘精胰岛素类似物的核心化合物并未进入中国和印度。

在来得时于 2000 年 4 月 20 日首次获得美国 FDA 批准后,赛诺菲根据要求将相关专利提交美国 FDA,并在桔皮书中予以登记。其在桔皮书中登记的专利如表 6 - 1 所示。

表 6 – 1 来得时登记在桔皮书中的核心专利

公告号	专利到期时间	技术主题
US5656722A	2015 – 02 – 12	胰岛素变体通式化合物
US6100376A	2010 – 05 – 06	胰岛素变体通式化合物
US7713930B2	2023 – 12 – 13	胰岛素注射制剂
US7476652B2	2024 – 01 – 23	胰岛素注射制剂
US7918833B2	2028 – 03 – 23	胰岛素注射笔

6.2.2 SoloSTAR

赛诺菲采用新的一次性注射装置 SoloSTAR 预填充了甘精胰岛素制剂,制备了预填充式甘精胰岛素商品,并于 2007 年 4 月 27 日获得了美国 FDA 的批准,商品名称为 SoloSTAR。此外,SoloSTAR 甘精胰岛素的规格相对于来得时进行了变动,制备了 10ml 和 3ml 两种规格,但是有效成分以及辅助成分未发生改变。SoloSTAR 主要在于使用了 SoloSTAR 注射笔,对甘精胰岛素的产品以及制剂并未改变,因此,SoloSTAR 在桔皮书中登记的专利主要与 SoloSTAR 相关,桔皮书中所列专利如表 6 – 2 所示。

表 6 – 2　SoloSTAR 登记在桔皮书中的核心专利

公告号	专利到期时间	技术主题
US8992486B2	2024 – 06 – 05	胰岛素注射笔
US9233211B2	2024 – 03 – 02	胰岛素注射笔
US9011391B2	2024 – 03 – 26	胰岛素注射笔
US8556864B2	2024 – 03 – 03	胰岛素注射笔
US8679069B2	2025 – 04 – 12	胰岛素注射笔
US8603044B2	2024 – 03 – 02	胰岛素注射笔
US8512297B2	2024 – 09 – 15	胰岛素注射笔

相关专利在全球主要国家和地区均进行了申请，包括美国、欧洲、日本、韩国、中国、印度等，并且均获得了授权。在胰岛素核心化合物以及制剂未进行改进的情况下，其使用装置也成为专利布局的一个方向，而且对来得时的销售也产生了有利的推动作用。

6.2.3　Toujeo

随着来得时核心化合物专利保护的到期，赛诺菲将面临重大的专利悬崖。为了弥补专利到期后仿制药对来得时的影响，赛诺菲对甘精胰岛素的制剂进行了改进，其将原来的 100U/ml 的制剂形式制备成 300U/ml，与来得时的原制剂相比，降糖效果相当，但是具有更低的低血糖风险。新的商品名称为 Toujeo，并于 2015 年 2 月 25 日获得了美国 FDA 的批准，桔皮书中登记的专利信息如表 6 – 3 所示。

表 6 – 3　Toujeo 登记在桔皮书中的核心专利

公告号	专利到期时间	技术主题
US9345750B2	2031 – 05 – 18	包含 300U/ml 甘精胰岛素的水溶性药物制剂
US9233211B2	2024 – 03 – 02	胰岛素注射笔
US9011391B2	2024 – 03 – 26	胰岛素注射笔
US8992486B2	2024 – 06 – 05	胰岛素注射笔
US8679069B2	2025 – 04 – 12	胰岛素注射笔
US8603044B2	2024 – 03 – 02	胰岛素注射笔
US8512297B2	2024 – 09 – 15	胰岛素注射笔
US8556864B2	2024 – 03 – 03	胰岛素注射笔
US7918833B2	2028 – 03 – 23	胰岛素注射笔

赛诺菲针对 Toujeo 的新剂型产品在全球主要国家和地区进行了专利申请，该专利在美国（US9345750B2）、欧洲（EP2387989B1）、日本（JP5269945B2）、韩国（KR101486743B1）均获得了授权。但是在中国，其相应的专利申请（CN201110225117.6）在实质审查阶段被驳

回，赛诺菲提交了复审请求，但是在后续过程中又撤回复审请求。赛诺菲对该案提交了两个分案申请，分别为 CN201410220537.9 和 CN201410818149.0，目前均处于实质审查阶段，也尚未获得保护。而在印度的专利申请目前处于在审状态，同样未进入授权阶段（IN1692/CHE/2011）。

6.2.4　外围专利

除桔皮书中所列与 FDA 批准的上市药物相关的核心专利之外，赛诺菲也对甘精胰岛素进行了不断研发改进，对外围专利也进行了申请和布局。表 6-4 显示了赛诺菲针对来得时的专利布局情况。

表 6-4　来得时相关专利分布

公开号	申请时间	类型	技术主题
DE4405179	1994	制备方法	分离正确折叠的胰岛素
DE19735711	1997	制备方法	从胰岛素前提中分离获得正确键合二硫键的胰岛素
DE10114178	2001	药物制剂	甘精胰岛素、表面活性剂以及任选的保护剂、等渗剂、缓冲液、赋型剂的无锌或低锌制剂
WO03105888	2003	药物制剂	甘精胰岛素、聚山梨酯-20、氯化钠、甘油、间甲苯酚以及水，pH 为 3.5~6.8
DE102004015965	2004	制备方法	生产正确形成二硫键的胰岛素
DE102006031955	2006	制备方法	制备胰岛素类似物的方法，包括在胰岛素的 C 端加入保护的氨基酸制备后，采用胰酶处理
DE102006031962	2006	化合物	酰胺化的甘精胰岛素
WO2007031187	2006	制备方法	使用猪 Sem 72Aia 胰酶变体制备胰岛素
DE102008003566	2008	化合物	A8 突变为 His 的甘精胰岛素
DE102008003568	2008	化合物	在 A0、A8、A5、A15、A18、B0、B3、B4 进行不同组合突变的甘精胰岛素
DE102008051834	2008	组合用药	GLP-1 激动剂和甘精胰岛素
US2011118178	2009	组合用药	修饰的 exendin-4、甘精胰岛素以及二甲双胍
WO2010043566	2009	组合用药	GLP-1 激动剂和甘精胰岛素
WO2009087081	2009	化合物	胰岛素类似物，Arg（A0），His（A8），Glu（A5），Asp（A18），Gly（A21），Arg（B31），Arg（B32）
WO2009087082	2009	化合物	胰岛素类似物 Arg（A0），His（A8），Gly（A21），Arg（B31），Arg（B32）/His（A8），Gly（A21），Arg（B31），Arg（B32）
JP2011105610	2009	组合用药	修饰的 exendin-4、甘精胰岛素以及二甲双胍
KR20110052990	2009	组合用药	修饰的 exendin-4、甘精胰岛素以及二甲双胍

公开号	申请时间	类型	技术主题
EP2389945	2010	组合用药	修饰的 exendin－4 和甘精胰岛素的药物组合物，其中 exendin－4 的含量为 20～120μg/ml，甘精胰岛素的含量为 40～200U/ml
WO2011012719	2010	药物制剂	包含固定含量的胰岛素的制剂，其足以将所述化合物在血浆中的有效水平维持至少 3 天
WO2011003820	2010	药物制剂	制备水溶性甘精胰岛素药物制剂的方法，包括采用合适的溶剂混合物溶解固体胰岛素
WO2011003822	2010	药物制剂	甘精胰岛素以及甲硫氨酸的水溶性药物制剂
WO2012065996	2011	药物制剂	甘精胰岛素和麦芽糖－β－环糊精的药物制剂
WO2012066086	2011	药物制剂	甘精胰岛素和磺丁基醚 7－β－环糊精的药物制剂
WO2011144674	2011	药物制剂	甘精胰岛素和 SBE4－CyD 的药物制剂
WO2011128374	2011	化合物	甘精胰岛素与 siRNA 嵌合偶联
EP2329848	2011	组合用药	修饰的 exendin－4、甘精胰岛素以及二甲双胍
WO2011058083	2011	组合用药	GLP－1 激动剂、甘精胰岛素以及甲硫氨酸的液体组合物
WO2013079691	2012	治疗方法	使用临床安全和有效的甘精胰岛素剂量治疗早期Ⅱ型糖尿病
WO2013060850	2012	组合用药	用于治疗口服降血糖药物不能有效治疗的Ⅱ型糖尿病的药物组合物，比如修饰的 exendin－4、甘精胰岛素、二甲双胍
WO2012156299	2012	组合用药	用于Ⅱ型糖尿病控制血糖的药物组合物，包括修饰的 exendin－4、甘精胰岛素、二甲双胍
WO2013144273	2013	治疗方法	降低空葡萄糖受损或糖耐受受损的Ⅱ型糖尿病进展的方法，包括使用有效量的长效胰岛素，比如甘精胰岛素
US2014371141	2014	组合用药	包含固定剂量的利西拉来和甘精胰岛素的药物复方制剂，其中甘精胰岛素和利西拉来的比例为 1.6U～2.4U 甘精胰岛素/1μg 利西拉来
WO2014161835	2014	化合物	对 A0、B28、B29、B30 进行突变的甘精胰岛素
WO2014161837	2014	药物制剂	200～1000U/ml 甘精胰岛素的水溶性药物制剂

由表 6－4 可以看出，赛诺菲对甘精胰岛素的专利布局涵盖了核心化合物的改进、制备方法、制剂的优化以及组合用药。此外，赛诺菲对胰岛素的注射装置尤其是更加

方便使用的注射笔也进行了研发,但是由于在胰岛素的使用装置并不局限于甘精胰岛素,对多种胰岛素都是通用的,并非单独针对甘精胰岛素的改进以及布局,在此并不作阐述。

赛诺菲对核心化合物的改进集中于在甘精胰岛素的基础上进一步突变以及进行化学修饰,如将 A8 突变为 His、A15 突变为 Glu、对甘精胰岛素进行酰胺化、与小分子 siRNA 偶联等。对于制备方法,赛诺菲申请并不多,主要涉及分离正确折叠的胰岛素分子,即生产下游的分离过程,而对于上游的发酵合成等无相关专利申请。制剂优化包括不同医药辅助试剂的选择,如添加甲硫氨酸、取代的环糊精、成分的含量等。在组合用药上也开发了与其他降糖药物的组合,如 exendin - 4、二甲双胍等组合使用。近期,赛诺菲开发的甘精胰岛素和利西拉来联用的固定剂量复方制剂(LixiLan)已经进入临床阶段,并且在 LixiLan - O 和 LixiLan - L 两个后期阶段的临床试验中都达到了预设的终点。

6.3　竞争对手的专利构成

随着来得时的核心化合物甘精胰岛素专利保护的到期,全球仿制药也逐渐推向市场。来得时的主要竞争产品以及相关审批信息如表 6 - 5 所示。

表 6 - 5　来得时主要竞争产品

商品名称	生产商/国家	批准时间	批准国家和地区
Basalog	Biocon/印度	2009 年	印度
		2016 年 3 月	日本
Basaglar	Eli Lilly/美国 Boehringer Ingelheim/德国	2014 年 9 月	欧洲
		2015 年 12 月	美国
		2015 年 1 月	日本
		2015 年 5 月	澳大利亚
Glaritus	Wockhardt/印度	2009 年 3 月	印度
长秀霖	甘李药业/中国	2005 年	中国

此外,美国医药巨头默克的甘精胰岛素类似物(MK - 1293)的Ⅲ期临床试验已经满足主要终点(primary endpoint)。美国医药巨头 Mylan 也开始了甘精胰岛素类似物临床试验计划。中国也有多家企业申请了甘精胰岛素新药品种的报批,部分已经完成审批,包括通化东宝、珠海联邦制药有限公司、江苏万邦生化医药股份有限公司、宜昌长江药业有限公司以及浙江海正药业股份有限公司。随着仿制药的逐渐上市,甘精胰岛素的市场竞争将会更加激烈,来得时的销售也将受到严重挑战。

来得时在全球胰岛素市场上独占鳌头,各大胰岛素生产商都进行了针对性的研发和专利布局。主要的相关企业以及专利分布如表 6 - 6 所示。

表6-6 主要仿制企业针对甘精胰岛素的专利申请

申请人	公开号	技术主题
诺和诺德	WO2009063072A2	包含甘精胰岛素或酰胺化的甘精胰岛素，ex-endin-4和Zn的注射用可溶性药物组合物，其中Zn的含量至少5个或至少6个Zn离子/6个胰岛素分子
	WO2009021955A1	新的胰岛素类似物和甘精胰岛素组合物联合
	WO2009021956A2	新的胰岛素类似物和甘精胰岛素组合物联合
默克	WO2015138548A1	从水溶性混合中分子正确折叠胰岛素的方法
	WO2015084694A2	制备胰岛素结晶的方法
	WO2015051052A2	胰岛素缀合物
	WO2014099577A1	采用色谱分离酸稳定胰岛素类似物的方法
Biocon	WO2014108856A1	采用毕赤酵母体系表达甘精胰岛素
	WO2013144685A1	采用毕赤酵母表达全折叠功能甘精胰岛素的方法
	WO2011021210A1	甘精胰岛素的分离纯化方法
	WO2011018745A1	甘精胰岛素的分离纯化方法
	WO2009113099A2	新的发酵培养基
	WO2009104199A1	甘精胰岛素的制备方法
Wockhardt	WO2015044922A1	可解离的分子聚集体的药物制剂
	WO2014102623A1	不含多元醇的药物制剂
	WO2014096985A2	包含尿素、氨基酸等的稳定水溶性制剂
	WO2011121496A1	包含植物油的经皮或黏膜的制剂
	IMMUM200801056A	包含40IU的胰岛素药物组合物
Boehringer	WO2012062698A1	药物组合物，包括SGLT2抑制剂、甘精胰岛素
	WO2011161161A1	DPP-4抑制剂（利拉鲁肽）和甘精胰岛素的组合
甘李药业	CN102219851B	重组甘精胰岛素的结晶制备方法
	CN102199206B	新的胰岛素类似物（A21G、B28K、B29P突变的人胰岛素）和甘精胰岛素的组合物

申请人	公开号	技术主题
通化东宝	CN104688677A	稳定的甘精胰岛素注射液
	CN104688678A	甘精胰岛素注射液的制备方法
	CN105585628A	甘精胰岛素注射液的制备方法
珠海联邦制药有限公司	CN103694339A	甘精胰岛素前体的复性方法
江苏万邦生化医药股份有限公司	CN105796508A	甘精胰岛素缓释微球
宜昌东阳光长江药业股份有限公司	CN103709244A	胰岛素结晶的纯化方法
宜昌长江药业有限公司	CN103833828A	甘精胰岛素前体蛋白的提取方法

由表 6-6 可以看出,各大制药企业对来得时的外围专利均进行了不同程度的布局,包括发酵生产方法、药物制剂以及组合药物的研发,而对核心化合物的进一步改进并未涉及,比如进一步突变以及化学修饰等。主要申请人在甘精胰岛素的核心化合物专利到期之后,也基本上对甘精胰岛素进行了仿制,部分产品已经申请上市。

6.4 专利诉讼和挑战

由于美国、欧洲、中国、日本是来得时的主要销售地区,此外,印度也是仿制甘精胰岛素较为积极并且也是重要的潜在糖尿病市场。因此,本节以来得时及其相关产品在上述地区的专利保护加以分析。

6.4.1 美国的专利诉讼

美国是来得时全球最大的市场,相应地,赛诺菲在美国的专利布局也最为完善。所有核心专利以及主要外围专利都进入了美国,并且包括核心化合物以及改进制剂的核心专利也均获得了保护。对于核心化合物,赛诺菲还利用美国的专利保护期延长制度将甘精胰岛素的保护期延长至 2015 年 2 月。

来得时于 2000 年经 FDA 批准在美国上市,上市的药物为水溶性注射制剂。其升级产品 Toujeo 是与来得时含量不同的新制剂。来得时 SoloSTAR 和 Toujeo 制剂的活性成分和辅助成分相同,只是在用量成分上存在差异,上市产品与专利保护范围的比较如表 6-7 所示。

表 6 - 7 来得时 SoLoSTAR 和 Toujeo 成分比较

产品和专利	甘精胰岛素（U/mg）	锌（mcg）	间甲苯酚（mg）	85% 甘油（mg）	pH（盐酸和氢氧化钠调节）
来得时（1.0ml）	100/3.6378	30	2.7	20	4
SoLoSTAR（3.0ml）	300/10.91	30	2.7	20	4
Toujeo（1.0ml）	300/10.91	90	2.7	20	4
US5656722A	甘精胰岛素	—	—	—	—
US6100376A	甘精胰岛素	—	—	—	—
US7713930B2	甘精胰岛素、至少一种选自多元醇的酯或醚	—	保护剂（优选间甲苯酚）	—	1 ~ 6.8
US7476652B2	药物制剂，包含甘精胰岛素、聚山梨酯 - 20 或聚山梨酯 - 80	—	保护剂（间甲苯酚）	—	1 ~ 6.8
US9345750B2	300U/ml 甘精胰岛素、聚山梨酯 - 20	未限定含量	间甲苯酚	未限定含量	—

由上可以看出，所有的上市产品中均包含了活性成分甘精胰岛素，因此受到了核心化合物相关专利的有效保护。但是，制剂相关的专利则不同，桔皮书中所列授权的专利中均包含了上市产品中没有的成分，如 US7713930B2 中限定了含有多元醇的酯或醚，US7476652B2 限定了含有聚山梨酯 - 20 或聚山梨酯 - 80，US9345750B2 则限定了含有聚山梨酯 - 20。

自来得时在美国上市直至专利保护即将到期，赛诺菲并未受到针对甘精胰岛素的专利挑战以及专利诉讼。在核心化合物即将到期之前，美国礼来和勃林格殷格翰通过 505（b）（2）途径（即美国化学药新药申请途径之一）向美国 FDA 提交了甘精胰岛素生物类似药物的新药申请（NDA），并根据专利挑战第 IV 段声明赛诺菲的来得时、So-loSTAR 中所列的 8 项专利中的 6 项无效、不可执行或者不会被该新药申请的新药制造、销售和使用行为侵权。随后，赛诺菲向礼来发起了诉讼，起诉礼来的仿制药物侵犯了来得时桔皮书中登记的 2 项装置和 2 项制剂的专利，2014 年 5 月赛诺菲又新增了第 3 个装置专利。该起诉导致礼来的上市申请停滞。

2014 年 5 月，礼来重新提交了 NDA 申请，并声明桔皮书中的 3 项专利（US7918833、US747652 和 US7713930）无效、不可执行或者不会被其新药申请的新药制造、销售和使用行为侵权。2014 年 7 月，赛诺菲再次起诉礼来侵犯了其桔皮书中登记的 7 项专利权（5 项装置专利权以及 2 项制剂专利权）。该起诉导致礼来的新药申请最早在法院判决之后或者 2016 年 11 月 27 日审批。2015 年 5 月礼来撤销了第二个 NDA 申请，第二个专利侵权诉讼随之撤销。

2015 年 9 月，赛诺菲就某些与 SoloSTAR 相关的专利与礼来达成了和解协议。该协议解决了礼来新药申请的专利纠纷。赛诺菲和礼来同意撤销在美国关于 SoloSTAR 的专利纠纷诉讼，并且在全球不再进行类似的纠纷，礼来在 2016 年 12 月 15 日之前不在美国销售甘精胰岛素。该和解协议并未延及来得时的瓶装产品、Toujeo 或者其组合产品。

2015 年 12 月，FDA 批准了礼来的上市申请，商品名称为 Basaglar，同样是预填充胰岛素注射笔，使用的是 KwikPen 注射笔。但是根据双方在美国达成的协议，Basaglar 在 2016 年 12 月 15 日之前不能在美国上市。

可以看出，赛诺菲通过对来得时的保护，在保护期到期之前在美国未受到任何专利挑战，直到核心化合物到期之后，第一个仿制药才成功上市。此外，由于赛诺菲发起专利侵权起诉，成功地将礼来的仿制药上市推迟到了 2016 年 12 月，使其在美国市场上获得了专利期外近 2 年的市场独占期。

6.4.2　欧洲和日本的专利诉讼

欧洲是来得时的第二大市场，其中，法国和德国的市场一直居于前列；日本 2011 年也成为来得时的第三大市场。与美国相似，其核心化合物以及主要制剂相关专利在欧洲和日本获得了保护，并且也未受到任何专利挑战。在保护期到期之前并无任何仿制药进入欧洲市场和日本市场。

2014 年，礼来向 EMA 提交甘精胰岛素生物类似药上市申请。2014 年 8 月，赛诺菲在法国向礼来发起专利诉讼，起诉礼来侵犯其甘精胰岛素、制备方法以及装置的专利。同年 9 月，赛诺菲基于甘精胰岛素的化合物权利要求申请了对礼来的临时禁令。法院于 2014 年 12 月接受该申请并记录了礼来做出的在甘精胰岛素化合物欧洲专利到期之前不做出任何侵权行为（包括进口或出口甘精胰岛素）的承诺。法院于 2015 年 6 月听证了基于化合物和制备方法的专利诉讼，基于装置的起诉还等待进一步审理。2015 年 6 月，赛诺菲在法国单方面撤销对礼来关于化合物和制备方法的诉讼。

2014 年 12 月，赛诺菲基于在日本的装置权利要求，在日本提交了对礼来的临时禁令申请，但随后赛诺菲撤销了该申请。2015 年 1 月，礼来向日本特许厅提交了赛诺菲装置专利无效的申请。

此后，根据赛诺菲和礼来于 2015 年 9 月在美国达成的协议，双方在法国以及日本所有针对 SoloSTAR 的专利诉讼终止。

在甘精胰岛素的核心化合物到期之后，EMA 批准了礼来和勃林格殷格翰的产品上市，使 Basalar 在欧洲上市成为来得时主要竞争产品，而日本也先后批准了礼来的 Insulin Glargine BS（2014 年 12 月）、Insulin Glargine BS Injection Kit "FFP"（2016 年 3 月）。印度 Biocon 的 Basalog 也在日本通过审批。

6.4.3　中国和印度的专利诉讼

由于核心化合物未在中国和印度进行专利申请，而与 Toujeo 制剂相关的专利申请目前也未在中国和印度获得保护。因此，相比于欧洲和日本，甘精胰岛素生物类似物药物在中国和印度上市较早。在中国，甘李药业于 2005 年底就在中国国内上市了甘精胰岛素类似物——长秀霖。印度 2009 年批准了 Biocon 的甘精胰岛素类似物 Basalog 以及 Wockhardt 的 Glaritus。

由此可知，来得时在中国和印度并未获得有效保护。随着仿制药在欧洲以及日本的逐渐上市，中国市场对来得时的重要性也逐渐提高，甚至 2015 年中国成为来得时全球第二大市场。目前在中国上市的甘精胰岛素药物，除来得时外，仅有甘李药业一家，对来得时的市场虽然有一定影响，但是其与来得时的差距仍然较大，长秀霖在 2015 年中国的销售额为 11.39 亿元人民币，仅为来得时的 13% 左右（来得时 2015 年中国销售额为 11.37 亿欧元）。在印度，受到专利保护的限制，印度较早对来得时进行了仿制。另外，由于价格较低，印度 Biocon 公司通过毕赤酵母重组表达了甘精胰岛素，生产了世界上最便宜的甘精胰岛素产品；使印度并未成为来得时的主要市场。根据 IMF 的报告，印度及其周边国家的糖尿病人口也在逐渐增加，而且高于欧洲，印度也将逐渐成为糖尿病药物的主要争夺市场。

由于赛诺菲前期在中国和印度专利布局不足，来得时在中国和印度受专利保护的力度相对于美国、欧洲以及日本等均有一定差距。随着来得时亚洲市场所占份额逐渐增加，在中国和印度的研发以及专利布局对赛诺菲也将变得更加重要。

综上可以看出，赛诺菲通过合理的专利布局使来得时在美国、欧洲以及日本等主要市场得到了有效的保护，维持了其长效胰岛素的长期垄断地位。在中国以及印度等亚洲新兴市场，虽然前期专利布局并不完善，尤其是核心化合物专利保护的丧失，导致其市场可能受到一定影响。但是赛诺菲在后续外围专利布局中进行了一定的弥补。整体来说，赛诺菲对来得时的专利保护是积极有效的，从其在全球销售以及专利挑战和专利诉讼中可以看出。

6.5　"高端制剂"的专利升级启示

来得时在糖尿病市场上一枝独秀，其全球销售额远远高于其他胰岛素药物。这与甘精胰岛素的优异治疗效果相关，但同样与专利的有力保护密不可分。通过对核心化合物在主要市场的布局，保障了其对市场的垄断地位，延缓了竞争对手的进入。同时外围专利的合理布局也对竞争对手的进入设置了较高的专利屏障。但是，面对竞争日益激烈的市场，在其核心化合物专利保护到期之后，来得时也面临着更加严峻的考验。通过对来得时的分析，也期望给国内企业提供一些启示或建议。

（1）重视专利，范围合理。

专利是为药物保驾护航的重要保障，可以有效避免竞争对手的仿制，提高药物的市场垄断地位。来得时的霸主地位固然是由于药物本身的性质决定的，但是专利的有效保护功不可没。

赛诺菲对来得时从核心化合物到制备方法、药物制剂以及组合用药等方面不断进行研发和保护，使其他主要竞争对手在专利保护期内不能进行仿制生产，保障了来得时在长效胰岛素市场上的占有率。即便在核心化合物的专利保护到期之后，赛诺菲依然借助对甘精胰岛素的专利布局，有效地推迟了竞争对手产品上市的时间，变相地延长了市场独占的时间。

在具备核心化合物的基础上，形成稳定有效的保护范围是专利申请的重中之重。甘精胰岛素从其申请到保护到期，并未受到任何专利有效性的挑战，也未受到任何专利侵权纠纷，足见其创新程度以及保护范围的合理性。这也是来得时能够在全球市场上独领风骚的重要基础。

国内企业要快速发展并走向国际市场，除研发创新以期获得核心化合物之外，更要注重专利的保护，尤其是专利保护范围的恰当，合理到位，减少专利无效挑战以及专利侵权纠纷，通过核心专利到外围专利的布局建立市场进入屏障，最大化地保障企业利益。

（2）仿创结合，多点开花。

虽然对核心化合物的改进（如对胰岛素序列结构的改进）可以获得最大的保护范围以及对市场的占有，但是无论是跨国公司还是国内企业，在后续的改进过程中均面临困境。如赛诺菲公司，在研发出甘精胰岛素后的 20 多年来，仍然没有推出更优的胰岛素类似物，其升级替代产品 Toujeo 只是对药物剂型的改善，而非根本上的结构改变。赛诺菲也申请了胰岛素的改进产品，如 A8 的 His 替换、酰胺化的甘精胰岛素等，但是在甘精胰岛素的保护到期后，这些产品并未进行后续的上市申请和临床试验。

作为胰岛素领域的巨头，诺和诺德以及礼来在其原有药物的基础上并没有更进一步的改善。虽然诺和诺德推出了新的超长效胰岛素德谷胰岛素（商品名称为 Tresiba），但是由于安全问题在 FDA 的审批中一直被延迟，并且自 2013 年上市以来，其销量也未取得预期效果，远低于诺和诺德的其他主要胰岛素产品。

此外，国内外各大企业以及科研机构也不断申请了胰岛素类似物的改进产品专利，但是目前市场上仍然没有出现可以和来得时争锋的替代品。在长效胰岛素方面，除了诺和诺德的地特胰岛素外，各大企业也都是在来得时专利到期之后争相仿制，并未推出自己的产品。

在研发核心化合物的同时，各大企业均着手外围产品的研发，尤其是制剂和组合用药。如赛诺菲新推出的 Toujeo 为甘精胰岛素的新剂型，已经进入临床阶段的 Lixilan 为甘精胰岛素和利西拉来联用的固定剂量复方制剂，诺和诺德的 Xultophy 由德谷胰岛素和利拉鲁肽组成以及地特胰岛素和利拉鲁肽复合制剂等。

因此，在新药研发面临困境以及工艺技术相对落后的情况下，国内企业可以积极开展仿制药的生产，并且积极探索外围技术，如制剂、组合用药等，相对于核心化合物的研发，更容易在仿制过程中进行不断创新和工艺改善等。即使具备专利的核心化合物未到保护期时，外围专利的研发可以为进入市场提供筹码，为更早地进入市场获得先机。此外，制药工艺，涉及大量技术秘密，直接关系到产品的上市质量，因此，在专利布局之外，需要通过仿制创新，发现技术秘密，为仿制产品的市场拓展提供保障。

（3）居安思危，提前布局。

虽然产品需要专利的保驾护航，但是专利毕竟是有时间期限的。即使美国、欧洲以及日本等国家和地区有专利保护的延长制度，但其延长的时间也不是无限的。在专利产品的保护期到期之前，需要提前制定好应对策略。赛诺菲在来得时的专利保护到期之时，推出了其升级产品 Toujeo，虽然活性成分相同，但是通过剂型的改变提高了治疗效果尤其是改善血糖的控制。而仿制药的剂型与来得时相同，赛诺菲对 Toujeo 的剂型进行了专利保护，即 Toujeo 对仿制药有一定的治疗优势，可以从一定程度上弥补因专利到期导致的销量减少。但是由于定价、改进不足、患者的选择等问题，Toujeo 的市场前景并不乐观，根据市场评估，Toujeo 并不能弥补来得时的销售损失。

虽然 2016 年来得时及其升级产品 Toujeo 仍然保持了极高的销售额，并处于全球的领先地位，但是相对于 2015 年已经有一定幅度下调。可以预期当礼来、默克、百奥康等企业的甘精胰岛素类似物充分上市之后，来得时的销量会受到进一步冲击。

在专利到期之前，要充分考虑专利到期带来的风险，以及是否有替代产品等，尤其是过度依赖单一产品的企业，一旦核心产品受到挑战，对企业的发展将是致命的打击。因此，在研发的过程中要有持续不断的创新，或者通过合理的外围技术布局限制后续类似产品的入市或者保持产品的竞争力。

（4）夯实工艺，坚实基础。

虽然来得时的核心化合物专利并未进入中国，其在中国并未对甘精胰岛素进行有效保护。但是，在中国并未形成仿制药集中爆发的情况，国内的各大制药企业也未对来得时形成市场竞争，截至 2015 年，国内仍然只有甘李药业一家企业生产甘精胰岛素，其销售额也远远低于来得时。

国内研究表明，甘精药业的长秀霖与来得时在治疗的安全性和有效性上相似，但是国内仍然对其质量存在疑虑。虽然凭借价格优势在国内市场占据了一席之地，但其销售主要集中于二三线城市。此外，通化东宝、珠海联邦制药股份有限公司、江苏万邦生化医药股份有限公司等均开展了甘精胰岛素新药的报批，但是产品质量仍不能跟进的情况下，在各大跨国企业仿制药开展的同时，其市场竞争力仍然堪忧。

在药物研发的同时，对已有药物的生产工艺改进也是势在必行，这不仅为新药的生产提供必要的技术保障，同时也是在仿制生产中能够突出重围的重要基础。例如印度同样是以仿制药为基础，但印度具备低成本制造、技术雄厚、掌握药品生产国际标准的合格技术人员等优势，印度的仿制药发展比较迅速。目前印度境内拥有 FDA 认证的药厂共有 119 家，可向美国出口约 900 种获得 FDA 批准的药物和制药原料。可见国内企业的发展任重而道远。

（5）做好分析，关注对手。

来得时的特殊疗效实现了 24 小时内仅需 1 次给药，深得糖尿病患者的欢迎。但是由于美国、欧洲以及日本等主要市场国家的专利保护制度，主要跨国企业诺和诺德和礼来不能对甘精胰岛素进行仿制，其都在积极研发来得时的替代物。如诺和诺德推出了长效基础胰岛素 Tresiba，并于 2015 年获得 FDA 批准，2016 年上半年的销售额也达到了约 2.2 亿美元，而 Toujeo 同期销量也仅有约 2.7 亿美元。礼来推出了长效基础胰岛素 peglispro（BIL），但是由于安全性问题还需要进一步等待审批。由此可以看出，各大企业仍然在不断推进新的长效胰岛素以期取代甘精胰岛素。

此外，由于价格等因素，胰岛素销售仍然主要集中于较为发达的国家。与治疗癌症等药物不同，目前市场上的主要胰岛素及其类似物的专利均已过期或者即将到期，而胰岛素的递送装置相关专利也在逐渐增长。如赛诺菲的 SoloSTAR 具备低注射压力，最大 80U 的注射量，易于使用等优点，从一定程度上推动了来得时的销售。根据对用户体现的调查，SoloSTAR 比礼来的一次性注射笔以及传统的 PenX 更加容易操作，与诺和诺德的 FlexPen 注射笔相当，但是 SoloSTAR 更受欢迎。同样，与国产的长秀霖胰岛素注射笔相比，SoloSTAR 在患者的满意度等方面也均具有较大优势。因此，与胰岛素相关的外围产业也将成为胰岛素发展的重要方向。

由于产品的多样化选择，在自身产品得到保护的同时，也同样需要关注对手的产品以及相关技术的发展。在对手开发药物的同时，也要积极升级改进自主产品，持续维持市场竞争力。

（6）立足本身，开拓进取。

在胰岛素药物市场，诺和诺德、礼来和赛诺菲三大跨国公司分享了全球主要胰岛素市场，一度达到全球市场的 90% 以上。虽然赛诺菲的来得时一枝独秀，在胰岛素领域是当之无愧的单兵之王，但是在销售总量上，诺和诺德居首位，赛诺菲居次席。在三大公司中，2015 年诺和诺德占据约 44% 的胰岛素市场份额，赛诺菲占据约 37% 的份额，礼来则占据约 19% 的份额。除重组人胰岛素，以及 2015 年后礼来仿制来得时的甘精胰岛素 Basaglar 外，三大公司的销售产品并不相同，如礼来以赖脯胰岛素为主，诺和诺德则以德谷胰岛素、门冬胰岛素、地特胰岛素为主，赛诺菲以甘精胰岛素、赖谷胰岛素以及吸入型的 Afrezza 为主。

具备自己的核心产品是企业发展壮大的必经之路，能够展现企业的综合实力和减少非必要的侵权纠纷，形成良好的企业信誉。因此，即使仿制药物能够为企业带来足够的利润，但是从企业的长期发展来看，拥有自己的核心产品势在必行，这也为国内企业的发展提供了重要的发展方向。

总而言之，来得时是企业发展的典范，它具备极高的创新价值，在 20 多年的时间里，没有任何一个类似产品超越甚至与之相似，其销售额一直遥遥领先，牢牢地霸占头把交椅；它也是专利制度最完美的阐释，合理稳定的保护范围，使其在专利保护期间未受到任何专利挑战以及专利侵权纠纷，在专利到期之后，其保护也走到了尽头，仿制产品纷纷上市，使其走向公共领域，造福于全球。

第7章 针对"药王"全线布局的多方专利挑战

【编者按】阿达木单抗作为首个上市的全人源单抗,近6年居全球药品销售额榜首,离不开原研公司精密且宏大的专利布局保护。瞩目的销售业绩也吸引了众多竞争对手和仿制药企业的注意,多方专利挑战迫使原研公司发起"专利舞蹈"反击,尽管做出多方努力,依然难挡大量仿制药瓜分市场。

7.1 修美乐药品基本情况

修美乐(阿达木单抗,Humira®)的研发初始,得益于1991年剑桥抗体技术公司(Cambridge Antibody Technology,CAT)所发明的噬菌体展示技术,使得研究者可以在体外筛选到结合特定抗原的抗体,并在保证生物活性的同时减少免疫原性。在1993年12月,剑桥抗体技术公司与巴斯夫制药公司(BASF)旗下的基诺制药(Knoll)签订合作协议,使用噬菌体展示技术进行新药的联合研发。首先,剑桥抗体技术公司以TNF-α为抗原,使用该公司特有的噬菌体展示技术在体外筛选得到了全人抗体D2E7。在随后的研究中,巴斯夫基诺制药(BASF Knoll)进一步对全人抗体D2E7进行了完善,并完成了前期的生产工艺开发和临床申报。1998年11月,巴斯夫发布关于全人抗体D2E7在Ⅰ期临床治疗140例类风湿患者的积极效果。在1999~2000年不到两年的时间里,BASF基诺制药完成了全人抗体D2E7在随机双盲安慰剂对照的283例类风湿患者的Ⅱ期临床试验,取得了积极效果,并开展了关键的Ⅲ期临床试验。

2001年3月,美国雅培以69亿美元的价格全面收购巴斯夫基诺制药公司,通过此次收购,雅培获得了所有巴斯夫制药公司全球的分公司、上市以及后期研发的产品及其相关专利的所有权。由于雅培充足资金的注入,快速推动了全人抗体D2E7的开发进程和其工业化进程。2007年4月,雅培宣布将同时向FDA提交药物上市申请(BLA)和向EMA提交MAA申请,请求批准全人抗体D2E7用于治疗类风湿关节炎的用途。其所提供的临床数据来源于北美洲、欧洲、澳洲三地超过2300例类风湿患者的23个临床试验,其Ⅲ期临床数据结果显示,全人抗体D2E7在单独给药或与MTX联合用药的情况下,对改善类风湿性关节炎具有数据学的显著性。由于对该药物开发的投入、决心和重视程度,以及对于未来市场占有的把握和信心。同年9月,雅培宣布计划提交幼年特发性关节炎和克罗恩病的临床申请;12月,FDA批准阿达木单抗(D2E7)用于治疗类风湿性关节炎在美国上市。2003年9月,EMA也批准了阿达木单抗用于治疗类风湿性关节炎在欧盟上市。从此,修美乐开启了征战市场的脚步,一发不可收拾。

在 2005～2008 年，FDA 分别批准了阿达木单抗在治疗强制性脊柱炎、银屑病关节炎、中度至重度克罗恩病、中度至重度多关节型幼年特发性关节炎方面的用途。2012年，FDA 批准阿达木单抗用于治疗中度至重度溃疡性结肠炎的用途。2013 年 1 月 2 日，雅培因发展需要将公司一分为二，由艾伯维（AbbVie）公司负责阿达木单抗后期的开发和生产。2014 年 9 月，FDA 批准阿达木单抗用于治疗儿科克罗恩病，自此，修美乐在美国获得了 8 个适应症的批准。

修美乐不仅重视美国和欧洲市场，其在 2008 年向亚洲市场进军，2008 年 6 月，雅培授权日本卫材公司（Eisai）生产阿达木单抗，并在日本获得治疗类风湿性关节炎的批准，正式登陆日本市场。在 2011 年 11 月，CFDA 批准了阿达木单抗用于治疗类风湿性关节炎，登陆中国市场。在 2013 年，欧盟批准了阿达木单抗治疗中轴性脊柱关节炎，日本批准了阿达木单抗用于治疗肠型白塞病。修美乐在其上市的 10 年间，几乎踏进了全球市场的每一个角落，并且获得了多种疾病治疗的批准，为其能够获得高额的市场回报打下了坚实的基础。

目前，艾伯维对修美乐的临床研究包括超过 100 个临床试验，在全球市场超过 20 个国家进行销售。它最早于 2002 年 12 月在美国上市，目前共获得 8 个适应症批准，包括中度至重度类风湿关节炎、中度至重度慢性斑块型银屑病、中度至重度克罗恩病、中度至重度溃疡性结肠炎、强直性脊柱炎、银屑病关节炎、中度至重度多关节型幼年特发性关节炎和儿科克罗恩病。其一上市即展现出了令人惊叹的市场表现，在近几年，其始终屹立于全球药品销售额榜首，成为艾伯维名副其实的摇钱树（见表 7-1）。

表 7-1　2011～2016 年修美乐全球销售情况

年份	2011	2012	2013	2014	2015	2016	2017	2018
全球销售额/亿美元	82.15	92.65	106.59	125.43	140.12	160.18	184.27	199.36

2015 年全球销售榜前 5 位的单克隆抗体药物在国内的市场规模如表 7-2 所示，其中，英夫利昔单抗与阿达木单抗同属针对 TNF-α 的靶向性抗体药物，针对的适应症也基本相同，但除阿达木单抗的年销售增长率超过 100%，达到 137.80% 外，其余 4 种单抗药物增长率均不高，甚至出现负增长。可见，国内患者对于阿达木单抗的接受程度越来越高，其未来的市场空间仍值得期待。相信随着中国单抗药物研发技术的日趋成熟，国产阿达木单抗问世将不再遥远。基于原研药物建立的市场信赖，以及仿制药企业拥有的强大完善的销售渠道，国产阿达木单抗的销售业绩也将不可低估。

表 7-2　2014～2015 年修美乐中国销售情况

序号	药品	公司	2015 年国内规模/亿元	2014 年国内规模/亿元	增长率/%
1	阿达木单抗（Humira）	Abbvie	1.79	0.75	137.80
2	英夫利昔单抗（Remicade）	强生/默沙东	3.08	3.15	-2.30

排名	药品	公司	2015 年国内规模/亿元	2014 年国内规模/亿元	增长率/%
3	利妥昔单抗 （MabThera/Rituxa）	罗氏	15. 90	17. 74	− 10. 30
4	贝伐珠单抗 （Avastin）	罗氏	3. 82	3. 66	4. 20
5	曲妥珠单抗 （Herceptin）	罗氏	16. 38	16. 99	− 3. 60

7.2 原研公司的专利布局

阿达木单抗在全球市场中的成功表现，一方面来源于其技术优势，即抗体治疗的优异效果，另一方面与其精细且宏大的专利布局保护有着密不可分的关系，提高了竞争对手进入该领域的门槛，对药物的市场控制力起到了至关重要的作用。

7.2.1 修美乐的美国专利布局

1. 专利申请分析

截至 2016 年 11 月，艾伯维在美国布局阿达木单抗相关专利或专利申请 196 件，共有 87 个专利族（具有相同 DWPI 入藏号的计为一个专利族）。从图 7 – 1 能够看出，以优先权年计，共出现了 4 次申请量高峰，分别代表着 4 个阶段涉及不同保护主题的专利族。在 1996 年，巴斯夫基诺制药公司对其筛选到的以 TNF – α 为抗原的全人抗体 D2E7 进行了保护，构成了对阿达木单抗核心专利（US6090382A）的控制，以此专利和优先权申请（US1996599226A）为基础，在 1999 ~ 2013 年陆续提出 16 件同族专利申请，分别涉及抗体、编码核酸、药物组合物、适应症类风湿性关节炎（RA）等多种主题，核心专利 US6090382A 的引用频次达 553 次之多，此为第一阶段专利族。

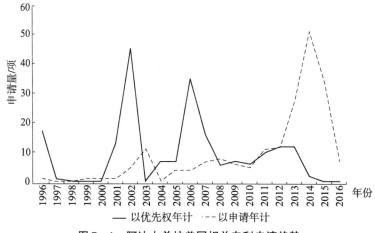

图 7 – 1 阿达木单抗美国相关专利申请趋势

另外，几个较大的专利族所包含的专利申请数量及保护主题如表 7-3 所示。除抗体核心专利进行了大规模的分案申请以外，对适应症的保护是艾伯维重点关注的对象，此为第二阶段专利族。分别以 2001 年的申请（US2001296961P、US2002163657A）、2002 年的临时申请（US2002397275P、US2002411081P、US2002417490P、US2003455777P）和 2004 年的申请（US2004561139P、US2004561710P、US2004569100P、US2005104117A）为优先权基础，提出 3 个专利族进行多种适应症的保护（以下简称"2001 专利族、2002 专利族、2004 专利族"）。2001 专利族包含专利及专利申请 11 件，其中以适应症为保护主题的申请共 6 件，分别涉及类风湿性关节炎（RA）、溃疡性结肠炎和类风湿性脊椎炎。2002 专利族共包含专利及专利申请 22 件，申请时间跨度达 13 年（2003 ~ 2015年）；涉及主题主要为具体的治疗方法和各种扩展的适应症，例如，贫血、化脓性汗腺炎、狼疮、干燥综合征、葡萄膜炎、银屑病、幼年特发性风湿性关节炎、银屑病关节炎等。2004 专利族共包含专利及专利申请 8 件，涉及适应症主题的申请 5 件，包括克罗恩病、银屑病和溃疡性结肠炎。

表 7-3 修美乐重点专利族汇总

优先权年	DWPI 入藏号	US 同族专利数量/件	保护主题
1996	1997415302	17	抗体
2001	2003201313	11	治疗方法、预装注射器
2002	2004132948	22	适应症
2004	2005786716	8	适应症、装置
2006	2008A17512	11	制剂及制备方法
2006	2008E61399	10	抗体制备方法
2007	2009K28527	6	制剂及制备方法
2011	2012P05932	5	抗体制备方法
2012	2014E17846	5	抗体制备方法

之后便是涉及药物制剂及其制备方法的第三专利族，和以抗体制备方法为保护主题的第四专利族，分别有近 20 件专利或专利申请包含其中。

在与上市药品紧密相关的专利保护主题中，即药品的核心专利首先需包含化合物（抗体）以及医药用途（适应症），这些专利最核心地解决了何种化合物治疗何种疾病的技术问题，是仿制企业或竞争对手最难以逾越或规避的部分；其次才是药物制剂组成、预装装置等，涉及这些保护主题的专利在一定程度上给竞争对手或仿制企业造成障碍，但并非不能回避；可见，上述保护主题的专利对药品市场所能够形成的控制力也是由强到弱的。从阿达木单抗的专利布局情况来看，艾伯维严谨地遵循了上述原则，在进入临床试验之前，及时保护了抗体化合物，接下来快马加鞭地将适应症作为针对阿达木单抗专利布局的重中之重，通过近 40 件专利或专利申请进行大范围的圈地。然而，也正是因为这些适应症专利或专利申请的存在，为阿达木单抗上市后不断的扩展市场进行背书。在 FDA 批准的 8 种适应症中，全部都有专利权对产品进行有力支撑；

从另一角度来看，这无疑给竞争对手和仿制企业筑起了高高的壁垒，有效防御了他人包抄或围剿的可能性，无形中逐渐延长了阿达木单抗药品的市场控制力。

若以申请年计，由图7-1可以看出，从药物研发之初至今，第一次申请量的高峰期出现在2002~2003年，此时雅培已然收购了巴斯夫基诺制药公司，重金注入推动了全人抗体D2E7的开发进程和其工业化进程，雅培很好地把握了专利申请的时间节点，在其申请药品上市的过程中，对其多种适应症和治疗方法进行专利保护，在抗体专利申请提出已有7年的情况下，有效地变相延长了药品的专利保护期限。在2005~2012年，艾伯维基于优先权同族申请提出了众多的分案申请，并有一些涉及预装注射器或注射器装置的专利申请，申请量较为平稳的维持在5~10件/年。随着抗体核心专利的保护期限日益接近，全球的仿制药企业蠢蠢欲动，瞄准了独占鳌头的阿达木单抗，艾伯维并没有坐以待毙，自2013年起骤然增大了阿达木单抗相关专利申请的申请量，至2015年顶峰时期，其单年申请专利51件，请求保护的主题也多涉及抗体、表达载体、药物制剂等制备方法，企图给仿制药企业树立更高的准入门槛，为阿达木单抗赢得更多的市场占有期和占有率。

2. 技术主题及法律状态分析

在艾伯维美国布局阿达木单抗相关的专利申请中，获得专利权的有104件（其中不包括目前尚处于IPR或诉讼阶段的授权专利），授权率超过50%；同时还有公开但并未获得专利权的70多件专利申请，以及十几件在2013~2015年递交的专利申请正在等待专利局的决定。

表7-4总结了阿达木单抗美国专利布局所涉及的技术分支及其有权专利的数量，其技术分支可分为，抗体（包含核酸、晶体等相关产品）、适应症、制备方法、制剂、治疗方法、装置和疗效评估。适应症相关专利的申请量最大，药品的制备方法次之。在授权的104件专利中，适应症和制备方法专利分别占据总数的1/4，其中，适应症相关专利权覆盖了10种疾病，并且阿达木单抗获FDA批准治疗的疾病均有3件以上的有效专利进行支撑。涉及药品制备方法的专利，可细分为表达载体的制备、细胞培养、抗体的制备、抗体的纯化以及药物制剂的制备多种类型，几乎覆盖了阿达木单抗药品生产的全流程，将该药物的核心专利包围得密不透风，不留短板。

表7-4 阿达木单抗美国专利布局的技术分支与法律状态情况

单位：件

		全部	有效
技术分支	适应症	44	26
	制备方法	40	27
	抗体相关产品	33	17
	制剂	30	19
	治疗方法	28	7
	装置	11	5
	疗效评估	10	3
	总计	196	104

抗体相关产品	抗体	16	7
	药物组合物	13	7
	晶体	2	2
	核酸	1	1
	预装注射器	1	0
	总计	33	17
制备方法	抗体制备	22	14
	制剂制备	8	5
	纯化方法	5	5
	表达载体	3	2
	细胞培养	2	1
	总计	40	27
适应症	类风湿性关节炎（RA）	13	9
	银屑病（PP）	9	6
	克罗恩病（CD）	9	6
	银屑病关节炎（PA）	7	7
	强直性脊柱炎（AS）	6	6
	溃疡性结肠炎（UC）	6	6
	幼年风湿性关节炎（JRA）	4	3
	化脓性汗腺炎（HS）	4	3
	幼年特发性关节炎（JIA）	3	3
	贫血	2	0
	狼疮	1	0
	干燥综合征	1	0
	抗 RSV 病毒	1	0
	类风湿脊柱炎	1	1

7.2.2　修美乐的中国专利布局

时至今日，艾伯维共针对阿达木单抗在中国申请发明专利 84 件，分属 36 个专利族；其中获取专利权 27 件，类型同样涉及抗体产品、药物组合物、预装注射器、晶体、药物制剂、适应症、制备方法、自动注射装置以及疗效评估方式等多个方面。

由图 7 - 2 可以看出，以优先权年计，同样出现了 4 次申请量高峰，这在时间上与

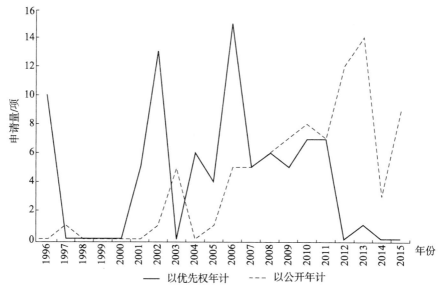

图7－2 阿达木单抗中国相关专利申请的年度趋势

美国专利布局的趋势基本相同；1997 年 2 月 10 日，阿达木单抗以专利 WO97/29131 通过 PCT 途径进入中国，2007 年 2 月 14 日，该抗体核心专利 CN1300173C 得到授权，之后以母案 CN971936358 为基础，分案申请 8 件专利。抗体核心专利 CN1300173C 和适应症专利同族、制剂和抗体制备方法专利同族同步进入中国，可见其对中国市场的重视程度。以公开日计，阿达木单抗中国相关专利的布局路线也与美国基本吻合，在经历了药品上市阶段的集中保护后，始终保持平稳走高的申请量，不仅针对化合物本身、适应症、药物制剂、药品制备方法进行了大规模的布局，同时对阿达木单抗药物进行了充分的外围布局，其具体类型包括药物的治疗方法（施用方式）、自动注射装置、针对多种适应症的疗效评价方式以及抗体的检测产品等。

随着精准医学的发展，针对患者对于药物响应的预测，以及对药物治疗效果进行评价逐渐成为治疗用药的重要考虑因素，国外制药企业对于药物的适用和施用过程中，药物治疗效果的评价以及检测等相关专利或专利申请也愈加重视。

这些外围专利的存在，好比在坚固的专利城堡外围铺设了一层并不引人注目的小钉子，竞争对手或仿制药企业发起进攻的同时，须得小心绕过这些障碍，排查可能导致的潜在隐患。

表7－5 阿达木单抗中国专利布局的技术分支与法律状态情况　　单位：件

技术分支	全部	有效	驳回失效	视撤失效	复审	未决
抗体及相关产品	20	9	3	2	1	5
适应症	17	7	4	2	2	2
制备方法	13	3	0	4	2	4

技术分支	全部	有效	驳回失效	视撤失效	复审	未决
制剂	13	7	1	0	1	4
装置	12	5	0	0	0	7
治疗方法	11	0	4	4	1	2
疗效评估	4	0	0	2	0	2
检测	1	1	0	0	0	0

7.3 竞争对手的专利构成

7.3.1 全球仿制企业情况概述

阿达木单抗傲人的销售业绩必然吸引竞争对手和仿制药企业的注意。印度市场首先上市了阿达木单抗的仿制药,并且有两家企业 Zydus Cadila 和 Torrent Pharmaceuticals 参与市场竞争。安进 ABP501 抗体已获美国 FDA 批准上市,商品名为 Amjevita,其上市后能够获得美国市场 180 天不可置换期的保护;同时已向欧洲 EMA 提交了上市申请,有望在 2017 年获批欧洲上市。韩国三星与跨国生物制药公司合资成立的三星生物制剂公司研发的利妥昔单抗生物仿制药 SAIT101 进入Ⅲ期临床试验阶段,但由于结果并不理想,目前已经中止了利妥昔单抗生物仿制药的研发项目。但三星旗下的 Bioepis 生物制品公司较为顺利地完成了阿达木单抗生物仿制药的Ⅲ期临床,并早于安进向 EMA 提交了上市申请,安进和三星 Bioepis 之间对于欧洲市场的较量也将成为 2017 年的重头戏码。

其余的阿达木单抗仿制药企业主要分布于美国(4家)、德国(3家)、韩国(1家)、加拿大(1家)、日本(1家)、瑞士(1家)。除 2 家企业外,其余仿制药企业的相应产品均已进入临床阶段,并且其中 6 家企业的仿制药品种已经进入Ⅲ期临床阶段。从目前的新闻报道或企业报表来看,上述仿制药企业均没有放弃阿达木单抗仿制药品种的开发或上市的计划。

7.3.2 国内仿制与改进

阿达木单抗从 2012 年夺得全球"药王"的桂冠以来,屡创销售奇迹,但在中国市场的销售展现出截然不同的情况。主要原因包括:

(1)患者对阿达木单抗等生物制剂的认知度较低。

2016 年,凯度国际医药咨询公司(Kantarhealth)的调查数据显示,在中国类风湿疾病治疗中,阿达木单抗的使用率不到 3%,使用地区多集中于广州等沿海地区。分析认为,主要是由于价值高和知情率低两方面原因造成阿达木单抗在中国使用率极低,

2015 年销售额不足 1 亿元人民币，与全球总销售额 140 亿美元相差较远。

（2）国内 TNF – α 抑制剂市场竞争激烈。

目前国内为数不同的上市抗体类药物中，依那西普（Etanercept）占据了三席，分别为三生国健的益赛普、赛金的强克和海正的安佰诺。与阿达木单抗为 TNF – α 全人源抗体不同，这 3 种产品均是 TNFR II – Fc 融合蛋白，机理上均是中和患者体内过量的 TNF – α，它们总计占市场总量的 70% 左右，再加上两个 TNF – α 抑制剂进口产品 Enbrel 和 Remicade，分别占市场总量的 15% 和 12% 左右。

据统计，截至 2016 年 6 月，国内依那西普类药物的研发集中于研发管线的后端，比如临床 II 期、III 期和上市阶段，而阿达木单抗却更集中于 IND 阶段，最远的仅为临床 I 期。随着作为药物试金石的临床试验的开展，竞争将更加激烈，也预示着我国生物制药加快与国际接轨的时代来临。

7.4 专利诉讼和挑战

目前全球共有 11 家公司将它们的阿达木类似药推进到 III 期临床，面临上市时，仿制药企业无法避免会碰到艾伯维针对阿达木单抗的严密的专利布局。除了能够进行合理规避的部分，另外一种对抗专利布局的方式就是直接向原研药企业发起专利挑战。基于之前绪论部分讲到的，在美国，挑战原研药企业的专利布局存在 2 种方式：①通过 BPCIA 途径，经历"专利舞蹈"在仿制药上市之前解决潜在的专利纠纷；②通过 AIA 途径，向 USPTO 发起多方复审程序（IPR），进而可能将原研药企业专利无效。

7.4.1 回避"专利舞蹈"的处理方式

由概述部分对于专利舞蹈的流程介绍可以看出，"专利舞蹈"的规则可谓复杂，生物仿制药企业与原研企业有大量的互动，这是一个双方都不情愿参与的舞蹈。所以从目前美国 FDA 批准的生物仿制药来看，很多企业都试图规避走这么复杂的渠道。

依照目前联邦巡回上诉法院对 BPCIA 的解释，可以预期避开"专利舞蹈"的好处有：①可避免在诉讼前揭露公司的商业机密，原研药公司若想知道生物仿制药的制造工艺细节，只能透过美国诉讼的证据发现程序（Discovery）来取得，前提是，原研药公司必须确实握有制造工艺相关专利才能要求被告揭露制造工艺信息，这将使原研药公司必须在不确定对方是否侵权的情况下提起诉讼，承担更多的变数。②依照"专利舞蹈"的规定，生物仿制药在真正上市前可能面临两次以上的诉讼，第 1 次为信息交换完成，双方协调出首次诉讼范围后，第二次在生物仿制药公司提出上市前通知后。不按照"专利舞蹈"的程序，可能迫使原研药公司在一开始就提出所有专利来进行诉讼，将原先分为 2 次诉讼的专利合并在一次解决。③避开"专利舞蹈"可能缩短解决专利纠纷的时间。生物仿制药企业若在收到 FDA 接受审查通知后 20 天内不向原研药公司提供完整资料，原研药企业很可能在较早的时候提起诉讼，如安进诉山德士案中，安进即在第 109 天向山德士提起诉讼，相较于按照"专利舞蹈"程序通常要等待将近 8

个月才进入第 1 次诉讼，时间提前许多。

虽然就目前的最新发展来看，回避"专利舞蹈"可以避免一些程序上的麻烦，但真正原研药和生物仿制药公司的输赢仍是在诉讼战场上见真章，比的是谁对专利信息与法规的掌握度更高。因此，想要进军美国生物仿制市场，如何掌握并控管专利风险、提早搜集有利证据仍为最重要课题。否则，将诉讼提前也只是提早出局而已。

"专利舞蹈"是为了解决专利纠纷，是 BPCIA 的一部分，申请生物生物仿制药还是要遵守 BPCIA 制定的大部分游戏规则的。比如提出审批申请之前，仿制药公司依然不能提出确认诉讼。

除了通过 BPCIA 途径来提前解决仿制药企业和原研药企业之间的专利纠纷，还有如下将要介绍的 IPR 程序。

7.4.2　IPR 程序

美国的专利纠纷除了通过司法途径解决之外，还有专利复审制度可以运用，后者由 USPTO 辖下的专利审查与上诉委员会（Patent Trial and Appeal Board，PTAB）负责审理。生物仿制药公司在提出审批申请前，仍可先向专利审查与上诉委员会提出授予专利权后复审（Post Grant Review，PGR）或多方复审（Inter Partes Review，IPR）。其好处在于较节省费用，可能只需诉讼费用的 1/4，另外还具备时程上的优势。PTAB 一般在收到请求人提出请求后 6 个月内会决定是否接受审理，决定接受后 12 个月内就会作出复审结果，整套复审程序最多 18 个月，比起诉讼时间要快许多。

2013 年 6 月，Hospira 即针对杨森（Janssen）促红细胞生成素的治疗方法专利（US6747002）提出多方复审请求，成功迫使杨森在 2013 年 9 月主动放弃该专利有关的权利要求；另外，2014 年 12 月勃林格殷格翰（Boehringer Ingelheim）一口气对基因泰克（Genentech）3 件利妥昔单抗（Rituximab）的治疗方法专利（US7976838、US7820161、US8329172）提起多方复审，但 PTAB 最后仅接受了 US7976838 专利和 US7820161 专利一半权利要求的复审请求，目前仍在审理中。

回到修美乐的正题，最早对艾伯维公司发起专利挑战的是安进公司。2015 年 6 月 25 日，安进公司认为艾伯维公司制剂专利 US8916157 和 US8916158 不具备新颖性和创造性，向 USPTO 提出双方复审程序（Inter Partes Review，IPR）。在审查过程中，USP-TO 原本准备无效这两项专利，安进公司似乎在这场复审程序中获得胜利。但随后，考虑到这两项专利与整个制剂专利族的相似性，如果将这两件专利无效，意味其他 20 多项制剂专利也将被撤回。2016 年 1 月，经过对安进公司的复审请求材料和艾伯维公司的回应说明文件反复考虑后，USPTO 最终决定不再复审这两项专利的有效性。随后，安进公司回应道："尽管我们对 USPTO 的决定感到失望，但我们将继续挑战这两项专利的有效性，我们将会进一步走诉讼程序。"

2015 年 11 月 10 日，Coherus 公司对 US8889135 提出双方复审程序，声明该专利中的相关权利要求不具备新颖性。随后在 12 月 7 日，Coherus 公司继续对其他两项专利 US9017680 和 US9073987 发起了挑战。US8889135 的权利要求覆盖了克罗恩病的适应症，而 US9017680 和 US9073987 的权利要求覆盖了类风湿性关节炎的适应症。

2015 年 12 月 29 日，Boehringer Ingelheim 又提交了两项双方复审程序，也均是针对 US8889135，两项请求都声称专利中的权利要求 1~5 不具备创造性。

专利 US8889135 公开了抗肿瘤坏死因子（TNF–α）单抗的使用方法。USPTO 公布了 PTAB 根据 IPR 程序就申诉解释过程，对声明提及的创造性分析如表 7–6 所示。

表 7–6   Coherus 与艾伯维的专利争议点

申诉关键点	申诉方	专利持有方	PTAB 解决方式
权利要求 1 和权利要求 5 的前述部分	前述部分描述为：A method for treating rheumatoid arthritis，其特征部分表述为：once every 13 – 15 days for a time period sufficient to treat the rheumatoid arthritis，申诉方认为权利要求的特征部分限定了治疗类风湿性关节炎的治疗前提，而前述部分限制的权利要求范围，与特征部分不相一致	持有方认为，权利要求前述部分仅表面治疗目的不是限制权利要求保护范围，而并不是限制权利要求保护范围	驳回了申诉：在美国专利实务中，解读权利要求保护范围时，权利要求前述部分并不具有限制权利要求范围的效力，除非其"为权利要求赋予了生命与意义"
权利要求 1 和权利要求 5 的特征部分：for a time period sufficient to treat the rheumatoid arthritis	申诉方认为对治疗的常规合理的理解应当是减轻症状或疾病进展，治疗并不需要像艾伯维所声称的明显缓解，达到任何有效程度的治疗目标；并且，其在权利要求 1 和 5 中也没有体现任何治疗类风湿性关节炎的有效程度的定义	持有方认为，treat 即明确了治疗的含义是明显的缓解症状，time period 是指每周两次给药的方式	支持申诉方
给药方式：皮下固定剂量注射	修美乐的给药方案仅为常规治疗方式优化而得到，并不具有创造性	给药方式需要经过大量的临床试验摸索而来，D2E7 在初期临床试验时进行了基于体重剂量静脉注射和皮下注射两种给药方式的探索，结果显示两种给药方式的安全性和有效性相似。从更好的依从性考虑，患者可自行进行皮下注射且无需进行剂量调整，因此选择为皮下固定剂量注射方式	认为申诉方理由占上风

申诉关键点	申诉方	专利持有方	PTAB 解决方式
给药方式：40mg 固定剂量	实施例表 5 中实验数据显示：20mg/wk、40mg/wk、80mg/wk 剂量组 TJC、SWJC、CRP 疗效都达到了提高 20% 的美国风湿学会疗效标准，并且权利要求中限定的 40mg 的给药剂量的由来是由 0.5mg/kg 静脉注射乘以设定患者为 80kg 得来的，得不到药代动力学支持	根据实施例数据，40mg、80mg 剂量的疗效优于 20mg	认为申诉方理由占上风
给药方式：两周一次	申诉方称两周一次的用药频率的由来是因为 D2E7 的半衰期为 11.6 ~ 13.7 天，在服用 40mg 的剂量后，患者容易维持较高的血药浓度	半衰期仅仅是给药频率的影响因素之一，申诉方根据 D2E7 的血药浓度对给药频率的猜想是错误和不全面的	

基于上述考虑，PTAB 没有驳回 Coherus 的 IPR 申请，案件仍在审理中。

对于艾伯维专利持有方而言，在程序中所提供的初步回应，若能有效地指出上诉人之论述不足之处，则可以成功避免 IPR 立案诉讼提起人之论述不足之处，则可以成功地避免阻止 IPR 立案。从而大幅度减少后续因证据发现程序所可能产生的费用。面对 Coherus 的挑战，艾伯维需要等复审结果。

同期，安进率先将这场战火烧到了欧洲，对在欧洲唯一授权的适应症专利 EP1944322B 提出了挑战。一周以后，专利律师事务所 Kilburn&Strode 代表方同样对该专利提出复审程序。这已经不是第一次多方联合对修美乐提出挑战了。2012 年底，专利 EP1406656B 得到授权，随后由安进、辉瑞、梯瓦、迈兰等领导的 15 方联合对其发出挑战，最终于 2015 年 11 月被撤回。

无论如何，美国专利复审制度使得仿制药企业有机会在提出生物仿制药审批申请前，化被动为主动，先行解除原研药企业的专利威胁。许多原研药企业唯恐专利最终被无效，主动向申请复审的申请人寻求和解也是常有的事，仿制药企业利用该制度主动进击，有助于提升协商优势，增添谈判筹码，达到交换商业利益的商业目的。

7.5　针对全线式布局的挑战和突围

如前所述，国内修美乐生物类似药的开发如火如荼，竞争激烈，如何在这场不见硝烟的战火中突围，是所有国内仿制药企业面临的问题。IMS 预计到 2020 年左右，全球自身免疫疾病的生物制剂市场总量可能达到 500 亿美元，中国生物制剂市场总量也将相应增长。如前面所述，由于目前阿达木单抗仅在青岛和深圳进入医保目录，而依那西普在国内多达 20 个城市进入医保目录，占据大量的市场优势，拥有风湿类疾病市场相关产品的公司可以利用自身前期建立的销售渠道推进阿达木类似药的销售，产品较少、产品线单薄的初创公司则面临一定的困难。

总体而言，我国仿制药的研发方向包括抗体产品的改进，例如开发相应的靶点、人源化，提高表达效率，促进抗体产品的稳定性，药物联用以及开发特定优势的适应症等。外围研发方向则包括剂量的差异性以及提高患者便捷性等方面，例如自动注射装置预充针（pre - syringet）和预充笔（pre - filled pen）等。

综上可知，如其他品种一样，修美乐在国内市场仍将是机遇与挑战并存，对开发企业来讲，仍需从产品结构、药物联用、剂型、临床适应症等方向理性开发，并适时进行知识产权的调查和布局，避免侵犯他人已有权利，充分保障自身产品的开发。

第8章　查漏补缺式的专利产品创新

【编者按】原研企业在开发非格司亭后，及时发现药物缺陷，通过结构改造升级培非格司亭，专利布局也跟随研发亦步亦趋。积极研发，不断升级是保持市场份额的有力手段。虽然非格司亭基础专利在国内没有授权，国内专利空间相对自由，但一味模仿并非制药企业发展的长久之道。

8.1　非格司亭药品基本情况

非格司亭（Filgrastim）是通过 DNA 重组技术生产的人粒细胞集落刺激因子（G – CSF），包含 175 个氨基酸残基。G – CSF 是一种骨髓造血细胞增殖因子，具有刺激中性粒细胞系的增殖、分化和成熟以及促进骨髓中中性粒细胞、干细胞祖细胞释放到外周血中等生理作用。非格司亭中 G – CSF 的氨基酸序列与人的 DNA 序列预测的天然序列相同，仅仅在 N 端插入了甲硫氨酸。

全球首个非格司亭药品是由安进公司（Amgen）于 1991 年 2 月 20 日通过美国 FDA 批准上市，商品名为 Neupogen®；于 1991 年 10 月 4 日在日本上市，商品名为 Gran®，该药可促进骨髓移植后中性粒细胞的恢复，治疗肿瘤化疗后中性粒细胞减少症，治疗伴随骨髓异常增生综合征之中性粒细胞减少症，治疗伴随再生不良性贫血之中性粒细胞减少，治疗先天性、特发性中性粒细胞减少症。

安进公司的非格司亭药物 Neupogen 于 1991 年陆续在美国、欧盟和日本上市，上市第二年全球年销售额达到 5.4 亿美元，之后连续 10 年销售额逐年攀升，于 2001 年达到销售额最高峰（15.3 亿美元），随后销量出现下滑趋势，年销售额基本维持在 11 亿 ~ 15 亿美元（见图 8 – 1）。

作为全球首个非格司亭类药物，Neupogen 奠定了安进公司在该领域的市场地位。但是，Neupogen 具有短效药物效果，对于粒细胞减少症的治疗需要每天使用，从而给患者带来了负担。为了克服这一缺点，安进公司开发出了一种长效药物——培非格司亭（Pegfilgrastim），通过对 G – CSF 进行聚乙二醇（PEG）修饰，延长了药物在体内的代谢时间，达到了更好的治疗效果。与非格司亭相比，培非格司亭在 1 个化疗周期内只需要给药 1 次。

安进公司的培非格司亭于 2002 年 1 月 31 日首次获得美国 FDA 批准，商品名为 Neulasta®，于 2002 年 8 月 22 日在欧盟批准上市。由于其良好的疗效和可持续性，培非格司亭受到了患者的青睐，上市的同年取得了 4.6 亿美元的销售额，相对而言，非格

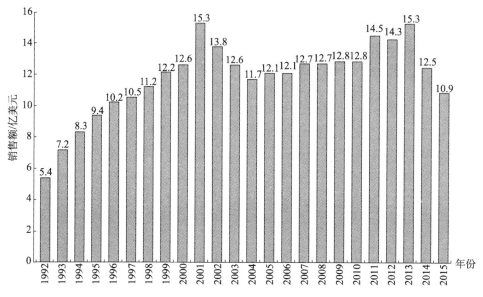

图 8 - 1   安进公司非格司亭药物 Neupogen 历年销售额分布

司亭的销售额在 2001 ~ 2002 年则出现了明显的下滑。2002 ~ 2015 年，培非格司亭的销售额由 4.6 亿美元增加到 48 亿美元，13 年的时间销售额增加了 10 倍，为安进公司带来了丰厚的收益。

进入 2016 年，培非格司亭 Neulasta 的销售额仍在上升，2016 年上半年销售额达到 23.3 亿美元，与 2015 年同期相比增长 1.7%；而非格司亭 Neupogen 在 2016 年上半年的销售额为 4.09 亿美元，与 2015 年同期相比降低 19%（见图 8 - 2）。

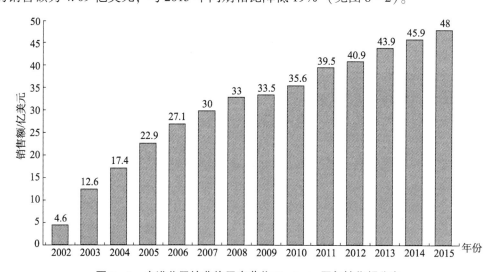

图 8 - 2   安进公司培非格司亭药物 Neulasta 历年销售额分布

8.2 原研公司的专利布局

安进公司最早于 1985 年开始申请非格司亭相关的专利，其基础专利为 US4810643A，该专利的优先权日为 1985 年 8 月 23 日，1986 年提交了国际申请，公开号为 WO1987001132A1，安进公司在该基础专利中要求保护了分离的 G - CSF、制备方法以及医疗用途，该申请进入了欧洲、日本、中国等市场并陆续获得了授权；由于当时我国对涉及多肽类的权利要求不给予专利保护，因此，在中国授权的专利要求仅保护了制备多肽的方法（见表 8 - 1）。

表 8 - 1 安进公司非格司亭基础专利在主要国家的保护情况

授权公告号	申请日	授权公告日	专利到期日
US4810643A	1986 - 03 - 03	1989 - 03 - 07	2006 - 03 - 07
EP0237545B1	1986 - 08 - 22	1991 - 05 - 22	2006 - 08 - 22
CN1020924C	1986 - 08 - 23	1993 - 05 - 26	2006 - 08 - 23
JPH042599B2	1986 - 08 - 22	1992 - 01 - 20	2006 - 08 - 22

针对培非格司亭，安进公司于 1989 年开始进行相关专利申请，基础专利为 WO9006952A1，该专利最早优先权日为 1988 年 12 月 22 日，申请日为 1989 年 12 月 22 日，该专利要求保护 PEG 修饰的 G - CSF。该基础专利在美国、欧洲和日本陆续获得了授权，但是，该基础专利并未进入中国市场。

值得注意的是，安进公司非格司亭基础专利（WO1987001132A1）和培非格司亭基础专利（WO9006952A1）的申请时间相差 3 年左右，在这期间，安进公司仅申请了 2 项与非格司亭有关的专利，公开号为 US5599690A 和 WO1990006762A，分别涉及了抑制 G - CSF 重组表达过程中的正亮氨酸掺入以及稳定的药物制剂。也就是说，在申请非格司亭基础专利之后，安进公司即着手对非格司亭进行改进，进一步提高非格司亭的疗效，在短效非格司亭药物 Neupogen 上市之前 1991 年 2 月 20 日就开始了长效培非格司亭的专利申请和布局（见表 8 - 2）。

表 8 - 2 安进公司培非格司亭基础专利在主要国家的保护情况

授权公告号	申请日	授权公告日	专利到期日
US4810643A	1989 - 12 - 22	1998 - 10 - 20	2015 - 10 - 20
EP0401384B1	1989 - 12 - 22	1996 - 03 - 13	2009 - 12 - 22
JP2989002B2	1989 - 12 - 22	1999 - 12 - 13	2009 - 12 - 22

对安进公司涉及非格司亭的专利申请作进一步分析，如图 8 - 3 所示，其保护主题涉及了结构改造、药物制剂、制备方法、医疗用途、联合用药、给药方式和给药装置等多个领域。在这些不同的技术分支中，申请量最多的是药物制剂，其次是结构改造，

与医疗用途相关的申请则排在第三位。

在 2000 年之前，安进公司的专利申请涉及了更多的技术分支，尤其是针对结构改造和药物制剂，在 2000 年之前基本完成了专利布局；而在 2000 年之后，专利申请仅涉及了结构改造、药物制剂、医疗用途和给药装置，尤其是 2010 年之后，安进仅针对给药装置进行了相关申请。

另外，从每个技术分支专利申请出现的时间可以看出，安进公司专利布局重点依次为核心结构 > 医疗用途 > 联合用药 > 给药方式 > 给药装置，其中核心结构包括了结构改造和药物制剂类型。结构改造通常能够显著提高药物疗效，例如，安进公司对非格司亭进行 PEG 修饰能够延长药物半衰期、减少用药频率；而药物制剂通常能够提高药物的施用范围，比如水性制剂可以适用于注射，粉末制剂则可以适用于黏膜给药；注重结构改造和药物制剂类型的改变通常都是制药企业关注的重点。

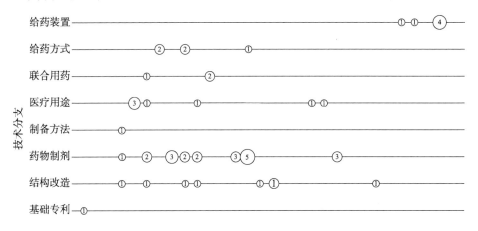

图 8 - 3　安进公司非格司亭相关专利涉及不同技术分支的申请量年度分布

注：图中数字表示申请量，单位为项。

8.2.1　目标区域分布

对安进公司涉及非格司亭相关专利进入的国家和地区进行分析，如图 8 - 4 所示，结果显示安进公司在欧洲、美国、澳大利亚、日本的专利申请较多，表明安进公司更注重这些国家和地区的市场布局；另外，安进公司在上述几个国家和地区专利申请量差距并不明显，反映了安进公司并没有明显的布局侧重点，尤其是欧洲市场和美国市场，安进公司的专利布局几乎相同。

安进在中国的专利布局和市场规划中似乎并没有太多份额，只有 16 项申请，排在第 11 位，这与安进公司的非格司亭多肽的基础专利在我国未获得授权有很大关系。由于专利制度的原因，安进公司的非格司亭产品专利在我国没有获得保护，这也从一定程度上打击了安进公司在我国进行后续专利布局的热情，安进公司所申请的涉及 PEG 化的非格司亭的基础专利甚至都没有进入中国。表 8 - 3 列出了安进公司非格司亭相关

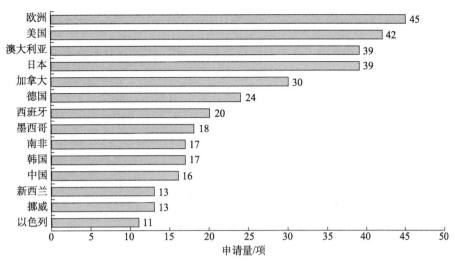

图 8 - 4　安进公司非格司亭相关专利申请目标区域分布

专利进入中国的情况。由表 8 - 3 可以看出，安进公司在华申请的非格司亭相关专利主要集中在 20 世纪 90 年代，保护主题涉及了结构改造、药物制剂、制备方法、联合用药、给药方式以及给药装置，但是，大部分专利处于无权状态，国内企业在 G - CSF 药物领域具有比较宽松的技术应用环境。

表 8 - 3　安进公司培非格司亭在华相关专利

公开/公告号	申请日	技术主题	法律状态
CN1020924C	1986 - 08 - 23	生产 G - CSF 的方法	无权
CN1053117C	1991 - 10 - 17	药物联用	无权
CN1066192A	1992 - 03 - 14	肺部给药	无权
CN1495197B	1994 - 01 - 25	G - CSF 分子改构	无权
CN1118572C	1994 - 01 - 25	制备 GCSF 类似物的方法	无权
CN1970571B	1994 - 01 - 25	G - CSF 分子改构	无权
CN1206982C	1994 - 09 - 29	磷脂复合物，提高稳定性	无权
CN1071760C	1995 - 02 - 08	PEG 化 G - CSF	无权
CN101381409B	1995 - 02 - 08	PEG 化 G - CSF	无权
CN1241548C	1996 - 03 - 28	磷脂复合物，提高稳定性	无权
CN1263472A	1998 - 05 - 18	缓释药物组合物	无权
CN1180839C	1999 - 07 - 01	黏膜给药粉末制剂	无权
CN1158068C	1999 - 12 - 20	缓释药物组合物	无权
CN1376164A	2000 - 01 - 19	PEG 化 G - CSF	无权
CN103025369B	2011 - 06 - 07	药物递送装置	有权

8.2.2　布局策略

安进公司于 1985 年申请了非格司亭的基础专利 WO87001132A1，在该专利申请中，安进公司分离得到了人 G－CSF 的 cDNA 序列，完成了该基因在大肠杆菌中的异源表达，得到了重组的多肽产品，并证实了重组多肽能引起人骨髓细胞的增殖和分化，在体内能够促进粒细胞的产生，在该申请中还提到了制备 G－CSF 类似物，将第 17 位、第 36 位、第 42 位、第 64 位和第 74 位的半胱氨酸进行氨基酸替换，该专利是安进公司开发非格司亭药物的基础专利。在申请该基础专利之后，安进公司围绕结构改造、药物制剂、医疗用途、制备方法、联合用药、给药方式和给药装置等角度又进行了大量的专利布局。

（1）在结构改造方面，安进公司于 1989 年 12 月 22 日申请了专利 WO9006952A1，该申请首次提出了对 G－CSF 进行 PEG 修饰以延长 G－CSF 在体内的半衰期，从而增强药物持续性，还能够加快中性粒细胞减少症的恢复；该申请公开了将 PEG 共价连接到 G－CSF 的氨基酸残基上，氨基酸残基需要包含游离的氨基或羧基，具有游离氨基基团的氨基酸包括赖氨酸以及 N－末端氨基酸，具有游离羧基基团的氨基酸包括天冬氨酸、谷氨酸以及 C－末端氨基酸，该专利是安进公司开发长效培非格司亭药物的基础专利。

为了进一步提高 PEG 修饰 G－CSF 的稳定性，安进公司于 1995 年 2 月 8 日提交了申请 WO9611953A1，该申请比较了针对 G－CSF 不同位置 PEG 修饰的效果，结果显示在 N 末端进行单个 PEG 修饰得到的 PEG－GCSF 具有较高的活性和稳定性；该专利申请中还公开了可以在 G－CSF 的 N 末端连接单甲氧聚乙二醇，此外，该申请还公开了以胺键形成的 N 末端 PEG 化的 G－CSF 要比以酰胺键形成的 N 末端 PEG 化的 G－CSF 稳定得多。

安进公司于 2000 年 1 月 19 日提交了专利申请 WO0044785A1，该专利申请涉及了利用 PEG 修饰 G－CSF 突变蛋白，突变位点涉及了第 1 位、第 3 位、第 4 位、第 5 位和第 17 位的氨基酸残基分别突变为 Ala、Thr、Tyr、Arg 和 Ser，该 PEG 化的 G－CSF 突变蛋白与短效非格司亭药物 Neupogen 相比，用药剂量减少，更有效。值得一提的是，安进公司在该申请中所采用的 G－CSF 突变蛋白是源于他人专利申请（US5214132A）中所涉及的 G－CSF 突变蛋白，US5214132A 中公开了上述突变蛋白具有更高的活性和稳定性；说明除了加强自身研发之外，安进公司也善于运用他人的成果扩展自己的专利布局范围。

安进公司于 2009 年 10 月 29 日提交的专利申请 WO2010051335A1 中对 PEG 修饰的 G－CSF 作了进一步改进，该申请中公开了多个 PEG 修饰的 G－CSF，每个 G－CSF 上修饰两个或更多的 PEG，在该专利申请的实施例中，公开了产品 SD/03；SD/03 是非格司亭的长效持久制剂，是通过在非格司亭肽链上共价结合 20kDa 的 PEG 分子而得到；在制备 SD/03 时，采用了 20kDa 的 PEG－醛通过还原烷基化反应结合到非格司亭肽链上，PEG－醛与非格司亭的用量比率为 3～6：1；与单个 PEG 修饰的 G－CSF 相比，SD/03 具有增强的动员干细胞的能力，并且，在干细胞移植后之后，SD/03 能够产生更高水平的 CTL 活性。

除了利用 PEG 化修饰来延长 G – CSF 的半衰期和效力之外，安进公司还针对 G – CSF 的关键氨基酸残基位点进行突变，以改善 G – CSF 的活性。该公司于 2001 年 9 月 10 日提交的专利 WO0220766A2 公开了可以将 G – CSF 第 109 位天冬氨酸、第 112 位天冬氨酸或第 119 位谷氨酰胺突变为组氨酸，得到的突变体与野生型 G – CSF 相比能够增强效力、延长半衰期，与野生型相比变体的胞内运输效果得到了改善。

（2）在药物制剂方面，安进公司 1988 年 12 月 16 日提交的专利申请 US5104651A 公开了 pH 为 3.0 ~ 3.7 的 G – CSF 药物制剂，该制剂具有高稳定性，克服了 G – CSF 因疏水特性难以成药的困难；1994 年 9 月 29 日提交的申请 WO9509611A2 公开了利用磷脂复合物和 G – CSF 制备脂质体，以制备性质稳定的蛋白质组合物，G – CSF 也可以为 PEG 修饰的 G – CSF；1996 年 3 月 28 日提交的专利 WO9629989A1 也公开了利用磷脂复合物和 G – CSF 制备脂质体，以制备性质稳定的蛋白质组合物，G – CSF 也可以为 PEG 修饰的 G – CSF；1993 年 6 月 16 日提交的专利 WO9325212A1 公开了利用聚（1，3 – 二氧戊环）与 G – CSF 结合可提高其药物的生物活性。

在口服制剂方面，1993 年 12 月 15 日提交的专利 US5597562A 公开了包含 G – CSF、表面活性剂、脂肪酸以及肠衣材料的口服制剂，其中 G – CSF、表面活性剂和脂肪酸液态预混并冻干，之后再与肠衣材料组合，该口服制剂可通过肠道吸收；1995 年 2 月 8 日提交的专利 WO9521629A1 公开了包含 PEG 修饰的 G – CSF 的口服制剂，该口服制剂可通过小肠吸收；1995 年 7 月 28 日提交的专利 WO9604016A1 公开了利用维生素 B12 和 G – CSF 制备口服制剂，其中，G – CSF 共价连接到维生素 B12 核糖 5' 羟基基团的二羧酸衍生物上，该制剂可通过口服给药被肠吸收。

在水性制剂方面，1993 年 12 月 15 日提交的专利 WO9414466A1 公开了包含 G – CSF、表面活性剂以及缓冲物质在内的水性制剂，其中，缓冲物质选自柠檬酸、马来酸、柠檬酸和磷酸组合物、精氨酸以及精氨酸的成盐形式，表面活性剂用量要少于 G – CSF，制剂 pH 为 7 ~ 8；1994 年 7 月 19 日提交的专利 WO9503034A1 公开了通过加入极性有机物的方式降低液体的表面张力，从而防止在溶液雾化过程中 G – CSF 活性的丧失，极性有机物选自 PEG 和甲基戊二醇；2006 年 8 月 4 日提交的专利 WO2007037795A2 公开了利用 G – CSF、苯甲醇以及山梨醇、甘油或者肌氨酸制备水性制剂，该水性制剂的稳定性得到改善。

在缓释制剂方面，1998 年 4 月 14 日提交的专利 WO9846211A1 公开了利用 G – CSF 和亲水性多聚物以及至少两种沉淀剂制备缓释制剂，沉淀剂中含有锌以及藻酸盐；1998 年 4 月 17 日提交的专利 WO9846212A1 公开了制备包含 G – CSF 的聚合物微粒，可以起到药物缓释的作用，聚合物可以为 PLGA（poly（D，L – lactide – co – glycolide））；1998 年 5 月 18 日提交的专利 WO9851348A2 公开了利用藻酸盐、$CaCO_3$ 和葡糖酸内酯制备 G – CSF 的缓释制剂；1999 年 5 月 14 日提交的专利 WO9959549A1 公开了利用藻酸乙酯、$CaHPO_4$ 和葡糖酸内酯制备 G – CSF 的缓释制剂；1999 年 6 月 25 日提交的专利 WO0000222A1 公开了利用 PLGA/PEG 共聚物和 G – CSF 制备药物缓释制剂；

1999 年 12 月 10 日提交的专利 WO0038651A1 公开了利用 PLGA/PEG 制备包含 G – SCF 的药物缓释制剂；1999 年 12 月 20 日提交的专利 WO0038652A1 公开了包含生物相容性多元醇/油悬浮液在内的 G – CSF 缓释制剂。

在粉末制剂方面，1993 年 12 月 15 日提交的专利 WO9414465A1 公开了 G – CSF 冻干制剂，其包含选自麦芽糖、纤维二糖、龙胆、异麦芽糖和蔗糖在内的稳定剂；1999 年 7 月 1 日提交的专利 WO0002574A1 公开了用于黏膜给药的粉末制剂，往含有 G – CSF 的缓冲溶液中加入蔗糖和聚 – L – 精氨酸/聚乙烯醇缩醛二乙基氨基乙酸酯/氨基烷基异丁烯酸酯共聚物的缓冲溶液，对混合物进行喷雾干燥从而得到经黏膜给药的粉末制剂，可以经鼻腔给药。

（3）在医疗用途方面，1989 年 5 月 21 日提交的专利 WO1989010932A1 公开了利用 G – CSF 治疗乳腺炎；1990 年 11 月 29 日提交的专利 WO1991007988A1 公开了可以利用 G – CSF 增加巨核细胞的产生，G – CSF 可以和 GM – CSF 以及 IL – 3、IL – 5 和 IL – 6 联用；1991 年 10 月 2 日提交的专利 WO9206712A1 公开了可以利用 G – CSF 提高血小板的水平；1995 年 4 月 14 日提交的专利 WO9528178A1 公开了 G – CSF 可以用于降低器官移植的急性排斥，G – CSF 的用量为 5 ~ 50 μg/kg/天；2004 年 9 月 27 日提交的专利 WO2005044296A1 公开了 G – CSF 可以用于急性心肌梗死再灌注治疗，减少心肌组织损伤；2004 年 11 月 10 日提交的专利 WO2005047491A2 公开了 G – CSF 可以提高 c – Kit + 细胞的调动，从而将 c – Kit + 细胞进化成为胚体细胞，用于细胞替代治疗。

（4）在药物联用方面，1991 年 10 月 15 日提交的专利 WO9206707A1 公开了 G – CSF 与白细胞干扰素联合用药治疗细胞增殖紊乱；1996 年 12 月 12 日提交的专利 WO9722359A1 公开了 G – CSF 与化疗药物联合使用治疗需要干细胞移植的疾病。

（5）给药方式和给药装置方面，1992 年 3 月 13 日提交的专利 WO9216192A1 公开了针对 G – CSF 可以采用肺部给药，并公开了可以采用喷雾器装置进行给药；1994 年 2 月 22 日提交的专利 WO9420069A1 公开了针对 PEG 修饰的 G – CSF 采用肺部给药，并公开了可以采用喷雾器装置进行给药；2011 年 6 月 7 日提交的专利 WO2011156373A1 公开了 G – CSF 药物递送装置，该装置包括可弃式外壳、针头、注射器、储液器和控制器；2012 年 4 月 20 日提交的专利 WO2012145685A1 公开了用于 G – CSF 一次性使用的自动注射器；2014 年 2 月 21 日提交的专利 WO2014149357A1 公开了一种注射器，包括容器、流体输送系统以及促动器；2014 年 3 月 14 日提交的专利 WO2014144096A1 公开了用于注射器的匣子装置，其包括外壳以及储液器；2014 年 3 月 14 日提交的专利 WO2014143815A2 也公开了用于注射器的匣子装置，其包括外壳以及识别序列；2014 年 10 月 22 日提交的专利 WO2015061386A1 公开了一种注射器，包括容器、密封组合件、流体递送系统以及促动器。

图 8 – 5 列出了安进公司非格司亭相关专利的布局路线，由图 8 – 5 可以看到，安进公司在非格司亭药物上市之前以及培非格司亭药物上市之后，专利申请数量并不多，多数集中在非格司亭药物上市之后到培非格司亭药物上市之前的阶段。

非格司亭药物上市之前是安进公司开发基础专利的阶段，可以称为基础期；非格司亭药物上市之后至培非格司亭药物上市之前是安进公司进行外围专利布局的阶段，可以称为发展期；培非格司亭药物上市之后安进公司基本完成了外围专利布局，更多地关注如何在延伸领域进行专利申请，可以称为外延期。以下结合每个时期的特点进行专利布局策略的分析。

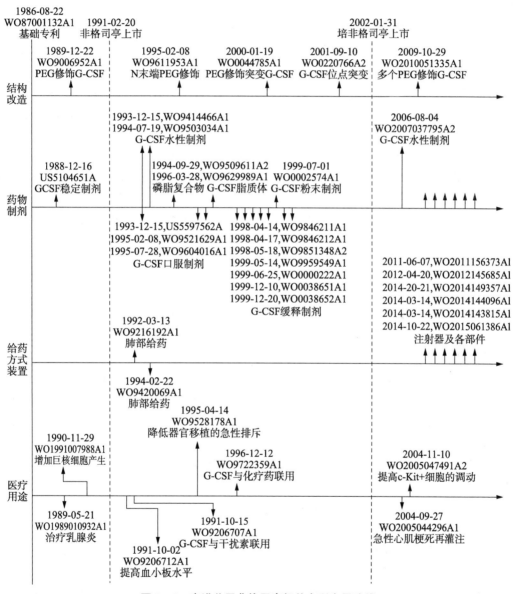

图 8 - 5 安进公司非格司亭相关专利布局路线

1. 基础期

在基础期，安进公司的专利申请虽然不多，却包括了最重要的两件专利——WO87001132A1 和 WO9006952A1，前者是分离纯化 G - CSF 的基础专利，后者则是制备 PEG - GCSF 的基础专利，可以说，这两件专利是安进公司非格司亭类药物获得巨大成功的关键。

安进公司在申请 G – CSF 基础专利到非格司亭药物上市相差约 5 年，而在申请 PEG – GCSF 基础专利到培非格司亭药物上市却相差了近 12 年，而 G – CSF 基础专利和 PEG – GCSF 基础专利的申请时间仅相差了 3 年。这表明，安进公司在开发非格司亭药物之初即意识到了药物半衰期的问题，并积极对 G – CSF 进行改进，通过 PEG 修饰获得了更持久的药物活性。在获得 PEG – GCSF 基础专利之后，安进公司并没有急于推出针对非格司亭更新换代的药物；一方面可能是需要对 PEG – GCSF 的技术方案进行完善，另一方面是出于保护非格司亭药物市场的考虑，由图 8 – 5 可以看出，培非格司亭药物的推出影响了非格司亭药物的市场销售。这也给国内企业以启示：在确保技术领先的情况下，并不需要急于推出针对自身药物更新换代的药物，新药物的出现势必会影响原来药物的市场，不利于收回研发成本。

安进公司推出的非格司亭上市药物是注射用溶液，成分包括非格司亭、醋酸盐、甘露醇、吐温 80 以及钠，pH 为 4.0。在此阶段开发更多的制剂类型显然不利于药物的上市，在获得稳定制剂之后即能够确保药物的上市，安进公司在此阶段仅申请了与药物制剂相关的一项专利 US5104651A，其保护了具有稳定制剂的 G – CSF 药物，除此之外，没有研究更多的药物制剂。显然，药物制剂不属于这一阶段重点关心的问题。

2. 发展期

此阶段是安进公司专利申请较多的阶段，在结构改造、药物制剂以及医疗用途等方面的发明均申请了大量的专利。其中，最重要的是专利申请 WO9611953A1，该专利申请明确公开了在 G – CSF 的 N 末端连接单个聚乙二醇得到 PEG 化的 G – CSF 具有较高的活性和稳定性；安进公司推出的培非格司亭药物（Pegfilgrastim，Filgrastim – SD01）的结构即是在 G – CSF 的 N 末端甲硫氨酰残基上共价结合单个的聚乙二醇，聚乙二醇的分子量为 20kDa，上述专利申请（WO9611953A1）的技术方案保护了安进公司所推出药物的核心结构。另外，WO9611953A1 的 PEG – GCSF 是在 WO9006952A1 所公开的 PEG 修饰 G – CSF 基础上所作的进一步优化，这也体现了安进公司由表及里的专利布局方式。

在推出非格司亭药物之后，安进公司申请了大量与药物制剂有关的专利，包括水性制剂、口服制剂、粉末制剂以及缓释制剂，这些制剂类型最后不一定会上市，但是，如此全面的布局可以对核心技术方案起到保护和防御的作用，有助于提高技术的准入门槛，增加其他竞争者进入该领域的障碍。

虽然针对不同层面进行了大量的专利申请，但是，其布局目标是一致的，即如何提高药物的效力，增加药物的应用范围。例如，安进公开开发 PEG 修饰的 G – CSF 是为了延长药物半衰期、提高药物持续效力；针对 G – CSF 关键氨基酸位点进行突变也是为了增强效力、延长半衰期；安进公司在药物制剂方面申请了大量与缓释制剂有关的专利，药物缓释也是为了变相地延长药物半衰期，提高药物的持久效力。另外，为了拓展药物的应用方式和应用范围，安进公司制备了口服制剂、粉末制剂等剂型，增加了胃肠道给药、肺部给药以及黏膜给药等给药途径；此外，安进公司还尝试将 G－CSF 与其他药物联用或者开发新的医疗用途以拓宽药物的应用宽度。

3. 外延期

随着培非格司亭药物的上市，安进公司放慢了专利申请和布局的步伐，此阶段申请重心转向了给药装置上。作为一种长效药物，培非格司亭是以皮下注射针剂的方式推出上市的，每个疗程只需要给药 1 次；安进公司在涉及给药装置的外壳、针头、注射器、储液器、控制器、密封组合件、流体递送系统以及促动器等方面进行了专利申请，有助于从更多的延伸领域获得专利保护，继续享用非格司亭药物专利所带来的红利。

另外，安进公司在此阶段还对 PEG 修饰的 G－CSF 作了进一步改进，在 G－CSF 上修饰了两个或更多的 PEG，多 PEG 修饰的 G－CSF 相对于单个 PEG 修饰的 G－CSF 具有更高的活性。这反映了安进公司在培非格司亭成功上市之后，仍然在尝试对产品进行升级，未来能否推出培非格司亭的更新换代产品，拭目以待。

8.3　竞争对手的专利构成

8.3.1　重点竞争对手

安进公司非格司亭药物的基础核心专利 WO87001132A1 于 2006 年在美国、欧洲和日本等市场陆续到期，2008 年非格司亭的第一个仿制药上市销售，但仅在欧洲市场。美国的仿制药由于政策的原因有所推迟，2012 年，仿制药 tbo－filgrastim（Granix）才获得上市批准，2015 年美国第一个真正意义上的生物仿制药 filgrastim－sndz（Zarxio）获批上市，国外仿制药企业以及仿制药物如表 8－4 所示。

表 8－4　国外非格司亭仿制药上市情况汇总

仿制企业	商品名	FDA 批准日期	EMA 批准日期
Teva	Tevagrastim/Granix	2012	2008
Ratiopharm GmbH	Ratiograstim	—	2008
AbZ－Pharma GmbH	Biograstim	—	2008
Ratiopharm GmbH	Filgrastimratiophram	—	2008
Hexal AG	FilgrastimHexal		2009
Sandoz	Zarxio	2015	2009
Hospira	Nivestim	—	2010
Apotex	Grastofil	—	2013
Accord Healthcare	Accofil	—	2014

尽管安进公司涉及非格司亭的基本多肽的专利在国内并未获得授权，但其通过麒

麒鲲鹏（中国）公司在我国于 1993 年推出了重组人粒细胞刺激因子产品，商品名为惠尔血。麒麟鲲鹏（中国）公司是日本协和发酵麒麟（Kirin）株式会社的全资子公司，Kirin 与安进公司合作，于 1984 年成立了 Kirin - Amgen 合资公司，并成功在日本上市非格司亭药物。

由于没有专利保护，国内多家企业都开发了非格司亭的仿制药物，如表 8 - 5 所示，包括齐鲁制药、哈药生物、厦门特宝以及九源基因等在内的多家制药企业均生产了重组人粒细胞刺激因子注射液，蚕食了麒麟鲲鹏（中国）公司的市场份额。2005 ～ 2013 年齐鲁制药的市场份额由 2005 年的 24.5% 提高到 2013 年的 42.6%，居市场首位；而麒麟鲲鹏（中国）公司的市场份额由 2005 年的 27.5% 降到 13.1%；2013 年，九源基因、哈药生物、厦门特宝和北京双鹭的市场份额分别达到 8.6%、7.6%、6% 和 4.6%❶。

表 8 - 5　国内非格司亭类仿制药上市情况汇总

生产企业	商品名	生产企业	商品名
齐鲁制药	瑞白	哈药生物	里亚金
厦门特宝	特尔津	九源基因	吉粒芬
北京双鹭	立生素	长春金赛	金磊赛强
北京四环	欣粒生	深圳新鹏	瑞血新
上海三维	赛格力	苏州中凯	洁欣
华北制药	吉赛欣	成都生物制品	保力津
石药集团百克	津恤力	山东科兴	白特喜

安进公司在推出培非格司亭之后，由于其良好的疗效和可持续性，迅速扩大了安进公司 G - CSF 领域的市场。相对于非格司亭来说，目前国内外上市的培非格司亭仿制药并不多，已批准上市的产品有 Teva 公司的利培非格司亭（Lonquex）、石药集团的津优力以及齐鲁制药的新瑞白。此外，包括深圳新鹏、北京双鹭以及九源基因在内的制药企业也都在开发或报批 PEG - GCSF 药物（见表 8 - 6）。

表 8 - 6　全球培非格司亭类仿制药上市情况汇总

生产企业	商品名	上市时间
Teva	Lonquex（Lipegfilgrastim）	2013 - 07 - 25（EMA）
石药集团百克	津优力	2012 - 03 - 17（CFDA）
齐鲁制药	新瑞白	2015 - 08 - 26（CFDA）

---

❶　重组蛋白药物行业深度报告系列之七——长效制剂将带来国内 GCSF 格局变动［EB/OL］．［2014 - 10 - 21］．http：//news. qq. com/cmsn/20141022/20141022040012.

严格来说，Teva 生产的利培非格司亭并不完全是培非格司亭的仿制药，该药物是一种新颖的、聚乙二醇化、糖基化的长效型非格司亭，可以看作是其通过仿创结合推出的具有自主知识产权的 PEG – GCSF 类药物。

另外，日本中外制药（Chugai）也较早地推出了重组的 G – CSF 药物——来格司亭（Lenograstim），该药首先在日本上市，首次批准上市时间是 1991 年 10 月 4 日，在日本上市的商品名为 Neutrogin，该药在其他国家的商品名为 Granocyte，该药物的活性成分也是重组 G – CSF，N 末端为 Thr，C 末端为 Pro，共 174 个氨基酸残基。非格司亭 G – CSF 氨基酸序列的 N 端添加了一位甲硫氨酸，除此之外，来格司亭和非格司亭 G – CSF 的氨基酸残基序列完全一致；另外，在生产方法上，非格司亭是通过在大肠杆菌中进行基因表达得到，而来格司亭则是利用中国仓鼠卵巢细胞（CHO）生产得到；此外，来格司亭 G – CSF 第 36 位和第 42 位 Cys、第 64 位和第 74 位 Cys 分别形成了两对二硫键，并且第 133 位 Thr 为 O – 连接的糖基化结合位点，而非格司亭则不含 O – 连接的糖基化。

中外制药企业虽然较早地推出了来格司亭，但是，其市场销售明显不如非格司亭，如图 8 – 6 所示，其年销售额最高出现在 2007 年，达到 3.8 亿美元，除此之外，年平均销售额维持在 2 亿美元左右，远低于非格司亭的年销售额。

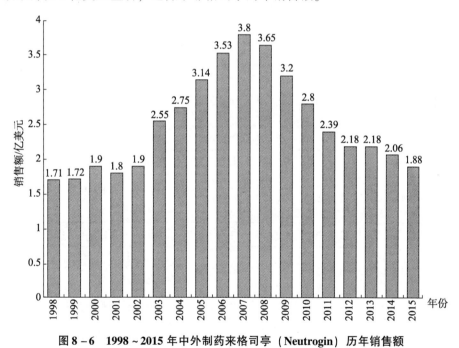

图 8 – 6　1998 ~ 2015 年中外制药来格司亭（Neutrogin）历年销售额

8.3.2　竞争对手专利布局

1. 国外仿制药企业

表 8 – 4 中列出了国外仿制非格司亭的制药企业，对这些制药企业在 G – CSF 领域

的专利申请进行分析发现，只有 Teva、Ratiopharm GmbH、Sandoz 以及 Hexal 进行了专利申请，其中 Teva 于 2010 年 3 月斥资近 50 亿美元收购了 Ratiopharm GmbH，鉴于此，接下来的分析将 Ratiopharm GmbH 的专利申请也纳入了 Teva 的名下。

如表 8 - 7 所示，Teva、Sandoz 和 Hexal 3 家制药企业，专利申请量最多的是 Teva，其次是 Sandoz，Hexal 申请量最少；其中，Teva 的专利申请涉及了给药方式、结构改造、药物制剂、医疗用途以及制备方法，Sandoz 的专利申请涉及了联合用药、药物制剂以及制备方法，而 Hexal 仅有 1 项涉及药物制剂的专利申请。

表 8 - 7　Teva、Sandoz 和 Hexal 公司 G - CSF 相关专利申请

申请人	公开号	申请日	技术主题	发明点
Sandoz	WO9516458A1	1994 - 12 - 12	联合用药	IL - 6 和 G - CSF 联用处理 IL - 6 治疗的急性期反应
Hexal	WO2005039620A1	2004 - 10 - 20	药物制剂	稳定水性 G - CSF 组合物，包括琥珀酸盐、表面活性剂、甘露醇/山梨糖醇
Teva	WO2005070138A2	2005 - 01 - 10	结构改造	G - CSF 变体，缺失 O - 连接的糖基化位点
Teva	WO2006074467A2	2006 - 01 - 10	结构改造	G - CSF 糖基化改造，糖基化连接基团包括改造的唾液酸残基
Sandoz	WO2007009950A1	2006 - 07 - 14	制备方法	纯化 G - CSF 的方法
Teva	WO2008124406A2	2008 - 04 - 01	医疗用途	利用糖聚乙二醇化 G - CSF 增加干细胞产生的方法
Sandoz	WO2008122415A1	2008 - 04 - 04	药物制剂	谷氨酸盐缓冲的 G - CSF 水性制剂
Teva	WO2009027437A1	2008 - 08 - 27	药物制剂	糖聚乙二醇化 G - CSF 水性制剂
Teva	WO2009027076A1	2008 - 08 - 27	药物制剂	包含 G - CSF、糖醇、表面活性剂在内的水性制剂
Teva	WO2010083434A2	2010 - 01 - 15	结构改造	重组人白蛋白 - G - CSF
Teva	WO2010083439A3	2010 - 01 - 15	医疗用途	利用重组人白蛋白 - G - CSF 治疗中性粒细胞减少症
Teva	WO2011113601A1	2011 - 03 - 17	制备方法	从包涵体获得活性人 G - CSF 的方法
Sandoz	WO2011161165A1	2011 - 06 - 22	药物制剂	包含非糖基化重组 G - CSF 与山梨糖醇的乙酸盐或谷氨酸盐的组合物
Teva	WO2012016984A1	2011 - 08 - 02	结构改造	唾液酸转移酶用于 G - CSF 的糖基化
Teva	WO2014147489A2	2014 - 03 - 14	给药方式	施用 300 ~670ug/kg 的重组人白蛋白 - G - CSF 治疗中性粒细胞减少症

结合上述 3 家公司所有的专利申请来看，涉及药物制剂方面的专利申请数量最多，这表明，对于仿制药企业，药物制剂的改进相对来说最容易，也是最有可能出现二次创新的技术分支；但是，从另一方面来说，容易改进的技术往往并不具有深层次的挖掘和保护意义。

在上述几个技术分支中，最能体现创新能力的是结构改造，通过结构改造能够获得与原研药不完全相同的活性成分，可以使仿制药企业摆脱原研药的思维，使研发进入一个崭新的方向，有助于 "二次创新" 的出现；在结构改造方面，只有 Teva 进行了专利申请，保护内容涉及了 G – CSF 位点突变、糖基化改造以及与人白蛋白重组。

由上可知，无论是专利申请数量，还是专利布局的维度或者专利布局的深度，Teva 均称得上仿制药企业里面最具创新能力的公司，在后面我们将对 Teva 的重点专利作进一步分析。

2. 国内仿制药企业

国内仿制药企业进行 G – CSF 相关专利申请的公司包括九源基因、哈药生物、北京双鹭、深圳新鹏、齐鲁制药、石药集团百克、北京四环、上海三维、苏州中凯、厦门特宝以及华北制药，其中，九源基因的专利申请和授权数量最多。

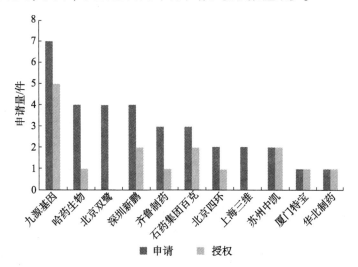

图 8 – 7　国内仿制药企业 G – CSF 相关专利申请及授权量

对国内仿制药企业所授权的专利进行分析（见表 8 – 8），结果显示，国内仿制药企业的专利申请多数集中在 G – CSF 或者 PEG 化的 G – CSF 的制备方法，包括 G – CSF 的重组表达、包涵体变性复性、离子交换色谱以及重组工程菌的发酵等方面，属于药物生产的下游环节，并且，大部分制备方法类的授权专利的权利要求技术特征较多，发明创新度不高，技术贡献较低。

表 8-8　国内仿制药企业 G-CSF 相关授权专利

申请人	公开号	申请日	技术主题	发明点
九源基因	CN102796197B	2011-05-24	结构改造	重组人血清白蛋白（G-CSF），HAS 的 C 端与 G-CSF 的 N 端连接，G-CSF 进行非糖基化改造
九源基因	CN101352573B	2007-07-27	结构改造	PEG 修饰 G-CSF 变体（赖氨酸缺陷），提高 PEG 定点单修饰的效率，PEG 在 N 端修饰
九源基因	CN101245109B	2007-02-12	结构改造	PEG 修饰 G-CSF 变体，PEG 通过巯基与 GSCF 中游离的 Cys 结合，提高活性，延长半衰期
石药集团百克	CN103908427B	2013-01-05	药物制剂	PEG 化 G-CSF 注射液
北京四环	CN103233053B	2013-04-03	制备方法	重组表达 G-CSF，包涵体变性复性
哈药生物	CN103041100B	2012-12-25	制备方法	重组表达 G-CSF，包涵体变性复性
华北制药	CN101045742B	2006-03-27	制备方法	包涵体复性液
九源基因	CN1083488C	2002-04-24	制备方法	重组表达纯化 G-CSF
九源基因	CN102128907B	2010-10-27	制备方法	RP-HPLC 检测 G-CSF 纯度
齐鲁制药	CN102850450B	2011-07-01	制备方法	离子柱纯化 G-CSF
深圳新鹏	CN100363500C	2004-07-07	制备方法	重组表达 G-CSF，包涵体变性复性
深圳新鹏	CN100353485C	2004-07-07	制备方法	重组工程菌发酵
石药集团百克	CN103908660B	2013-01-05	制备方法	离子柱纯化 PEG 化 G-CSF
苏州中凯	CN101220081B	2008-01-28	制备方法	G-CSF 重组表达纯化
苏州中凯	CN101220082B	2008-01-28	制备方法	G-CSF 重组表达纯化
厦门特宝	CN101830977B	2010-05-07	制备方法	重组表达 G-CSF，包涵体变性复性

在所有国内仿制药企业中，只有九源基因在 G-CSF 的结构改造上进行了相关研究，也取得了一定的成绩，其对 G-CSF 的结构改造包括对 G-CSF 本身的改造以及对 PEG 修饰位点的改造，在仿制的基础上进行了二次创新。

九源基因在 CN101245109B 中提到了虽然对 G-CSF 进行 N 末端 PEG 修饰（安进

公司进行 PEG 修饰 G – CSF 的策略）能够提高药物的半衰期，但是，由于 G – CSF 蛋白与细胞受体结合位点主要位于 N 末端，因此在 N 末端进行 PEG 修饰会引起 G – CSF 蛋白生物学活性的降低；基于此，九源基因对 G – CSF 进行了改造，使 PEG 通过巯基与 G – CSF 中的游离 Cys 进行结合；具体操作时，九源基因首先将 G – CSF 原来游离的靠近 N 端的第 18 位 Cys 突变，然后在不影响 G – CSF 蛋白活性的靠近 C 端的位置引入新的 Cys（通过氨基酸取代或插入），进而在此 Cys 上进行 PEG 修饰；另外，在该专利中，九源基因还对 G – CSF 的第 2 位、第 4 位、第 5 位、第 6 位氨基酸进行了突变；最终得到了活性提高、半衰期延长的 PEG – rmhG – CSF – Cys 产品，该产品的核心结构与安进公司的培非格司亭药物核心结构不完全相同，九源基因开辟了新的 PEG 修饰 G – CSF 的策略，成功地实现了"仿创结合"；该授权专利仍维持 10 年，远高于国内授权专利的平均维持年限，可见九源基因对该专利的重视程度。

事实上，九源基因在重组 G – CSF 的研发上一直走在国内制药企业的前列，1996 年 10 月 14 日，九源基因获得了国内第一个 rhG – CSF 注射剂"吉粒芬"的试生产文号和新药证书，标志着我国第一个重组 G – CSF 的诞生。针对聚乙二醇化的重组 G – CSF 药物，九源基因已经在开展临床研究，但尚不明确其是不是基于 CN101245109B 的方案开发的新型 PEG 修饰的 G – CSF 药物。

3. 重点竞争对手

安进公司的非格司亭以及培非格司亭占据了 G – CSF 产品的大部分市场份额，处于绝对领先地位；2013 年培非格司亭占据了约 71% 的市场份额，而非格司亭则占据了约 23% 的市场份额❶。在所有的竞争对手里面，日本中外制药以及以色列的 Teva 是为数不多形成市场竞争力的制药企业，下面将对中外制药和 Teva 进行简单介绍。

（1）中外制药。

中外制药于 1986 年 2 月 7 日申请了专利 WO8604605A1（最早优先权日：19850208），该专利申请中公开了 G – CSF 的多肽序列，还公开了在大肠杆菌和 CHO 细胞中对 G – CSF 进行表达；该专利申请是中外制药有关 G – CSF 的基础专利，该基础专利的申请日或最早优先权日要早于安进公司关于 G – CSF 的基础专利 US4810643A。

虽然中外制药对 G – CSF 的专利申请早于安进，但二者的药物市场销售额却相差甚远，中外制药的来格司亭年平均销售额在 2 亿美元左右，远低于非格司亭的年平均销售额。一部分原因是二者产品的主打市场不同，非格司亭市场主要在美国，而来格司亭的市场则主要在日本，中外制药的基础专利 WO8604605A1 甚至没有进入美国市场。

中外制药和安进公司在基础专利中都是在大肠杆菌和哺乳动物细胞中对 G – CSF 进行了重组表达，但是，二者上市的药品所利用的表达体系截然不同，中外制药采用了 CHO 细胞，而安进公司则采用了大肠杆菌表达系统。对二者的基础专利进行分析发现：中外制药在大肠杆菌以及 COS – 1 细胞中表达得到的 G – CSF 与天然纯化的 G – CSF 活

❶ 重组蛋白药物行业深度报告系列之七——长效制剂将带来国内 G – CSF 格局变动 [EB/OL]. [2014 – 10 – 21]. http：//news. qq. com/cmsn/20141022/20141022040012.

·151·

性相当，但是在 CHO 细胞中表达得到的 G – CSF 活性要显著高于天然纯化的 G – CSF；而安进公司在大肠杆菌中采用优化的密码子表达 G – CSF，重组蛋白量能够达到 1.5mg/ml，但是在 COS – 1 细胞中表达得到的重组蛋白最高只能到 5μg/ml；最终，中外制药选择了高活性表达系统，而安进公司则选择了高产量表达系统。

另外，安进公司在 G – CSF 市场上能够占有举足轻重的地位，很重要的原因是该公司及时对产品进行升级，开发了单个 PEG 化的非格司亭，其中 PEG 修饰在 G – CSF 的 N 末端甲硫氨酸上。但是，中外制药并未进一步对来格司亭进行 PEG 修饰，作为一种每日都需给药的短效药物，来格司亭相对于培非格司亭更无竞争力。

中外制药的来格司亭和安进公司的非格司亭都选择进入了中国市场，其中，来格司亭于 1994 年在中国上市，商品名为格拉诺赛特，而非格司亭则通过麒麟鲲鹏（中国）公司 1993 年在我国上市，商品名为惠尔血。由于我国并未对二者有关多肽的基础专利给予保护，中外制药和安进公司于 1993 年在我国都申请了药品行政保护，但是，安进公司的非格司亭经审查不符合行政保护条件，申请被驳回，中外制药的来格司亭获得行政保护，期限截止日为 2001 年 8 月 14 日（见表 8 – 9）。

表 8 – 9　非格司亭和来格司亭药品行政保护

生产企业	商品名	受理日期	授权日	期限截止日
中外制药	来格司亭	1993 – 07 – 15	1994 – 02 – 14	2001 – 08 – 14
安进	非格司亭	1993 – 07 – 24	申请被驳回	

（2）Teva。

Teva 作为全球仿制药企业巨头，其针对安进公司的非格司亭和培非格司亭都开发了仿制药物，但是，该公司在仿制培非格司亭时，并没有一味地进行模仿，而是采用了"仿创结合"的方式开发了新型 PEG 化的非格司亭药物——利培非格司亭。

利培非格司亭（Lipegfilgrastim）是一种有别于培非格司亭的聚乙二醇化、糖基化的长效非格司亭，最初由 Neose Technology 公司研发，随后 Ratiopharm 旗下的 Bio-GeneriX AG 公司获得该药物的开发权，但是，Ratiopharm 于 2010 年被 Teva 收购，利培非格司亭随之落入 Teva 的名下，利培非格司亭于 2013 年 7 月 25 日获得 EMA 批准上市，商品名为 Lonquex®。

利培非格司亭的基础专利是 WO2005051327A2，申请日为 2004 年 11 月 24 日，该基础专利进入了美国、欧洲、日本、中国等主流市场，申请人为 Neose Technology 公司。在该基础专利申请中，公开了糖聚乙二醇化（glycopegylated）的 G – CSF，包括在糖基转移酶作用下将底物 G – CSF 与 PEG – 唾液酸供体反应后将 PEG – 唾液酸转移至 G – CSF 上的步骤，其中，首先使用唾液酸酶从 G – CSF 糖肽中除去现有的唾液酸，从而暴露全部或大部分的潜在半乳糖基，之后，利用合适的唾液酸转移酶来添加修饰的唾液酸。对该糖聚乙二醇化的 G – CSF 药效进行分析发现，其活性高于非格司亭，比培非格司亭略低；该糖聚乙二醇化的 G – CSF 体内半衰期优于非格司亭，与培非格司亭相当。

除了上述利培非格司亭的基础专利之外，Teva 还进一步针对 G – CSF 的糖基化改造进行了专利申请，WO2005070138A2 中公开了缺失 O - 连接的糖基化位点的 G - CSF 变体，通过该变体制备糖聚乙二醇化的 G - CSF，而 WO2012016984A1 中则公开了生产和纯化唾液酸转移酶的方法，获得的唾液酸转移酶可用于 G - CSF 的糖基化；可以说 Teva 另辟蹊径，开创了 PEG 修饰 G - CSF 新策略，在 G - CSF 的长效药物制剂领域占领了一席之地。

8.4　专利诉讼和挑战

针对安进公司的非格司亭（Neupogen）以及培非格司亭（Neulasta），山德士（Sandoz）和奥贝泰克（Apotex）公司均提出了生物类似药申请，其中，山德士未进入"专利舞蹈"程序，奥贝泰克则遵循了"专利舞蹈"程序，下面对二者的生物类似药申请之路分别进行介绍。

8.4.1　山德士——拒绝跳舞

山德士针对安进公司的非格司亭和培非格司亭均通过 BPCIA 程序申请了生物类似药，但是，山德士没有遵循"专利舞蹈"程序，原研药企业安进公司将山德士诉之法庭，下面将详细介绍该案件。

1. 非格司亭生物类似药

2014 年 7 月 7 日，山德士向 FDA 提出非格司亭生物类似药申请，其是在 BPCIA 简化途径下第一个审查的生物类似药；山德士在申请中参照引用了安进公司的非格司亭，FDA 接受申请后，山德士告知安进公司不打算进入"专利舞蹈"步骤，也没有披露相关信息，山德士同时还向安进公司提出其类似药的 180 天上市前通知，预期该药在 2015 年 3 月 8 日获得 FDA 批准，届时将推出类似药上市。

2014 年 10 月 24 日，安进公司于北加州地区法院对山德士提出诉讼，认为山德士在 FDA 接受申请的 20 天内没有提供其申请和制造工艺信息，违反了 BPCIA 规定的"专利舞蹈"必需的第一步，并认为山德士没有遵循"专利舞蹈"程序，不能被 FDA 审批通过。此外，安进公司还认为，山德士试图绕开 BPCIA 有关生物类似药"不晚于首次上市前的 180 天内通知参照药制造商"的规定，山德士在 2014 年 7 月的通知是对"180 天上市前通知"的错误理解，要求法院纠正这一错误理解，判定山德士直到 FDA 获批后才能进行此"180 天上市前通知"。

2015 年 3 月 19 日，地区法院判定"专利舞蹈"程序并不是强制性的，生物类似药不需要等到 FDA 批准后才通知原研药企业。

尽管还存在诉讼争议，山德士的非格司亭生物类似药 Zarxio 于 2015 年 3 月 6 日获得了 FDA 的批准，成为首个通过 BPCIA 简化途径获批的药物。但是，山德士并没有即刻推出自己的产品，同意推迟药物上市时间，而安进公司寻求禁止令阻止 Zarxio 上市。

2015 年 3 月 25 日，安进公司针对地区法院的判决提出上诉并提出加快诉求和请求禁令延迟山德士的 Zarxio 产品上市。联邦巡回上诉法院准予加快程序，于 2015 年 5 月

5 日批准了请求禁令。

2015 年 7 月 21 日，联邦巡回上诉法院判决："专利舞蹈"程序是可选的，上市通知只能在 FDA 批准后进行。对此，Lourie 法官写了多数（2：1）意见，认为信息披露的规定不是强制性的，如果生物类似药申请人不按照规定提供信息，参照药企业唯一的补救办法是立即进行侵权诉讼。在有关通知的问题上，法院认为如果申请人决定不进入"专利舞蹈"程序，上市前通知是强制性的，并且只能在 FDA 获批之后才能进行通知。由于山德士只有在获批后的上市通知才是有效的，因此，法院延长了上诉禁令至 2015 年 9 月 2 日。

2015 年 9 月 2 日，联邦巡回上诉法院驳回了安进公司的临时紧急禁令。

2015 年 9 月 3 日，山德士生物类似药上市。

2. 培非格司亭生物类似药

2015 年 11 月 18 日，山德士向 FDA 提交了培非格司亭生物类似药申请，参照药是安进公司的培非格司亭。同时，山德士告知安进公司 FDA 已接受其生物类似药申请，并向安进公司提供了申报资料以及制造工艺信息。

2016 年 1 月 12 日，安进公司向山德士提供了生物类似药侵权专利清单：US8940878 和 US5824784。

2016 年 2 月 2 日，山德士提供无效申请和非侵权的争辩，并表示不再遵循 BPCIA 的规定，山德士认为 BPCIA 条款下的交换和谈判不再必需。

2016 年 3 月 4 日，安进公司将山德士诉至地区法院，认为山德士并没有遵循"专利舞蹈"程序，违反了 BPCIA 的规定，请求宣告式判决；在安进公司提交诉讼之后，山德士向安进公司致函重启了"专利舞蹈"程序，安进公司进行了答复，从而完成了 BPCIA 条款下的谈判程序，因此，导致上述诉讼被驳回。

2016 年 5 月 12 日，安进公司向山德士提起侵权诉讼，所依据的专利即是 US8940878 和 US5824784；其中，US8940878 涉及了蛋白纯化的方法，保护期限至 2031 年 10 月 8 日，而 US5824784 涉及了 N 末端修饰 G - CSF 的方法和产品，保护期限已于 2015 年 10 月 20 日到期。虽然 US5824784 保护期限已至，但是，安进公司宣称由于山德士提交生物类似药申请的时间早于 2015 年 10 月，并且，在安进公司和山德士进入"专利舞蹈"程序之后，双方已同意上述两项专利包含在侵权范围内。

目前，山德士的培非格司亭生物类似药申请还未获得 FDA 批准。

8.4.2 奥贝泰克——遵循专利舞蹈

奥贝泰克于 2014 年 12 月和 2015 年 2 月向 FDA 申请了 2 项生物类似药，参照药分别为安进公司的非格司亭和培非格司亭，奥贝泰克在申请中遵循了"专利舞蹈"程序，但最终还是被安进公司诉至法院，下面将详细介绍案情。

奥贝泰克在进行生物类似药申请后，向原研药企业安进公司提供了生物类似药申报资料和制造工艺信息；随后，双方进行了 BPCIA 条款下的信息交换，安进公司提供了专利清单，奥贝泰克对专利清单进行了回应并向安进公司提出了上市前通知；双方就专利侵权清单达成了一致意见，专利清单中包含两项专利：US8952138 和 US5824784，同意即刻进行专利诉讼。

2015 年 8 月 6 日，安进公司依据 US8952138 和 US5824784 向奥贝泰克的生物类似药提起侵权诉讼，这是 BPCIA 生物类似药申报途径下真正进入"专利舞蹈"程序后的第一起专利侵权诉讼案；安进公司除了主张奥贝泰克侵犯专利权之外，还认为奥贝泰克的"180 天上市前通知"的时机不对，安进公司认为该通知应当在奥贝泰克的药物获批之后进行；安进公司还针对奥贝泰克的生物类似药向法院申请了临时禁令。

2015 年 12 月 9 日，地区法院批准了安进公司的临时禁令，奥贝泰克的生物类似药需要在 FDA 批准之后才能作出"180 天上市前通知"。

2015 年 12 月 30 日，奥贝泰克对地区法院的临时禁令进行了上诉，奥贝泰克认为由于己方已和安进公司完成了"专利舞蹈"程序，该案与安进公司诉山德士的案情并不相同，山德士并未遵循"专利舞蹈"程序，因此需要 180 天上市前通知。

2016 年 7 月 5 日，联邦巡回上诉法院维持了地区法院针对奥贝泰克的临时禁令；联邦巡回上诉法院认为，奥贝泰克和山德士属于"事实上的区别，而不是法律上的区别"，直到药物得到 FDA 批准，才能清楚最终的生物类似药产品。

2016 年 7 月 18 日，地区法院判决 US8952138 的专利权是有效的。

2016 年 8 月 5 日，奥贝泰克针对安进公司的专利 US8952138 提出多方复审（IPR）请求。

2016 年 9 月 6 日，地区法院判决奥贝泰克的非格司亭和培非格司亭产品不侵犯安进公司的 US8952138 专利权。尽管奥贝泰克在专利诉讼案中胜诉，但奥贝泰克的药品销售仍要遵循 180 天上市前通知，需要在药品获得 FDA 批准后再做出该通知。

2016 年 9 月 9 日，奥贝泰克向联邦最高法院申请调卷审查联邦巡回上诉法院的判决，奥贝泰克提出：联邦巡回上诉法院认为针对 BPCIA 途径下的生物类似药申请必须进行上市前通知的观点是否正确？联邦巡回上诉法院认为生物类似药申请在获得 FDA 批准前不能给予有效的上市前通知，从而不当地延长药品法定的 12 年独占期至 12 年半的做法是否正确？

目前，奥贝泰克的生物类似药申请未获得 FDA 的批准。

8.4.3　案例争议焦点

从山德士和奥贝泰克的生物类似药申请过程，可以看到，BPCIA 途径下生物类似药申请的争议焦点在于：①BPCIA 专利纠纷解决条款是否是强制性的，专利舞蹈程序是否是必需的？②生物类似药的"180 天上市前通知"是否可以在 FDA 获批前发出，还是必须等到 FDA 批准之后才能够发出？

对于上述两点，参照药企业、生物类似药申请人、地区法院以及联邦巡回上诉法院给出了不同的见解和观点。

（1）针对第一个问题。

参照药企业安进公司认为，为了利用简化途径的优点，生物类似药申请人必须遵循"专利舞蹈"的规定，这是 BPCIA 平衡所在；"专利舞蹈"程序的强制性可以明显地从该条款中强制性语句得出，其指出了生物类似药申请人"应当"依照"专利舞蹈"程序的进程提供信息；此外，法令的目的是确定专利纠纷范围并促使纠纷早日解决，如果法院认为"专利舞蹈"规定不是强制性的，那么，法令的目的就落空了。

生物类似药申请人山德士认为，BPCIA 途径给生物类似药申请者提供了一种选择，可以选择按照"专利舞蹈"程序的规定交换信息，也可以选择直接面对专利侵权宣告的诉讼；唯一的问题在于如果生物类似药申请人选择不进入"专利舞蹈"程序将面临什么样的后果，BPCIA 提供了明确的答案：如果一个生物类似药申请人未遵循"专利舞蹈"程序，参照药制造商可以直接对生物类似药申请人提起侵权诉讼；山德士还认为安进公司依据法规语言的观点是错误的，因为当伴随着替代或特定的结果时，这种语言并不意味着"强制性"，不意味着强制遵守"专利舞蹈"程序。

地区法院认同山德士的观点，认为"专利舞蹈"规定只是为申请人提供了避风港（通过限制参照药制造商发起专利诉讼），但是，并没有强迫遵守，申请人可以选择放弃避风港而直接参与诉讼。

联邦巡回上诉法院认为，尽管"shall"条款"似乎意味着申请人在规定期限内须向参照药制造商披露 aBLA 及制造信息"，但是这一规定"并不能孤立地理解"："在其他规定里，BPCIA 明确考虑了申请人可能无法在规定期限内披露所需信息"。因此，尽管"shall"本身的理解可能支持安进公司的解释，但从 BPCIA 其他规定来看，"shall"并不意味着"must"；并且，正如山德士的观点，如果申请人未成功披露信息，BPCIA 明文规定了唯一的补救措施来纠正这种失败，即参照药制造商可立即进行侵权诉讼。安进公司的立场（BPCIA 要求遵守信息披露）将使这些规定"多余"，违背了法律解释原则。

（2）针对第二个问题。

参照药企业安进公司认为，生物类似药申请人必须等到药品获得 FDA 的批准后才能进行 BPCIA 规定的通知事宜，这种理解才能正确履行规定的目的，即为参照药制造商提供足够的时间来诉求法院制止生物类似药的上市直到专利纠纷已解决。

生物类似药申请人山德士认为，在通知前并不必须获得 FDA 批准，安进公司对该规定的理解为参照药制造商无端提供了 180 天的额外时间——在这段时间里生物类似药不能上市——超出了 BPCIA 已经给予参照药制造商排他性的 12 年的时间（在 BPCIA 简化途径下，生物类似药申请人不能申请新生物制品直到参照药制造商被批准 4 年之后，FDA 不会批准生物类似药申请人参照的新的生物产品直到参照药品被批准 12 年之后）。

地区法院支持山德士的立场，很大程度上是因为它发现安进公司的解释"有问题"，因为这种解释导致"在参照药品已经享有 12 年独占权的基础上又将额外增加 6 个月的市场独占期"。

联邦巡回上诉法院认为，"生物类似药申请人只能在 FDA 给予许可后才能提出有效的上市通知"，国会在提出该通知时采用了"许可的生物制品"而不是"生物制品本身"；另外，获得 FDA 许可后再通知更符合立法本意，因为只有经过批准后才能知许可的范围、固定的制造工艺以及生物类似药的市场，如果理解为在 FDA 获批前任何时间允许通知，参照药制造商可能无法诉求法律进行临时禁令："参照药制造商会去猜测批准许可的范围以及何时才能真正上市"。

另一个生物类似药申请人奥贝泰克对此也有不同的观点，该公司认为，延长生物类似药 180 天的上市时间会打破价格竞争和创新之间的平衡，针对选择进入"专利舞蹈"程序的生物类似药申请人以及选择不进入"专利舞蹈"程序的生物类似药申请人应区别对待，不能因为后者必须等到 FDA 批准后才能进行"180 天上市通知"而同样要求前者也必需遵守此规定，因为前者的生物类似药申请人已经把申报资料和生产工艺信息提供给了原研药企业。

8.5　仿创结合优化产品结构的启示

8.5.1　原研药企业布局策略

安进公司在开发非格司亭之后，及时发现了该药物半衰期短、需多次注射的缺点，通过结构改造，进行产品升级，开发了培非格司亭，延长了药物半衰期，提高了药效。

在产品更新换代的过程中，安进公司很早就进行了 PEG 修饰 G – CSF 的专利申请，为培非格司亭药物的上市做好了保障，甩开了竞争者的脚步，随后，安进公司又对技术进行深挖，在培非格司亭基础专利的 6 年之后又申请了优化的核心专利。

利用 PEG 修饰延长药物的半衰期、提高药效，属于常用的技术方法；安进公司能够意识到在非格司亭上市之后，其他仿制药企业也可能通过 PEG 修饰的方法延长非格司亭的半衰期，因此安进公司早早地进行了 PEG 修饰的专利布局，体现了其敏锐的嗅觉和警惕的态度。但是，如果太早进行专利申请，而相应药物又迟迟不能上市，会"变相"地缩短药物上市之后的专利保护期限。因此，安进公司又对 PEG 修饰技术作了进一步优化，一段时间之后提出了核心专利申请，延长了药品上市之后的专利保护期限。安进公司充分利用了自身优势，又兼顾了专利保护期限，充分发挥了专利的保护价值。

在 PEG 修饰 G – CSF 的策略上，安进公司虽然已经实现了年均销售额十几亿美元（非格司亭）到近 50 亿美元（培非格司亭）的更新换代，但其并未止步，仍在尝试进一步改进 PEG 修饰策略，发现多 PEG 修饰的 G – CSF 相对于单个 PEG 修饰的 G – CSF 具有更高的活性，希望借此促进产品的再次升级。

非格司亭的成功给国内原研药企业的启示是：在开发出药品之后，针对药品的缺点需要及早进行技术改进，并提前进行专利申请；在申请基础专利之后，可以继续优化申请核心专利，并适当延长核心专利和基础专利的间隔时间，以延长药品上市后"有效"的专利保护期限。

8.5.2　仿制药企业布局策略

安进公司通过 PEG 修饰 G – CSF，带来产品升级，提升了市场份额，给仿制药企业带来了机会，当然也存在很多挑战，是坐等专利保护到期，还是积极研发，进行仿创结合，是仿制药企业亟待解决的问题。

非格司亭的成功，引来了大批的仿制药企业，由于国内自由的竞争环境，非格司亭仿制企业更是数不胜数；一味地模仿虽然能够带来些许利润，但并不是长久之道，也不利于国内制药企业做大做强。

针对生物制品，尤其是蛋白药物，通过对氨基酸结构的改变/修饰往往能够带来积极的效果，例如，对非格司亭的 PEG 修饰能够提高药效；同时，针对同一种修饰通常会存在多种修饰策略，例如，PEG 修饰可以针对不同的氨基酸位点、基于不同的 PEG 缀合方式，还可以对氨基酸序列进行优化等，这就给仿制药企业带来了创新的机会。

针对培非格司亭的仿制，国外的 Teva 以及国内的九源基因采用了不同于安进公司的修饰策略，实现了仿创结合，Teva 的利培非格司亭已经上市并取得了成功，九源基因也在申请培非格司亭药物上市，通过形式多变的修饰方式，Teva 和九源基因均开辟了另一条创新之道。

国内仿制药企业在选择仿制策略时，建议采取积极的态度，坐等专利到期不仅被动，并且会与若干仿制者同时竞争；而积极地寻求技术突破，可以变被动为主动，不仅能够促进技术变革，还能够提高企业影响力，尤其在生物制品领域，存在多种产品升级方案，建议积极地进行仿创结合。

8.5.3 "专利舞蹈"的解决途径

生物类似药申请 BPCIA 简化途径包括了信息交换程序、专利范围谈判与诉讼以及上市前通知，从山德士和奥贝泰克的生物类似药申请过程可以发现，生物类似药申请人可以选择进入或不进入"专利舞蹈"，但是，不管哪种选择，专利侵权诉讼都是不可避免的。

山德士的非格司亭生物类似药申请自始至终没有进入"专利舞蹈"程序；该公司的培非格司亭生物类似药申请先进入了"专利舞蹈"程序，后来跳出程序，在被诉的情况下又选择进入了"专利舞蹈"程序；而奥贝泰克的非格司亭和培非格司亭生物类似药申请则都选择进入"专利舞蹈"程序，并且遵守了信息交换以及专利范围谈判与诉讼程序。从目前联邦巡回上诉法院的判决来看，专利舞蹈程序并不是强制性的，生物类似药申请人可以选择不进入"专利舞蹈"程序，即使不进入"专利舞蹈"程序，原研药企业也能够选择专利侵权诉讼来解决争议。

如此看来，选择进入"专利舞蹈"程序貌似并不"划算"，因为即使在"专利舞蹈"程序完成了相关的专利诉讼程序，原研药企业还可以利用其他的专利权继续进行专利侵权诉讼；例如，奥贝泰克的生物类似药申请，目前来看其赢得了"专利舞蹈"的侵权诉讼，这并不代表安进公司不会用其他的专利权进行侵权诉讼。

另外，山德士和奥贝泰克的生物类似药申请还有一个焦点，在于"180 天上市前通知"到底在何时提出；针对这一点，山德士和奥贝泰克希望越早越好，因此在向 FDA 提出申请时或者 FDA 接受申请时就告知了原研药企业安进公司"180 天上市前通知"，而安进公司则希望该通知越晚越好；从根本上而言，"180 天上市前通知"是独占期之争，是经济利益之争。

BPCIA 已经给予原研药企业排他性的 12 年独占期（在 BPCIA 简化途径下，生物类似药申请人不能申请新生物制品直到原研药企业被批准 4 年之后，FDA 不会批准生物类似药申请人的生物产品直到原研药品被批准 12 年之后）；联邦巡回上诉法院虽然认可上市后再通知会无端地延长原研药企业 12 年的市场独占期，安进公司将获得额外的 180 天市场独占权，但是，"额外的 180 天并不是普遍存在的，因为对于其他的商品来说，aBLAs 总会在 12 年市场独占期之内提出"；因此，联邦巡回上诉法院认为"180 天上市前通知"需在药物获得 FDA 批准之后发出，无论是否选择进入"专利舞蹈"程序。

总体而言，针对 BPCIA 规定，生物类似药申请人和原研药企业有各自的解释，甚至不同的生物类似药申请人也有不同的理解，并且，地区法院和联邦巡回上诉法院的观点也有相左的地方；该程序较复杂，虽然 FDA 已批准 BPCIA 途径下的第一个生物类似药（非格司亭生物类似药申请）、地区法院也经历了第一个进入"专利舞蹈"程序的专利侵权诉讼（培非格司亭生物类似药申请），但该程序目前尚未有联邦最高法院的司法解释，并且涉及了对法案本身的理解、针对法案的诉讼、针对专利侵权诉讼，中间还会夹杂 IPR 程序，该简化途径看起来并不怎么简化。

按照目前联邦巡回上诉法院对 BPCIA 途径的解释，生物类似药申请人不进入"专利舞蹈"程序显然能够获得更多的利好：①可避免原研药企业获知己方的申报信息和制造工艺信息，使原研药企业处于更加被动的位置；②可减少专利侵权诉讼的次数，如果进入"专利舞蹈"程序，可能面临两次专利诉讼，不进入"专利舞蹈"程序，只需要面临一次专利诉讼；③缩短解决专利纠纷的时间，如果进入"专利舞蹈"程序通常要等待将近 8 个月才进入第一次诉讼，而不进入"专利舞蹈"程序，原研药企业会较早地提起诉讼。但是，无论是否进入"专利舞蹈"程序，生物类似药申请人都要面临原研药企业的专利侵权诉讼，能否赢得诉讼才是生物类似药成败的关键。因此，与其在"专利舞蹈"程序中大费周章，生物类似药申请人不如多花时间在专利无效以及专利侵权诉讼中。

第 9 章 评审途径助力"后专利悬崖"机会

【编者按】英夫利昔单抗作为最畅销抗炎药,原研企业虽然对该药物进行了较为全面的专利布局,由于未有效应对专利悬崖,市场份额堪忧。仿制药企业通过生物类似药评审途径打开了重磅药物低成本竞争的大门,英夫利昔单抗生物仿制药的批准标志着生物类似药全面进军美国市场。

本章从英夫利昔单抗重磅抗体药物出发,首先从产品、适应症等方面对其重点专利进行分析,并在此基础上,对强生专利申请的整体专利布局进行解读,此外,希望通过围绕英夫利昔单抗的专利诉讼分析给相关企业的专利布局提供一些参考或借鉴。

9.1 英夫利昔药品基本情况

英夫利昔单抗(Infliximab,商品名为 Remicade)是强生、默克、田边制药共同开发的一种特异性阻断肿瘤坏死因子(TNF-α)的人鼠嵌合型单克隆抗体。该嵌合单克隆抗体由人类恒定区和鼠类可变区组成,其中,75% 为人源化,25% 为鼠源化,可与TNF-α 的可溶形式和跨膜形式以高亲和力结合,从而阻滞 TNF-α 的信号传导以及随后的病理作用。

英夫利昔单抗作为治疗炎症的单克隆抗体药物,在临床上主要用于治疗类风湿性关节炎、克罗恩氏病、溃疡性结肠炎、强直性脊柱炎、银屑病关节炎、斑块性银屑病等。英夫利昔单抗是疾病控制性抗风湿药物,对于中重度活动性类风湿关节炎患者,英夫利昔单抗与甲氨蝶呤合用可用于减轻症状和体征、改善身体机能和预防患者残疾。

英夫利昔单抗最早于 1998 年 10 月被美国 FDA 批准用于治疗中重度节段性回肠炎。随着全球抗体药物的高速发展,英夫利昔单抗逐渐成为全球最畅销的抗炎药。作为强生最热销的"重磅炸弹"药物,英夫利昔单抗体现出巨大的商业价值,根据全球畅销药数据,仅 2013 年英夫利昔单抗的全球销售额达到 89.44 亿美元,高居全球最畅销药排行榜第二位;2014 年,英夫利昔单抗创造了全球销售额 92.4 亿美元的历史新高(见图 9-1);2015 年英夫利昔单抗全球销售额为 80 多亿美元,在畅销生物药中排名第二位,仅次于阿达木单抗。

在中国,强生通过其在华子公司西安杨森推广英夫利昔单抗,商品名为类克。2007 年 9 月类克获 CFDA 批准,并因其原研药身份享受单独定价权。由于中国类似药品缺乏,类克定价高昂,规格为 100mg/瓶/盒的售价为 6700 元。2015 年类克在中国的销售额为 3.08 亿元人民币,比 2014 年减少 0.07 亿元人民币,呈现出下滑趋势。

由于英夫利昔单抗的专利于2018年9月到期，其仿制药成为各制药公司激烈角逐的对象。英夫利昔单抗正面临大量生物类似药制造商的竞争，市场份额和销售额正在逐渐减少，而且趋势不会停止。因此，下面将结合研发历程对英夫利昔单抗的核心专利进行重点分析。

9.2 原研公司的专利布局

9.2.1 美国专利布局

强生的前身森托科尔公司（Centocor Inc）与纽约大学医疗中心于1994年2月4日申请了名称为"抗TNF-α抗体与采用抗TNF-α抗体的检测"的美国专利US08192093，并于2001年9月4日获得授权，公告号为US6284471B1。该专利为英夫利昔单抗核心专利。该专利的优先权日为1991年3月18日，要求保护了包含cA2可变区的人-鼠嵌合抗体及其检测用途。围绕该核心专利，森托科尔公司及其母公司强生、纽约大学医疗中心（以下合称"原研公司"）进行了不断研究，申请了大量后续专利，形成了严密的专利布局。经笔者检索，其主要专利如表9-1所示。

表9-1 原研公司英夫利昔单抗主要美国专利

公开号/专利号	专利类型	申请年份	公开号/专利号	专利类型	申请年份
US6284471B1	产品	1994	US20050260201A1	适应症	2005
US5919452A	适应症	1994	US7227003B2	产品	2005
US5656272A	适应症	1994	US7160542B2	适应症	2005
US5698195A	适应症	1994	US7128908B2	适应症	2005
US6277969B1	产品	1998	US7135179B2	适应症	2005
US6835823B2	产品	2001	US20060018907A1	适应症	2005
US6790444B2	产品	2001	US7404955B2	适应症	2005
US2002132307A1	产品&制备方法	2001	US7138118B2	适应症	2005
US20010021381A1	适应症	2001	US7160543B2	适应症	2005
US6991791B2	适应症	2001	US20090041762A1	适应症	2005
US7101674B2	产品	2001	US7276239B2	产品	2005
US7192584B2	适应症	2001	US20060222646A1	适应症	2006
US20020119152A1	适应症	2001	US7179893B2	产品	2006
US7214376B2	适应症	2001	US20060246073A1	适应症	2006
US7226593B2	适应症	2002	US20070298040A1	适应症	2006
US7169386B1	适应症	2002	US6277969B1	产品	2006
US20020141996A1	适应症	2002	US7560108B2	产品	2006

续表

公开号/专利号	专利类型	申请年份	公开号/专利号	专利类型	申请年份
US20020146419A1	适应症	2002	US20080025976A1	适应症	2007
US7135178B2	适应症	2002	US7416729B2	适应症	2007
US20030180299A1	适应症	2002	US7374761B2	产品	2007
US7179466B2	适应症	2002	US7744885B2	适应症	2007
US7070775B2	产品	2002	US20090186772A1	产品 & 疗效评估	2008
US7160995B2	产品	2002	US7790871B2	产品	2008
US20030133935A1	适应症	2002	US20100069256A1	产品 & 疗效评估	2009
US20030147891A1	适应症	2002	US20100145901A1	疗效评估	2010
US20030064070A1	适应症	2002	US20100331209A1	疗效评估	2010
US7223396B2	适应症	2002	US20110195063A1	适应症	2010
US7204985B2	适应症	2003	US20110160085A1	疗效评估	2011
US7166284B2	适应症	2003	US8822423B2	产品	2012
US7128907B2	适应症	2003	US20130183298A1	适应症	2013
US20040120952A1	适应症	2003	US20130171136A1	适应症	2013
US20040115200A1	适应症	2003	US20140212413A1	适应症	2014
US7169388B2	适应症	2004	US20140273092A1	制备方法	2014
US20050255104A1	适应症	2005	US20140328837A1	产品	2014

注：分案申请和母案申请计为1项。

9.2.2 技术分支

对原研公司涉及英夫利昔单抗的美国专利申请作进一步分析，如表9－2所示，其保护主题涵盖了产品、制备方法、医疗用途、疗效评估等类型。在这些不同的技术分支中，申请量最多的是医疗用途，其次是抗体相关产品，与疗效评估相关的申请则排在第三位。在2008年之前，原研公司的专利申请涉及了多个技术分支，尤其是针对抗体相关产品和医疗用途，在2007年之前基本完成了专利布局；2008年之后的专利申请涉及了检测方法、控释装置、制备方法及部分适应症（见图9－1和图9－2）。

表9－2　原研公司英夫利昔单抗各技术分支专利申请　　　　单位：项

技术分支	全部	有权
适应症	47	20
制备方法	1	0
抗体相关产品	18	16
控释装置	2	0
疗效评估	5	0
检测方法	1	1

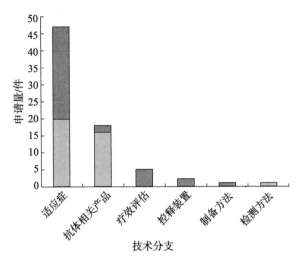

图 9 – 1 原研公司英夫利昔单抗各技术分支专利申请分布

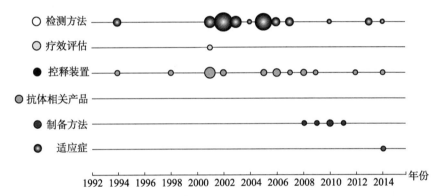

图 9 – 2 原研公司英夫利昔单抗各技术分支美国专利的申请量年度分布

注：图中圆圈大小表示申请量多少。

森托科尔公司（Centocor Inc）于 1994 年申请了有关英夫利昔单抗的基础专利 US08192093，在该专利申请中，森托科尔公司从鼠抗人 TNF 单抗杂交瘤 cA2 克隆了抗体的可变区序列，表达验证了嵌合抗体的特异性和体外中和活性，并证实了嵌合抗体治疗 sepsis 综合征患者等的治疗效果。嵌合抗体和人源化抗体技术分别出现在 1984 年和 1986 年，这种对抗体结构的精细改造包括将抗体恒定区变为人源序列，同时将直接接触靶抗原的抗体互补决定区保留为鼠源，通过改造能够降低人体对鼠源抗体的排异反应，延长抗体的体内半衰期。该专利在申请之前存在与嵌合抗体相关的在先专利技术，例如 US5807715、US6773600，其分别涉及包含重链和轻链的功能性免疫球蛋白的制备方法、蛋白液体材料的纯化方法。

在该申请中还提到了检测人类 TNF 的免疫分析方法，该专利是强生开发英夫利昔单抗的基础专利。在申请该基础专利之后，森托科尔公司仅在 1994 年提出了 3 项适应症相关申请，分别涉及 TNF 介导疾病、克罗恩氏病、类风湿性关节炎，以及在 1998 年提出了 1 项涉及抗体序列的申请。直到该基础专利获得授权的 2001 年，强生突然发力，围绕抗体相关产品、医疗用途、制备方法、疗效评估等角度进行了大量的专利布局。

9.2.3 抗体相关产品

在拥有英夫利昔核心专利权后，强生开始外延其周边产品。主要涉及针对 cA2 的抗独特型抗体、竞争性抑制 A2 的 TNF 结合并具有特定亲和力的抗原结合片段、抗体多肽、编码核酸、分离的重组抗体 A2 等。

涉及降低免疫性抗体的专利有 US7560108B2 和 US7790871B2。所涉及的抗体是基于英夫利昔单抗序列，经工程化降低鼠源序列的量以降低施用给病人时抗体产生针对自身免疫反应的可能性（见表 9 – 3）。

表 9 – 3　英夫利昔单抗的相关产品专利

抗体相关产品	全部/项	有效/项
人 – 鼠嵌合抗体	3	2
针对 cA2 的抗独特型抗体	1	1
竞争性抑制 A2 的 TNF 结合的抗原结合片段	1	1
核酸	3	3
抗体多肽	2	2
重组抗体	5	5
降免疫性抗体	2	2
评估试剂盒	1	0

9.2.4 适应症

在产品获得专利权后，他人未经专利权人许可对该产品进行的生产经营目的的使用也构成侵权。因此，产品专利权获得后某种程度上也可以对产品的应用进行一定程度的保护。策略性地提出产品应用的专利申请，除了可以隐藏自身研发方向以外，更重要的是，可以延长应用专利的保护期限。竞争对手即使是在产品专利到期后制造和销售相关仿制药物，但如果将其应用于受专利保护的适应症中，同样可能侵犯产品的应用专利权。基于上述考虑，在基础专利获得授权的同时，强生 2001 年年初开始着手布局英夫利昔单抗适应症重点专利。在适应症方面，英夫利昔单抗适应症相关重点专利分析如表 9 – 4 所示。

表 9 – 4　英夫利昔单抗适应症专利汇总

适应症	全部/项	有效/项
TNF 介导的神经退行性疾病	3	1
弥散性血管内凝血	2	2
心脏病理	1	0

适应症	全部/项	有效/项
类风湿性关节炎	6	3
肺部病理	1	0
TNF 介导的疾病及复发	2	0
克罗恩氏病	4	3
Behcet's 病	1	0
VEGF 介导疾病	1	0
银屑病	5	2
癌症相关的恶病质	1	1
病毒感染相关的炎症	1	1
细菌感染	1	0
抑制癌症病人中 TNF	1	1
脉管炎症病理病人中 TNF	1	1
系统性红斑狼疮	1	1
结节病	1	1
哮喘	3	0
肿瘤性疾病	1	1
TNF 促炎症活性导致的组织损伤	1	1
强直性脊柱炎	6	0
血清阴性关节病	1	0
肝炎	1	0
巨细胞动脉炎	1	0

1. 类风湿性关节炎

类风湿性关节炎（Rheumatoid Arthrtis，RA）是一种以慢性破坏性关节病变为特征的全身性自身免疫疾病，TNF－α 拮抗剂可以有效阻止、缓解类风湿性关节炎患者的临床症状，改善其关节功能，甚至阻断关节影像学进展。英夫利昔单抗适应症申请中，关于类风湿性关节炎的专利申请数量最多，最初于 1994 年 10 月 18 日提交的专利 US1994324799A 涉及嵌合抗体 cA2 治疗人类风湿性关节炎，但该申请并未获得授权。强生于 2002 年 6 月 28 日提交了专利 US2002187121A，其以竞争性抑制 A2（ATCC NO：PTA－7045）鼠源抗体为条件限定抗体，请求保护治疗人类风湿性关节炎的方法，并最终于 2007 年 2 月 20 日获得授权。此后，强生先后提交了 4 次申请，其中 2005 年 12 月 8 日、2007 年 6 月 18 日提交的专利 US2005297810A 和 US2007820214A 均涉及亲和力限定的抗 TNF 抗体治疗人类风湿性关节炎的方法，并最终获得授权，实现了对英夫利昔单抗重要适应症类风湿性关节炎的多重专利保护。

2. 克罗恩氏病

克罗恩氏病（Crohn's disease，CD）是一种肠道炎症性疾病，又称局限性肠炎、节段性肠炎或肉芽肿性小肠结肠炎。英夫利昔单抗能够修复黏膜病损，对重症 CD 以及对激素无应答的患者具有疗效好且迅速的特点。强生最初于 1994 年 2 月 4 日提交的专利 US1994192861A 涉及嵌合抗体 cA2 治疗人类 TNF 介导的克罗恩氏病的方法，但该申请并未获得授权。强生后续于 2002 年、2003 年和 2005 年分别提交了专利 US2002319011A、US2003379866A 和 US20060280742A，以竞争性抑制 A2（ATCC NO：PTA－7045）鼠源抗体为条件限定抗体，请求保护治疗人类克罗恩氏病的方法，并最终获得了授权。

3. 银屑病

银屑病（psoriasis）是由 T 细胞介导的免疫性疾病，在银屑病患者中，TNF－α 过度表达，其拮抗剂无论在银屑病病情的缓解、复发间期的延长还是在安全性方面均显示出独特的优势。强生于 2001 年 8 月 10 日提交的专利 US2002033720A 涉及嵌合抗体 cA2 治疗人类银屑病的方法，该申请于 2007 年 3 月 20 日获得授权。此后，强生再次于 2005 年 6 月 29 日提交了专利 US2006013816A，以竞争性抑制 A2（ATCC NO：PTA－7045）鼠源抗体为条件限定抗体，请求保护治疗人类银屑病的方法，并最终获得了授权。之后的 2 项申请 US20050255104A1、US20060018907A1 未获得授权，US20140212413A1 尚在审理中。

除上述重点适应症外，强生同样在 TNF 介导的相关疾病的治疗领域布局了大量专利申请，例如 US6991791B2（涉及治疗 TNF 介导的神经退行性疾病）、US7135178B2（涉及治疗弥散性血管内凝血）、US7169386B1（涉及治疗病毒感染相关的炎症）、US7128908B2（涉及治疗系统性红斑狼疮）、US7135179B2（涉及治疗结节病）等。由于上述大量适应症的专利保护网的存在，加之强生拥有英夫利昔单抗产品等多项专利权，为后续药效评估方法的滞后提出提供了坚实的基础。

9.2.5　中国专利布局

相对于英夫利昔单抗在美国的严密布局，原研公司在中国的专利布局则几乎乏善可陈，目前仅有 2 项涉及评估方法的专利：一项涉及联合用药的专利维持有效，另一项涉及抗体制备方法的申请在审查中（见表 9－5）。

表 9－5　原研公司英夫利昔单抗主要中国专利

公开/公告号	主题	年份	法律状态
CN101978069A	评估方法	2009	逾期视撤失效
CN102165315B	评估方法	2009	专利权维持
CN102171365B	评估方法	2009	专利权维持
CN103773843A	评估方法	2009	逾期视撤失效
CN201484180B	联合用药	2009	专利权维持
CN105378086A	制备方法	2014	实质审查中

9.3 竞争产品的专利构成

2015年2月，英夫利昔单抗在欧洲的专利保护到期。2013年9月10日，欧洲批准了首个英夫利昔单抗生物类似物（Hospira公司的Inflectra）。这是自1999年以来欧洲首次批准含有英夫利昔单抗且被证明与类克相似的产品，其成为首批在欧洲获准上市的单抗类生物类似药。该生物类似药获批的适应症与类克相同，包括类风湿性关节炎、克罗恩氏病、溃疡性结肠炎、强直性脊椎炎、银屑病关节炎和银屑病。该生物仿制药的价格仅为原研药的30%~45%。

美国在批准生物类似药方面落后于欧洲。2012年，美国FDA发布了指导原则草案，以帮助生物类似药产品开发企业认识到对该类产品的期望，为其提供了清晰的批准监管路径。

美国仿制药公司Hospira和它的合作伙伴韩国赛尔群公司仿制出了Inflectra和Remsima，上述药物与类克有着相同的功效。欧盟批准了2个英夫利昔单抗的生物类似药，在美国也有10个仿制药正在研发。2016年5月30日，美国批准了Samsung Bioepis研发的SB2。具体英夫利昔单抗仿制药企业如表9-6所示。

表9-6 英夫利昔单抗仿制药企业及产品情况

生物仿制药公司	商品名	研发阶段
安进公司	ABP710	完成Ⅰ期临床
赛尔群/Hospira	Remsima/Inflectra	2013年9月欧盟获批；2016年4月美国获批
SamsungBioepsis	SB2	2015年12月韩国获批
Epirus Biopharmaceuticals	BOW015	2014年11月印度获批。全球Ⅲ期临床2017年7月结束
辉瑞公司	PF-06438179	2017年9月完成Ⅲ期临床
NipponKayaku	Infliximab BS	2014年11月日本获批
上海迈博生物	STI-002	2016年1月宣布Ⅲ期临床积极结果

9.3.1 重点竞争对手

为寻求在美国引入英夫利昔单抗生物仿制药，2008年全球第二大、亚太最大单抗药物生产企业——韩国赛尔群公司，与全球领先注射药物和输液技术供应商Hospira开始研发Remsima，并于2010年3月开始在20个国家对全球1400多名患者进行临床试验，于2013年7月，完成了Ⅰ期和Ⅲ期临床试验。2012年7月，获得韩国监管部门MFDS的批准，这是在国际通行规则下第一个获得监管批准的生物仿制单克隆抗体产品。2013年9月10日，Inflectra（Remsima，CT-P13）获得了欧洲EMA批准，可以在28个欧盟国家和3个欧洲经济区国家销售。该药是欧盟获批的首个单抗类生物类似药，获批适应症包括类风湿性关节炎、强直性脊柱炎、克罗恩病、溃疡性结肠炎、银屑病关节炎和牛皮癣。截至 2015 年 4 月，超过 50 个国家和地区，如欧盟、加拿大和日本已经批准 Inflectra 作为英夫利昔单抗的生物仿制药。

2014 年 8 月 8 日，Inflectra 通过 BPCIA 途径向美国 FDA 提交生物制品许可申请，寻求在美国销售英夫利昔单抗的生物仿制药。与此同时，赛尔群公司向麻州联邦法院提起诉讼并寻求强生专利无效的证据。2016 年 4 月 5 日，FDA 最终批准了 CT - P13（Infliximab - dyyb），适应症包括除了儿童溃疡性结肠炎（PUC）以外的所有适应症。

9.3.2　Remsima 进入专利舞蹈程序

2009 年，美国国会通过了生物药价格竞争及创新法案（BPCIA）。与规定小分子化合物药物仿制程序的 Hatch - Waxman 法案类似，BPCIA 初步制定了生物仿制药的审批办法。该法案将生物仿制药定义为高度相似于原研药的生物制品。尽管其在临床应用的无活性成分中有微小差异，但是临床上仅考虑比较生物仿制药和参比药之间的安全性、纯度和效价方面是否存在显著性差异。FDA 出台的一系列文件，旨在鼓励生物类似药快速发展，降低消费者成本，并加强美国制药企业参与全球生物制品市场的竞争力，为相关产品在美国获批提供了政策支持。

生物类似药在美国起步较晚，在 BPCIA 法案之后，FDA 才开始真正接受生物类似药的申请，针对生物类似药，FDA 建立了专门的生物类似药开发计划（Biological Product Development，BPD），设立多种正式会议，促进与申请人之间的沟通，以优化产品开发，加速上市申请。

美国原总统奥巴马于 2010 年 3 月 23 日签署的患者保护与平价医疗法案中，提出要为生物仿制药审批提供快速通道，同时解决专利纠纷的程序，含有很多精心设计的步骤，被称为"专利舞蹈"。

美国的生物类似药快速审批路径被规范在 BPCIA 中，除了审批的相关规定外，该法案还制定了一套用来解决原研药公司与类似药公司之间专利纠纷的制度，该制度被称为"专利舞蹈"程序。BPCIA 中有关专利纠纷解决的程序，包括了一连串要求类似药公司与原研药公司轮流执行的动作，可分为 3 个部分，分别是信息交换程序、专利范围谈判与诉讼及上市前通知。

2014 年 8 月 8 日，赛尔群通过 BPCIA 途径提交生物制品许可申请希望获得强生英夫利昔单抗生物仿制药的上市批准。FDA 接受申请后不久，申请人按 BPCIA 规定向强生提供了生物制品许可申请拷贝。但是强生声称虽然提供了生物制品许可申请，但赛尔群没有提供任何其他信息描述该申请述及的生物产品的制备方法的信息。基于生物制品许可申请和对方拒绝提供所需的制造信息，2014 年 12 月 26 日，强生提供了一份 6 项专利清单，宣称赛尔群的生物仿制药侵犯了其公司的 6 项专利。

专利 US7223396B2：使用英夫利昔单抗治疗克罗恩氏病患者的器官间异常联接。限于特定的使用方法，生物仿制药仅在用于治疗克罗恩氏疾病时发生侵权。申请人提交了这一适应症保护，如果不能获得批准，对于该专利的诉前禁令就是浪费时间和资源。

专利 US5807715B2：产生功能性抗体，2015 年 9 月 15 日到期。由于审查会无限延期，不可能在 2015 年 9 月 15 日前获批并上市，寻求禁令同样浪费。

专利 US6284471B1：涉及英夫利昔单抗，在再审中，目前处于驳回状态。强生成功修改了专利，但在再审完成前修改不会生效。在再审确定该专利的修改形式前，强生不会对该专利启动诉前禁令。在申请人的仿制药确实获批前，该专利也许已经完成再审，那时再寻求该专利的诉前禁令。

强生还主张 3 个制备方法专利：US7598083B2、US6900056B2 和 US6773600B2。

在上述"专利舞蹈"程序中，引人关注的焦点有两个：其一在于是否提供了制备信息。在缺少完整信息的情况下，强生不确定是否侵权制备专利，导致启动诉前禁令是不成熟的。其二是商业销售通知。赛尔群认为，在声称的商业销售通知发出时，仿制药还没被批准。申请人生物制品许可申请立案之前也提供了一份通知，因此，申请人主张商业销售通知可以任意时间提供，包括提交生物制品许可之前。

9.4　专利诉讼和挑战

随着专利诉讼数量的增加，USPTO 面临着越来越多的专利挑战。生物仿制药竞争者如果认为现有生物药的专利并不具备新颖性和创造性，可以利用 IPR 程序提出专利无效的诉讼程序。生物仿制药企业可以利用 IPR 程序对专利药的核心专利和相关的"改善"或"选择"同族专利提出无效诉讼，如果无效成功，生物仿制药能更早地进入市场。由于核心专利申请时间最早，专利过期最早，且核心专利有可能覆盖了可以仿制的多个药品，因此任何一家生物仿制药公司都有动机去挑战核心专利使其无效。一般来说，生物仿制药开发最深入、前期投入最多的公司利用 IPR 程序进行无效诉讼的可能性最大，而那些处于仿制早期的公司将采取观望策略等待专利布局清晰之后，选择合适的切入点投入大量资金研发自身的产品。

生物仿制药进入美国市场前必须解决 3 个主要问题——监管排他期、生物等效性的管理原则和专利排他期。BPCIA 明确了生物仿制药参比产品的监管排他期，规定美国 FDA 在参比产品上市至少 12 年后才可以批准生物仿制药上市。同时 BPCIA 还规定生物仿制药需要具备生物等效性。然而即使一个生物仿制药可以满足 BPCIA 规定的前 2 项要求，它仍可能面临着专利侵权诉讼的问题，专利侵权诉讼可能来自参比产品提供厂家或第三方厂家。

虽然 BPCIA 给出了解决专利纠纷的框架，但是迄今为止，所有专利侵权诉讼均源于生物仿制药申请人试图绕过 BPCIA 规定的复杂的信息交换和谈判过程，并试图回避披露生产研发过程中机密的要求。

通过两次付费咨询会议后，赛尔群对补充数据和申请格式进行了完善，于 2014 年 8 月 8 日向 FDA 递交了 CT－P13 的 351（k）途径上市申请。与此同时，赛尔群在 2014 年 3 月发起了 2 起诉讼，其一是针对英夫利昔单抗的 3 件专利，赛尔群坚称英夫利昔单抗的专利已经失效。

2016 年 8 月 17 日，马萨诸塞州联邦法院的区法院发布了 1 项关于詹森生物科技有限公司提交的英夫利昔单抗相关的侵权诉讼中，由赛尔群和 Hospira 公司提起的简易判决的动议裁决。法院的裁定对赛尔群和 Hospira 有利，认为美国专利 US6284471 无效。强生上诉至联邦巡回上诉法院。詹森在 USPTO 的专利 US6284471 诉讼程序中继续上诉程序，并正在等待被上诉的口头听证会的日期。

马萨诸塞州联邦法院判定强生类克的美国专利失效，Cellrion 原定于最早 2016 年 7 月末在美国上市，但因强生以专利保护为由上诉马萨诸塞州联邦法院而被延后 180 天，此次裁定结果公布以后，估计赛尔群最早将会于 2016 年 10 月 3 日在美国上市 CT－P13。

9.5　生物类似药申请简化途径的运用

围绕抗体相关产品、适应症、制备方法、疗效评估等角度，强生对英夫利昔单抗进行了持续研究，并且充分利用专利制度对研究结果进行保护。回顾原研公司对英夫利昔单抗的专利保护和仿制药公司的积极挑战，我们可以得到如下启示。

1. 专利布局

首先对保护力度大的产品相关技术方案进行专利申请，并外延其周边产品，例如涉及抗原结合片段、编码核酸、分离的重组抗体等，获得较大的保护范围。其次通过对不同应用的技术方案进行专利保护，达到延长药品专利保护期限的目的。从保护宽度和时间长度等多个角度实现药物产品最大保护的目的。

2. 生物类似药审评途径是极大的利好

英夫利昔单抗生物仿制药的批准对制药业来说是非常重要的事情，因为它打开了同重磅畅销单克隆抗体进行低成本竞争的大门。FDA 以生物类似药审评途径来审评 Remsima 的决定正在获得其他生物类似药开发商的兴趣。因为生物仿制药在美国销售的最终批准将标志着一个时代的到来，即生物仿制单克隆抗体作为创新的高品质生物制剂在有效性及安全性方面与其原研产品的等价可被全球认可，能够以更加可以承受的价格供需要的患者使用。这是继 FDA 批准诺华旗下山多士的 Zarxio（安进的生物类似药）之后，FDA 批准的第二个生物类似药，然而 Zarxio 是粒细胞集落刺激因子，技术难度低于单克隆抗体 Remicade。英夫利昔单抗生物仿制药的批准标志着生物类似药全面进军美国市场。

3. "专利舞蹈"程序实践为后续申请提供借鉴

生物类似药申请 BPCIA 简化途径包括了信息交换程序、专利范围谈判与诉讼以及上市前通知，从赛尔群的生物类似药申请过程可以得知：赛尔群直接同意强生的专利清单，快速进入"专利舞蹈"程序，原研企业强生仅剩 30 天进行诉讼准备，陷入被动。生物类似药申请人进入"专利舞蹈"程序可以加速审批过程，但是专利侵权诉讼却是不可避免的，能否赢得诉讼才是生物类似药成败的关键。与其在"专利舞蹈"程序中大费周章，生物类似药申请人不如多花时间应对专利无效以及专利侵权诉讼。

第 10 章 核心专利"悬而未决"缔造的重磅炸弹

【编者按】恩利在治疗风湿免疫疾病方面获得了六个第一,核心专利到期后,由于美国专利案件积压以及专利法修改变革的历史原因,出现意外的潜水艇分案专利,帮助恩利顺利渡过专利悬崖。这种模式不可复制,但应用"分案"策略保持核心专利悬而未决的威慑力是值得借鉴的,也提示了应加倍关注重点药物的核心专利及其分案审查状态。

10.1 恩利药品基本情况

10.1.1 恩利的前世今生

恩利(Enbrel,通用名为依那西普,Etanercept)为二聚体融合蛋白,由人类 75kDa 肿瘤坏死因子受体 α(Tumor Necrosis Factor Receptor α,TNF – α)的细胞外配体 TNF – R II 和人类 IgG1 的 Fc 段连接而成,其中 Fc 部分含有 CH2 区、CH3 区和铰链区,但是不含有 CH1 区。其由 934 个氨基酸残基组成,表观分子量约为 150kDa,通过重组 DNA 技术的 CHO 哺乳动物细胞表达系统来制备。恩利于 1998 年 11 月首次登陆美国市场,为全球第一个批准用于中重度类风湿关节炎(RA)和强直性脊柱炎(AS)治疗的 TNF 抑制剂。图 10 – 1 展示了恩利与 TNF – α 特异性结合的分子结构示意图。

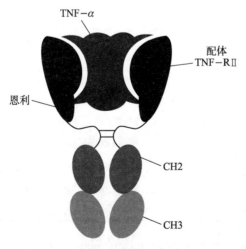

图 10 – 1 恩利与 TNF – α 特异性结合的分子结构示意图

经过 18 年的发展,目前恩利主要获批五大适应症:类风湿性关节炎(RA)、强直性脊柱炎（AS）、斑块型银屑病（PsO）、银屑病关节炎（PsA）及幼年特发性关节炎（JIA）。在这五大适应症中，应用最多的当属类风湿关节炎（RA）。在类风湿关节炎（RA）领域，恩利可单独施用或与甲氨蝶呤（Methotrexate，MTX）联合使用，用于治疗 RA 和 AS 的生物 DMARD 药物（即改善病情的抗风湿药物）。目前恩利在中国被批准用于治疗：①中度至重度活动性 RA 的成年患者，对包括 MTX 在内的 DMARD 无效时，可用恩利与 MTX 联用治疗；②重度活动性 AS 的成年患者，对常规治疗无效时可使用恩利治疗。其中，表 10－1 列举了恩利在全球的适应症注册研究，表 10－2 列举了恩利在我国的适应症注册研究。

表 10－1　恩利全球的适应症注册研究❶

适应症类型	期刊来源	结论
类风湿性关节炎	N Engl J Med 337（3）：141－147，1997.7.17	TNFR－Fc 能够安全地改善 RA 的炎性症状，耐受性好
强直性脊柱炎	Arthritis Rheum 48（11）：3230－3236，2003.11	依那西普用于活动性 AS 患者治疗，高效且耐受性
斑块型银屑病	N Engl J Med 349（21）：2014－2022，2003.11	银屑病患者应用依那西普治疗 24 周，疾病严重度显著减轻
银屑病性关节炎	Arthritis Rheum 50（7）：2264－2272，2004.7	依那西普用于银屑病性关节炎患者，减轻关节症状，改善银屑病损害，患者耐受性好
幼年型特发性关节炎	N Engl J Med 342（11）：763－769，2000.3	依那西普用于活动性青少年类风湿关节炎，显著改善病情，小儿患者耐受好
幼年性斑块型银屑病	N Engl J Med 368（3）：241－251，2008.1	依那西普用于儿童和青少年中至重斑块型银屑病，疾病严重度显著减轻

表 10－2　恩利中国的适应症注册研究❷

适应症类型	期刊来源	结论
类风湿性关节炎	中华风湿病学杂志 2010.6	与安慰剂治疗活动性 RA 相比，依那西普治疗活动性 RA 起效迅速、疗效显著。依那西普 50mg＋MTX 每周 1 次给药治疗我国成年活动性 RA 患者 24 周，耐受性良好
强直性脊柱炎	中华内科杂志 2010.9	依那西普用于我国活动性 AS 患者的治疗，可迅速显著地改善现状、关节功能并且提高生活质量，且耐受性好

恩利与安慰剂相比，无论是单药还是与 MTX 联合使用，在 ACR20、ACR50 和

❶❷　依那西普（Etanercept，恩利）诞生纪事［EB/OL］．（2010－07－23）http：//meeting. dxy. cn/article/786.

ACR70 3 个指标上，均表现了压倒性优势。12 个月的 ACR20、ACR50 和 ACR70 指标上，恩利 + MTX > 恩利 > MTX。6 个月的 ACR70 应答率上，恩利 + MTX 联合用药组较 MTX 单药组整整提高了 4 倍。

纵观恩利的发展历史，就是一部在医药产业的历史洪流中逆势成长的励志故事。图 10 - 2 展示了恩利从首次上市到在中国上市这 12 年内所发生的重大事件❶。在 20 世纪 80 年代后期，Immunex 公司的一个科学家团队偶然发现并设计出依那西普融合蛋白分子。1998 年，恩利通过 FDA 批准并用于治疗中重度类风湿关节炎（RA）（单用或与 MTX 联用）。1999 年，恩利通过 FDA 批准并用于治疗中重度活动性青少年型多发性关节炎。2000 年，恩利通过 FDA 批准并用于治疗中重度 RA 的一线药物并抑制 RA 的放射性进展，包括在此之前经 DMARD 治疗失败的患者。2002 年，恩利通过 FDA 批准并用于治疗银屑病关节炎（单用或与 MTX 联用）。2003 年，FDA 批准恩利的适应症扩展为"改善 RA 患者的躯体功能"，同年，恩利治疗强直性脊柱炎（AS）通过 FDA 批准，并且恩利治疗银屑病关节炎的适应症扩展为包括抑制结构损伤的进展。2004 年，恩利治疗适用于系统疗法或光疗的慢性中重度斑块状银屑病患者通过 FDA 批准。2005 年，基于 2 年躯体功能研究数据，FDA 扩大了恩利治疗银屑病关节炎的适应症，用于减轻银屑病关节炎患者的症状和体征，抑制活动性关节炎的结构损伤的进展，改善患者躯体功能。2006 年，恩利 SureClick 自动注射器问世，给患者提供了一种新的给药途径。2010 年 3 月，恩利获 CFDA 批准在中国上市。

	1998年	1999年	2002年	2003年	2005年	2008年	2010年
全球 →→→ 中国	全球第一个批准用于中重度类风湿性关节炎(RA)治疗的TNF抑制剂	全球第一个批准用于中重度少年性(RA)治疗的TNF抑制剂	全球第一个批准用于银屑病性关节炎治疗的TNF抑制剂	全球第一个批准用于强直性脊柱炎(AS)治疗的TNF抑制剂	全球第一个批准用于中重度斑块型银屑病治疗的TNF抑制剂	全球第一个具有十年上市后应用经验的TNF抑制剂	获得CFDA批准上市

图 10 - 2　恩利从首次上市到在中国上市这 12 年内所发生的重大事件❷

在制剂方面，恩利有 25mg 和 50mg 两种规格、三种制剂形式，均为皮下给药（SC）。从顺应性来看，不存在输液反应风险，同时为医护人员的使用提供了方便。目前新型的预灌装 SureClick 自制剂形式在临床的实际应用中逐步改进，朝着越来越方便的方向发展。25mg 冻干瓶装剂型是首先上市的制剂形式，目前主要用于体重依赖性的患者，给药比较复杂。而后来出现的预灌装的注射器剂型则降低了样品处理过程中的微生物污染的注射器剂型已经问世，注射给药更为方便，患者完全可以自行给药，这也是目前所有制剂形式中最方便的给药装置。

---

❶　恩利/依那西普［EB/OL］.（2010 - 12 - 26）http://blog. sina. com. cn/s/blog_ 69ecff150100nwih. html.

❷　依那西普（Etanercept，恩利）诞生纪事［EB/OL］.（2010 - 07 - 23）http://meeting. dxy. cn/article/786.

基于不同制剂形式的顺应性差异，它们在市场上的表现也截然不同。以美国市场为例，预灌装 SureClick 自主注射剂型占比最大，为 68.5%；普通预灌装剂型占比 27.2%；冻干瓶装剂型占比仅为 4.3%。这一点充分体现了以临床需求为导向的产品设计理念在市场上的强大威力。

10.1.2　安进的强强联合

恩利目前由安进（Amgen）公司开发和经营，是安进公司的主要产品管线之一。最开始，恩利是由 Immunex 公司研发的一种依那西普融合蛋白分子，并由 Immunex 公司最终推进批准上市的。恩利上市之后表现出不俗的业绩，逐渐显露出"重磅炸弹"级药物的潜质。

安进公司是目前全球最大的生物技术公司，在 1980 年由一群科学家和风险投资商创建。1981 年安进公司开始运营，由风险投资商和另两家主要投资公司共筹集 1900 万美元作为启动资金。由于一直没有产品上市，安进公司先后于 1983 年、1986 年、1987 年通过公开发行股票筹集资金以维持公司的生存。在 20 世纪最后 10 年，伴随着整个生物产业快速成长。1989 年 6 月安进公司的第一个产品重组人红细胞生成素（Erythropoietin，EPO，商品名为 Epogen）获得美国 FDA 批准上市。1991 年 2 月安进公司的第二个产品重组粒细胞集落刺激因子（G-CSF，商品名 Neupogen）获得美国 FDA 批准上市。

安进公司这两个全球商业化最为成功的生物技术药物，不仅造福了无数血液透析患者和癌症化疗患者，也为公司带来了巨额利润。1992 年，安进公司首次跻身财富 500 强，当年的产品销售首次突破 10 亿美元。2000 年安进公司在全球医药企业中排第 21 位。目前安进公司已成为全球最大的生物制药企业之一，拥有极强的研发能力和产品优势，主要涉足的领域有人类基因组、癌症、神经科学和小分子化学等❶。

2001 年，安进公司计划收购 Immunex 公司，除了扩展业务，更是看中了对方的上市药品恩利。起初，这项交易受到业界的广泛质疑，由于安进公司不得不买下 Immunex 公司的大股东 American Home Products（AHP）所占 41% 的股份，并且需要付给 APC 额外的费用，以保证收购的成功。况且这场收购给安进公司带来的好处将是有限的❷。2001 年 12 月，安进公司宣布以现金加换股方式收购竞争对手 Immunex 公司，金额总计达到 160 亿美元。这两家生物技术公司的合并大大刺激了美国股市。消息宣布当天，安进公司的股价上扬 6.18%，Immunex 公司的股价大涨 13.43%。在其带领下，整个美国股市都有一定幅度的上涨❸。

安进公司收购 Immunex 公司的主要目的就是得到其畅销药物恩利。2001 年，有研究预期恩利在 2001 年的销售额预期将超过 8 亿美元。安进公司也声称恩利的销售额在

---

❶　美国安进公司（Amgen）[EB/OL]．(2017-4-18) http：//mp. ppsj. com. cn/brand/Amgen. html.

❷　Amgen 瞄准 Immunex——高达 180 亿美元的并购交易 [EB/OL]. (2001-12-17) http：//www. ebiotrade. com/newsf/2001-12/L20011217171859. htm.

❸　Amgen 计划以 160 亿美元收购 Immunex [EB/OL]. (2001-12-18) http：//finance. sina. com. cn/c/20011218/155919. html.

2005 年将达到 30 亿美元，其在药物经销方面的经验将保证恩利在市场中取得佳绩。商业运作和宣传也将助力药物的销售。在 2010 年之后的市场经营中，恩利的全球市场主要由安进公司、辉瑞公司和武田制药三分天下。其中，安进公司负责美国市场，占比 59%；武田制药负责日本市场，占比最小，仅为 4%；辉瑞公司则负责除这两个国家之外的市场，占比 37%❶。

　　当初，160 亿美元的收购价格无疑是一场世纪豪赌。而如今回过头再看这次世纪交易，安进公司在当时的收购决策是非常明智的。恩利在 2016 年已成为全球排名第三的畅销药物，销售额高达 88.7 亿美元。在全球市场方面，截至 2016 年，恩利的全球累计销售额高达 915.32 亿美元。恩利当之无愧地成为全球最畅销的融合蛋白药物。

　　在 2016 年全球排名前十的畅销药物中，有 3 种药物的主要适应症都是自身免疫性疾病。这 3 种药物分别是修美乐（Humira，通用名为阿达木单抗）、恩利（Enbrel）、类克（Remicade，通用名为英夫利昔单抗）。图 10 - 3 展示了恩利、修美乐、类克 3 种药物近 6 年的销售额比较情况。由图 10 - 3 可见，修美乐的表现一直非常抢眼，自 2013 年成为全球首个销售额超过 100 亿美元的药物，历年来其销售额一直稳步上升，获得"药王"的称号当之无愧。

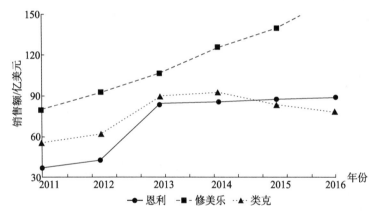

图 10 - 3　恩利、修美乐、类克 3 种药物近 6 年的销售额比较

　　如图 10 - 3 所示，类克与修美乐一样，同为单克隆抗体药物。但是类克的销售额波动剧烈，在 2013 年出现明显的跃升，从 2015 年开始又逐渐下滑。反观恩利的销售额变化，自 2013 年的快速抬升之后，就进入一个相对稳定的平台期，在 2015 年、2016 年超越了类克，排名有所上升。由此可以推知，近几年恩利在各个适应症的应用方面已得到广大患者的认可，在治疗相关的自身免疫性疾病时，医生和/或患者可能倾向于选择恩利。此外，安进公司在经营策略上对于稳定和提高恩利的销售额也发挥一定的贡献。同时，应注意到近几年恩利的生物仿制药也在陆续上市，这些仿制药对恩利销售额的进一步提升肯定起着一定的阻碍作用。

❶　全球最畅销的融合蛋白：Enbrel 及其类似物的启发 [EB/OL]．（2016 - 10 - 11）http：//med. sina. com/ article_ detail_ 103_ 2_ 12315. html.

10.2 原研公司的专利布局

10.2.1 原研药重点专利

恩利在市场上的巨大成功与其背后的专利布局和保护策略密切相关。如果没有专利作为无形的屏障/壁垒，相信恩利的竞争者们一定会蜂拥而至。本节将对原研药企业手中的重点专利展开分析。探究原研药企业通过怎样的专利布局和保护策略，来维护恩利药品的价值。表10-3显示了原研药企业关于恩利的重点专利。截至2017年，涉及相关重点专利申请共计16项，包含了公开（公告）号、最早优先权日、同族专利数量、保护主题等信息。其中，各个重点专利申请只列出其中一个公开（公告）号作为代表，其他同族专利由于篇幅限制不再一一列举。

表10-3 原研药企恩利的重点专利汇总

公开（公告）号	最早优先权日	同族专利数量/件	保护主题
WO9406476A1	1989-09-05	102	序列/结构
US5610279A	1989-09-12	30	序列/结构
US7005413B1	1995-12-22	77	联合用药
US7294481B1	1999-01-05	2	制备方法
WO0059530A1	1999-04-02	5	治疗用途
WO0062790A2	1999-08-13	15	治疗用途
WO03059935A2	2001-12-21	22	制备方法
WO03072060A2	2002-02-27	29	制剂
WO03083066A2	2002-03-27	22	制备方法
WO2004060911A2	2002-12-30	13	治疗用途
WO2005012353A1	2003-08-01	25	制剂
WO2010033315A1	2008-09-22	8	联合用药
WO2010129707A1	2009-05-05	2	联合用药
US20150045729A1	2011-04-20	2	装置
WO2014159441A1	2013-03-14	5	制备方法
WO2017100501A1	2015-12-09	1	装置

表10-3中总结了恩利专利技术的保护主题（技术主题），分别从产品、工艺、应用3个方面进行归类。按照恩利的具体结构/组成、制备工艺、适应症等技术分支进一步细分，包括序列/结构、联合用药、制备方法、治疗用途、制剂、装置这6个保护主题。序列/结构分支主要涉及恩利中蛋白的序列、分子结构的技术内容。联合用药分支主要涉及恩利与其他药物的组合用于治疗某（些）种病症（适应症），突出这种组合

的特点。制备方法分支主要涉及恩利的制备方面的技术内容，包括宿主细胞构建、培养方法、纯化方法等。治疗用途分支主要涉及恩利用于治疗某（些）种病症（适应症），突出这种特定的治疗方式。制剂分支主要涉及恩利在制剂组合物及佐剂方面的技术内容。装置分支主要涉及恩利的给药装置。表 10 - 3 中还包含了专利申请的最早优先权日和同族专利数量情况。

专利 WO9406476A1 属于恩利的核心专利，其涉及由人 TNF - α 的 TNF - RⅡ 和人 IgG1 的 Fc 域连接的融合蛋白，包括融合蛋白的结构和各部分的序列。按照抗体技术的常规认知，这种融合蛋白并不属于真正意义上的抗体，算是一种类抗体、拟抗体或者合成抗体。抗体的常规结构具备一种类似"Y"字形的蛋白空间结构，其包含两条重链 - 轻链的二聚体。恩利的蛋白结构同样是二聚体融合蛋白，但是由人 TNF - α 的 TNF - RⅡ 和人 IgG1 的 Fc 段连接而成，其中 Fc 部分只含有 CH2 区、CH3 区和铰链区，不含有 CH1 区。可见，恩利的蛋白结构与抗体的常规结构还是存在较大差别的。

尽管恩利不属于真正意义上的抗体，但是恩利的蛋白结构为抗体药物的研发打通了一条新的思路。抗体与靶点抗原特异性结合，本身属于抗原的结合分子、拮抗分子、配体分子之类的范畴。尽管抗体的制备、筛选技术已经较为成熟，但是筛选得到功能、效果满意的抗体仍然很不容易。而恩利的设计思路正是利用靶点抗原的天然配体，将天然配体与抗体 Fc 段连接，构建成为类抗体的分子。天然配体本身具有天然的选择性优势，与靶点抗原的特异性结合效果普遍很好。那么，由天然配体出发构建的类抗体，其与靶点抗原的结合效果，就与天然配体本身存在良好的可预见性。同时，抗体 Fc 段在机体内发挥 ADCC、CDC 的作用，能够发挥抗体自身的功能。从这个设计思路可以看出，将靶点抗原的天然配体与抗体 Fc 段连接，可以作为一种制备、筛选治疗性抗体的简易途径。

专利 US5610279A 涉及 TNF 的受体与人 IgG1 的 Fc 区连接的融合蛋白，包括融合蛋白的结构和各部分的序列。其中，结合人 TNF 的部分是受体蛋白的 55kDa 片段。恩利分子中结合人 TNF 的部分是 75kDa 的 TNF 受体 TNF - RII。专利 US5610279A 通过分子结构的改造，选择受体蛋白中分子量较小，且可溶性较高的片段。专利 US5610279A 可以视为对恩利分子结构进一步的改造。

专利 US7005413B1 涉及组合疗法，TNF - α 抑制剂与其他分泌多肽联合治疗骨质疏松症等骨疾病。该专利可以视为除了炎症疾病之外，恩利在其他治疗领域/适应症方向上的尝试。

专利 US7294481B1 涉及生产融合蛋白的方法，融合蛋白质包含 TNF 受体胞外结构域连接至免疫球蛋白 Fc 部分的分子。

专利 WO059530A1 涉及 TNF 受体用于治疗心脏衰竭。该专利可以视为除了炎症疾病之外，恩利在其他治疗领域/适应症方向上的尝试。

专利 WO0062790A2 涉及 TNF 受体治疗水平升高或异常表达的 TNF - α 相关疾病。该专利属于恩利在治疗用途保护上的巩固，在专利布局上的进一步强化。

专利 WO03059935A2 和 WO2014159441A1 涉及用于纯化蛋白质的方法。专利

WO03059935A2 侧重于整体的纯化流程和步骤，专利 WO2014159441A1 侧重于提高纯化步骤中的产物纯度。

专利 WO03072060A2 涉及多肽制剂，即制剂组合物中各个组分、配比。专利 WO03072060A2 侧重恩利上市后在制剂方面的保护。

专利 WO03083066A2 涉及用于增加所生产的多肽的方法，提供黄嘌呤衍生物来提高细胞的产量。

专利 WO2004060911 涉及 IL－1 抑制剂和 TNF 抑制剂的联合治疗。该专利属于恩利在治疗用途保护上的巩固，在专利布局上的进一步强化。

专利 WO2005012353A1 涉及药物组合物，属于制剂的保护范畴。

专利 WO2010033315A1 涉及 TNF－α 抑制剂以及与 IAP 抑制剂和 TRAIL 受体激动剂的联合治疗。该专利可以视为除了炎症疾病之外，恩利在其他治疗领域/适应症方向上的尝试。

专利 WO2010129707A1 涉及恩利与糖皮质激素联合治疗银屑病。该专利属于恩利在治疗用途保护上的巩固，在专利布局上的进一步强化。

专利 US20150045729A1 涉及自动注射器装置，专利 WO2017100501A1 涉及与信令帽的自动注射器。两者为恩利的预灌装注射器这种方便的给药装置提供专利保护。

10.2.2 潜水艇专利

恩利最早的专利申请 WO9406476A1，其申请日是 1993 年 9 月 14 日。其美国同族专利的申请日是 1989 年 9 月 5 日。其次是专利申请 US5610279A，其美国同族专利的申请日是 1990 年 9 月 5 日。这两件专利按照专利法对于专利期限的规定，理论上应该在 2010 年左右到期，目前已经超过相应的专利保护期限，处于专利失效的状态。然而，令人意想不到的是，专利 US5610279A 还存在另一件美国同族专利 US8063182（以下简称"182 专利"），其专利保护期限已经延长到 2028 年。可见，专利 US5610279A 在美国的专利保护期限从 1990 年开始计算，跨越了 38 年的时间。

恩利如何做到延长美国的专利保护期，这需要从美国专利制度的变迁说起。1952 年美国专利法的修改奠定了美国现代专利法的基本框架，此后在几十年间美国专利法经历过多次较大的修订。早在 1861 年美国专利法的修订中规定，发明专利的保护期限为授权日起计算 17 年。而 1994 年关贸总协定乌拉圭回合谈判达成 TRIPS 后，1999 年美国修订专利法，将专利期限改为从申请日起 20 年。同时，美国专利法还规定，在 1995 年 6 月 8 日之前提交专利申请且获得授权的专利，或者在 1995 年 6 月 8 日仍然有效的专利，其专利权终止日为"申请日＋20 年"与"授权日＋17 年"两者中时间较长的一个。

182 专利的专利保护期能够延长至 2028 年，其意外的因素较多。182 专利是 US5610279 专利的分案，于 1995 年 5 月 19 日提出申请。由于 USPTO 案件积压和延迟问题，以及权利要求条款的讨论，直到 2011 年 11 月 22 日才最终获得授权。按照上述美国专利法的规定，182 专利属于在 1995 年 6 月 8 日之前提交专利申请且获得授权的专利，其专利保护期限应按照时间较长的一种方式来计算，即授权日 2011 年 11 月 22

日加上 17 年，也就是 2028 年 11 月 22 日才到期。182 专利也被称为著名的 "潜水艇专利"，从 1995 年提出申请，到 2011 年获得授权，隐藏了 16 年。182 专利的申请时间比 1995 年 6 月 8 日提前了不到 1 个月的时间，却换来了长达 13 年的专利延长。

像 182 专利这样的 "潜水艇专利"，其出现的概率较低，偶然性因素很大。原本以为恩利的核心专利在 2010 年左右到期，但是谁也不会想到突然冒出一个 "潜水艇专利"，将专利期限延长到了 2028 年。由于美国专利法的修订以及 USPTO 的历史问题，相信在以后遇到 "潜水艇专利" 的可能性会越来越低。不过，对于重点药物的核心专利还应当加倍关注，尤其是分案申请的审查情况和法律状态。

申请人经常会利用分案申请的方式保持核心专利的 "不死" 状态。所谓的 "不死"，只是母案申请和分案申请中有 1 个或 2 个一直保持审查的状态。一方面能够保持核心专利悬而未决的威慑力；另一方面可以根据实际情况及时调整 "在审" 专利申请的保护范围，以获得范围足够大且稳定性好的授权专利。核心专利可以要求一个比较宽泛的保护范围，而后续的一个或多个分案申请可以逐渐缩小其保护范围，以达到保护范围层次分明的组合形式。

10.3　竞争产品的专利构成、诉讼纠纷及启示

10.3.1　恩利的仿制药

恩利作为一款重磅炸弹级药物，自 2013 年起销售额超过 50 亿美元，巨大的商业利益必然引起其他相关仿制药企业的重点关注。由于恩利的分子结构相对抗体而言比较简单，即融合蛋白由 TNF – α 细胞外配体 TNF – RⅡ和 IgG1 的 Fc 段连接而成。不算太高的技术门槛使得拥有技术实力的仿制药企业纷纷效仿。到 2016 年，全球范围内，恩利的仿制药共有 26 种，其中，已上市的有 9 种，获批但尚未上市的有 1 种，处于Ⅲ期临床的有 4 种，处于Ⅱ期及Ⅰ期临床的各有 1 种，临床前研究的有 10 种。表 10 – 4 显示了恩利及其部分仿制药的上市情况。

表 10 – 4　恩利及其部分仿制药的上市情况❶

商品名/代号	公司	状态	备注
Enbrel（恩利）	安进	上市	1998 年 11 月美国上市
Erelzi	Sandoz	上市	2016 年 8 月美国批准
Benepali/Brenzys	三星 Bioepis	上市	2016 年 1 月欧盟批准
HD – 203	Hanwha/Merck	上市	2014 年 11 月韩国批准
益赛普	上海中信国健	上市	2006 年 12 月中国批准

---

❶　全球最畅销的融合蛋白：Enbrel 及其类似物的启发 ［EB/OL］. (2016 – 10 – 11) http：//med. sina. com/ article_ detail_ 103_ 2_ 12315. html.

商品名/代号	公司	状态	备注
强克	上海赛金生物	上市	2012 年 3 月中国批准
安百诺	浙江海正	上市	2015 年 8 月中国批准
AXXO	AXXO Im und Export	上市	2013 年俄罗斯上市
Amega	Amega Biotech	上市	2012 年 7 月阿根廷上市

面对仿制药和仿制药企业的步步紧逼，作为原研药企业的安进不会甘心自己的市场被不断蚕食。一方面采取积极防御的策略，不断强化自己的专利布局，不断改进恩利的技术，比如剂型、给药方式等。另一方面是采取主动进攻的策略，举起专利诉讼的大棒来恐吓或打击其他竞争对手。

10.3.2 恩利的专利纠纷

原研药与仿制药的专利纠纷从来不缺少素材和故事。围绕恩利的专利纠纷中，第一个影响力较大的诉讼是安进与三星 Bioepis 的专利大战。

2012 年，韩国三星集团旗下三星生物制剂与美国生物技术巨头百健艾迪（Biogen Idec）成立合资公司，取名为三星 Bioepis，致力于开发生物仿制药。三星 Bioepis 与默克从 2013 年开始商业合作，开发一系列的生物仿制药，包括针对数个重磅炸弹级药物，比如类克（Remicade）、赫赛汀（Herceptin）、恩利（Enbrel）、修美乐（Humira）、来得时（Lantus）的仿制药。随着一大批重磅炸弹药物迎来专利悬崖，仿制药的春天似乎来临。三星 Bioepis 想趁着这个风口，将自家的生物仿制药大力推向市场。

三星 Bioepis 针对恩利的仿制药代号为 SB4，商品名为 Brenzys。该仿制药于 2015 年 12 月在韩国上市。同时，Brenzys 在其他国家的上市进程同样比较顺利。2015 年 11 月，Brenzys 获得 EMA 人用医药产品委员会（CHMP）的认可，并于 2016 年 1 月在欧洲获批上市，以商品名 Benepali 开展销售，商业化工作由百健艾迪负责❶。

Benepali 能够获得仿制成功，与其自身的药物性质和药效功能密不可分。在药物有效性方面，Benepali 与恩利的临床数据证明，24 周 ACR20 应答率相似，Benepali 仅比恩利低 2%。52 周时达到平衡，两者的差异也缩小到不足 1%；在 ACR50 及 ACR70 两个指标上，两种药物相差较小，且较 24 周均有更大的提高。在药代动力学方面，Benepali 与恩利几乎具有完全相似的药代动力学参数；在不良反应方面，两者并无统计学差异；更为突出的是，Benepali 的免疫原性较恩利更低，抗药抗体发生率；在药物制剂方面，Benepali 只选择了市场上表现最好的 50mg 规格，并抛弃了给药复杂的冻干制剂，仅保留两种更受市场欢迎的制剂形式：预灌装注射器剂型及注射用笔；在适应症方面，欧盟批准了 Benepali 与恩利相同的所有适应症；在价格方面，Benepali 比恩利低 10%。可见，Benepali 在各个方面都形成了对恩利的完美仿制，对于安进而言肯定是巨大的压力。

---

❶ EULAR 2015：默沙东与三星 Bioepis 2 款生物仿制药（SB2，SB4）头对头Ⅲ期达主要终点［EB/OL］. (2015－06－12）http：//www. bioon. com/industry/internation/612460. shtml.

恩利的配方专利在欧洲的专利保护于 2015 年 8 月到期,可是,恩利在美国的专利保护期已经延长至 2028 年。这就意味着三星 Bioepis 在 2028 年之前无法撼动恩利在美国市场的地位。Benepali 在欧盟寻求上市机会,也是瞄准了恩利核心专利到期的时机。然而,就在 Benepali 上市不到 1 个月时间,2016 年 2 月,安进以仿制药 Benepali 侵犯恩利的两项专利权为由,对三星 Bioepis 提起诉讼。

除了欧洲地区,Benepali 与恩利的专利纠纷早在其他地区燃起战火。恩利的配方专利在加拿大的专利保护同样于 2015 年到期。三星 Bioepis 在 2015 年 5 月向加拿大提交了 Brenzys 的上市申请,而安进在同年 7 月向加拿大法庭申请禁止令,极力阻止 Brenzys 的上市。三星 Bioepis 在向加拿大卫生部门提交仿制药上市申请之前,已经按照规定提交了一切有关原研药专利的资料,完全符合加拿大仿制药申请的规定程序。。

综合来看,安进与三星 Bioepis 的专利纠纷,Benepali 仿制药的上市之路比较明确,一是尽量等到恩利的核心专利到期之后再进入当地市场,二是尽量避开与恩利在美国本土作战。三星 Bioepis 的策略就是寻找恩利的软肋,出奇制胜。

然而,下一场专利纠纷却是完全不同的风格。在恩利的配方专利仍然有效的情况下,在恩利的美国本土市场推进仿制药上市,这就是山德士。

山德士是全球仿制药的领导者,一直致力于开发、生产各种非专利药物,包括大量的化学药、生物仿制药、给药系统等。正因如此,山德士与很多原研药企业存在错综复杂的专利纠纷。

山德士针对恩利的仿制药代号为 GP2015,商品名为 Erelzi。2015 年 10 月,山德士向美国 FDA 提出恩利仿制药的上市申请。Benepali 与恩利的相似性主要是基于类风湿性关节炎(RA)的临床研究。与 Benepali 不同的是,Erelzi 与恩利的相似性主要是在斑块型银屑病的临床试验中得到验证。在药物制剂方面,Erelzi 有 25mg 和 50mg 两种规格,与恩利保持一致。但是其同样抛弃了恩利的 25mg 冻干瓶装剂型,保留了市场上比较受欢迎的预灌装注射器剂型和注射用笔。

正如之前提到的,恩利在美国的专利要到 2028 年才到期。山德士推动恩利仿制药的上市,必然会引起安进的强势反击。果不其然,2016 年 3 月,安进对山德士发起专利诉讼,意图捍卫恩利的地位。安进向美国新泽西地方法院提起诉讼,控告山德士向 FDA 提交的恩利仿制药 Erelzi 的上市申请中包含侵犯其专利权的内容。安进在诉讼中提出,山德士在恩利仿制药研发的过程中,大量使用了安进的创新性技术,对安进的专利权造成了极大的侵害。安进在诉讼中还表示,山德士的仿制药 Erelzi 试图获得恩利的一系列适应症,但实际情况是山德士仅在牛皮癣患者中进行了临床试验。安进希望法庭判决,山德士禁止销售恩利仿制药,即使最终山德士的恩利仿制药 Erelzi 获得 FDA 批准。

在诉讼过程中,Erelzi 的上市之路同样在继续。2016 年 7 月,FDA 关节炎顾问委员会全票通过,批准 Erelzi 用于恩利的所有适应症。2016 年 8 月,Erelzi 获 FDA 批准上市,成为 FDA 批准的第一个恩利仿制药。

尽管在技术层面符合要求的前提下,FDA 明确支持生物仿制药上市,但是围绕恩利的专利挑战仍阴云不断,Erelzi 的未来发展还要面临诸多不确定性。

第 11 章　高效拓展打造后发先至的专利药

【编者按】阿柏西普是原研公司基于竞争对手的研发结果，经过创新优化获得的副作用降低、疗效出色的融合蛋白药物。原研公司在经历失败后，依然坚持推进阿柏西普的研发，并且构筑了全面的专利保护网，为产品上市后的市场开拓奠定了基础。在专利诉讼中，通过有力的诉讼手段和本身的技术优势，最终与竞争对手达成部分和解的协议。

本章介绍了眼科用药领域的重磅炸弹级药物——阿柏西普（Eylea，用于治疗湿性 AMD 等疾病）。通过对其研发历程、全球和国内专利布局、与竞争对手在专利和药物申请方面的竞争态势、专利诉讼等方面的分析，全面揭示了 Eylea 成功的背后因素，正值 Eylea 即将登陆国内市场之际，也为国内企业做好相关准备提供一定的帮助。

11.1　阿柏西普药品基本情况

老年性黄斑变性，又称年龄相关性黄斑变性（AMD），已经成为 50 岁以上人群致盲的第二大因素。AMD 可被分为 2 种类型：干性 AMD 和湿性 AMD（即新生血管性 AMD、wet AMD、wAMD、neovascular AMD），虽然湿性 AMD 仅占据了 AMD 总发病率的 10%，但其对视力的伤害巨大，自然病程发病第 3 年，2/3 的病人视力小于 0.12[1]。考虑到眼底新生血管病是世界公认的治疗难题，有效药物匮乏，新药的市场前景非常广阔。除了 AMD，视网膜中央静脉闭塞和角膜血管生成、糖尿病性黄斑水肿以及糖尿病新视网膜病变同样也是导致发达国家患者失明的几大主因，这些疾病也均与新生血管的活跃生成密切关联。

血管内皮生长因子（VEGF）信号通路广泛参与了生理性和病理性的血管新生，当 VEGF 结合到内皮细胞的 VEGF 受体（VEGFR）胞外区的 Ig 结构域后，能够引起 VEGFR 胞内激酶区特定酪氨酸残基的交叉磷酸化而活化，进而启动一系列下游生化级联反应，从而激活靶基因的表达。VEGF 家族包含多个蛋白，其中 VEGF - A 是目前研究最清楚的也是最主要的靶点，通过特异性结合 VEGFR2 介导了大部分体内生理学和病理学过程。2004 年 2 月 26 日，基因泰克（现已被罗氏收购）的重组人源化 VEGF 单克隆抗体阿瓦斯汀（Avastin，通用名为贝伐单抗，Bevacizumab）经 FDA 批准上市，其能够结合 VEGF - A 从而阻断 VEGF 信号通路，这也是全球第一个抑制 VEGF 信号通路的抗

---

[1]　深度解析湿性老年性黄斑变性治疗现状和未来（一）［EB/OL］. http：//www. sohu. com/a/69778145_184627。

体药物，用于治疗肿瘤血管生成。2006 年，FDA 又批准了基因泰克研发的用于治疗 AMD 的诺适得（Lucentis，通用名为雷珠单抗，Ranibizumab），它是贝伐单抗的 Fab 片段，能够更紧密地结合 VEGF - A，并在随后几年中获得了巨大成功。再生元公司（Regeneration）的 Eylea（通用名为阿柏西普，Aflibercept）于 2011 年 11 月才获得 FDA 批准用于治疗湿性 AMD，其上市时间比雷珠单抗晚了 5 年，但销售量节节攀升，上市 4 年后，即 2015 年以 39.2 亿美元的销售额超越雷珠单抗，成为全球 AMD 治疗领域的领头羊。2016 年，阿柏西普的销售额更是攀升至 50 亿美元，2017 年，阿柏西普销售额增至 60 亿美元，并在中国上市，进一步巩固了自身的市场地位。

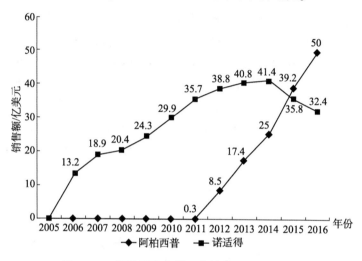

图 11 - 1　阿柏西普和诺适得的年度销售额对比

11.1.1　阿柏西普的研发历程

虽然阿柏西普的上市时间比诺适得晚了多年，但是阿柏西普与诺适得的研究几乎同时开始。不过由于再生元公司规模较小，药物开发经验和能力不足，于是为了推进药物研发多次寻求与大公司合作，但是合作过程一波三折，从而影响了药物开发进度。再生元公司选择的第一个合作对象是日化业巨头宝洁公司，由于种种原因，宝洁公司并不看好该项目，因此拒绝投资进行阿柏西普的临床试验，并最终把阿柏西普的权利还给了再生元公司。2003 年，基因泰克发表临床数据结果表明，VEGF 抑制剂可以阻止血管生成并有效治疗肿瘤，从侧面凸显了阿柏西普的潜在市场价值，于是合作公司纷至沓来。这次再生元公司选择了当时的安万特公司合作开发 VEGF 抑制剂在眼药和肿瘤方面的临床应用，不过在安万特被赛诺菲收购以后，新的董事会并不看好阿柏西普的眼科临床应用前景，经过与再生元公司协商，以补偿再生元公司 2500 万美元的形式将阿柏西普的眼药适应症权利归还给再生元公司。后来，基因泰克再次发表诺适得的临床数据，证明 VEGF 抑制剂可用于治疗老年性黄斑眼病，从而使得同样与诺适得具有相同靶点的阿柏西普再度引起各大医药企业的极大关注和兴趣。为了尽快推进阿柏西普的上市，公司管理层经过慎重考虑，在保留公司在美国市场营销权的同时，选择制药巨头拜耳作为合作伙伴，开发美国市场以外的全球市场。再生元公司凭借拜耳公司强大的药物研发能力以及阿柏西普本身出色的临床数据，FDA 终于批准阿柏西普上市用于治疗 AMD，并且在有效的销售策略的推动下，迅速崛起并超越了诺适得。

11.1.2　阿柏西普的结构特征

与阿瓦斯汀、诺适得等单克隆抗体类药物不同，阿柏西普是抗体 – 受体融合蛋白形式的 VEGF 阻断剂，也叫 VEGF – Trap。最早的 VEGF – Trap 由基因泰克研制，其由人 VEGFR1 的前三个 Ig 结构域与人 IgG1 的恒定区（Fc 区）融合而成❶，这种形式的 VEGF – Trap 在体外试验中展现了良好的抗肿瘤效果，但在动物实验中需要通过非常频繁的给药才能够产生疗效，并且还会产生非特异的毒性。后来，再生元公司在早期 VEGF – Trap 结构的基础上进行了结构改造，从而构建了多个变体，以提高其药代动力学性质。其中，由人 VEGFR1（I 型 VEGF 受体）的第二个 Ig 结构域以及人 VEGFR2（II 型 VEGF 受体）的第 3 个 Ig 结构域与人 IgG1 的恒定区（Fc 区）融合形成的 VEGF – Trap（最初的研究名称为 VEGF – Trap$_{R1R2}$）展现了最佳的药代动力学性质❷，如图 11 – 2 所示，这就是后来的阿柏西普。

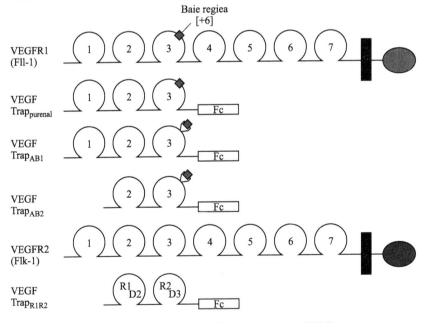

图 11 – 2　阿柏西普与其他 VEGF – Trap 的结构

❶　Ferrara，N.，et al. Vascular endothelial growth factor is essential for corpus luteum angiogenesis ［J］. Nat. Med，1998，4（3）：336 – 40.

❷　Jocelyn Holash，et al.　VEGF – Trap：A VEGF blocker with potent antitumor effects ［J］. PNAS，2002，99（17）：11393 – 11398.

11.1.3　竞争对手分析

在全球市场上，阿柏西普的主要竞争对手就是雷珠单抗（诺适得），二者机理相同，都是 VEGF 的抑制剂，并且临床适应症也非常类似。为了争夺市场的先入权，两者在欧盟和美国市场展开了激烈的厮杀，至今为止，阿柏西普在美国和欧盟均收获了 4 个适应症，很多适应症还抢在诺适得之前获批，如图 11 - 3 所示。阿柏西普于 2011 年首次获得 FDA 批准用于治疗湿性 AMD 之前，诺适得就已经在美国获批 DME、RVO - ME 两个适应症，在欧洲也已获得了湿性 AMD 的适应症审批，因此诺适得在竞争中具有先机。不过阿柏西普的适应症获批进度出乎意料得快，短短几年内陆续在美国和欧盟获得了视网膜中央静脉阻塞继发黄斑水肿（CRVO - ME）、糖尿病性黄斑水肿（DME）、糖尿病性视网膜病变（DME - DR）等适应症，给诺适得带来了极大的压力。不过诺适得也不甘被阿柏西普赶超，仍然尽力拓展其适应症，2016 年，FDA 批准其用于治疗近视性脉络膜新生血管（mCNV，myopic CNV），成为美国首个治疗 mCNV 的抗血管内皮生长因子（anti - VEGF）疗法。2017 年，欧盟委员会又批准了诺适得用于治疗除湿性 AMD 或继发于病理性近视（PM）以外的其他病因相关的脉络膜新生血管（CNV）所致的视力损害，从而使诺适得成为欧盟第一个获批治疗该适应症的视网膜治疗药物，同时也是第一个可用于治疗广泛的脉络膜新生血管（CNV）疾病的药物，从而在适应症进度方面再次领先阿柏西普，相信在适应症审批的竞争上，这不会是最终的结局。

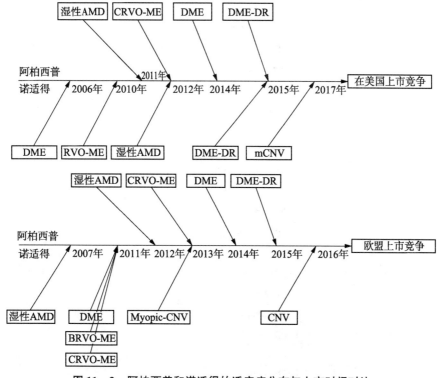

图 11 - 3　阿柏西普和诺适得的适应症分布与上市时间对比

11.2 原研公司的专利布局

11.2.1 原研公司的专利布局

再生元公司于 2000 年提交了 WO0075319A1 的 PCT 专利申请，保护了其核心技术，即由人 VEGFR1（Ⅰ型 VEGF 受体）的第二个 Ig 结构域以及人 VEGFR2（Ⅱ型 VEGF 受体）的第三个 Ig 结构域与人 IgG1 的恒定区（Fc 区）融合形成的 VEGF‑Trap。该 PCT 专利申请进入了包括美国、欧洲、澳大利亚、加拿大、日本、中国等主要国家和地区，形成了一个包含 93 个申请（含授权）的庞大专利族（见表 11‑1）。其中，在美国公开的专利申请有 20 件，主要来自分案申请，其中获得授权的有 17 件；在欧洲专利局公开的专利申请有两件，均已经授权，值得注意的是，在中国共有 3 件专利申请，其中，CN1369009A 是母案申请，通过分案申请衍生了专利 CN101433715A 和 CN103349781A，这 3 件专利申请也均顺利授权。再生元公司通过分案申请策略获得的主要国家和地区分别授权的大量专利申请虽然核心技术内容接近，但是其保护范围各有侧重，从而在全球范围内严密有效地保护了公司的核心技术。

表 11‑1 阿柏西普核心专利 WO0075319A1 的同族专利

国家和地区	公开号	公告号
美国	US2004014667A1	US7070959B1
	US2004266686A1	US7087411B2
	US2005163798A1	US7303746B2
	US2005175610A1	US7303747B2
	US2005245447A1	US7306799B2
	US2005260203A1	US7374757B2
	US2006030529A1	US7374758B2
	US2006058234A1	US7396664B2
	US2008194460A1	US7521049B2
	US2008194799A1	US7524499B2
	US2008220004A1	US7704500B2
	US2009081217A1	US7964377B2
	US2009155899A1	US8029791B2
	US2010221782A1	US8084234B2
	US2011028698A1	US8343737B2
	US2012064621A1	US8647842B2
	US2013084635A1	US9139644B2
	US2013149744A1	
	US2014194597A1	
	US2016130320A1	

国家和地区	公开号	公告号
欧洲	EP1183353A1	EP1183353B1
	EP1544299A1	EP1544299B1
中国	CN1369009A	CN100523187C
	CN101433715A	CN101433715B
	CN103349781A	CN103349781B
日本	JP2010246557A	JP4723140B2B2
	JP2011024595A	JP5273746B2B2
韩国	KR20020019070A	KR100659477B1
澳大利亚	AU2005201365A1	AU2005201365B2
	AU5040400A	AU779303B2

除了保护阿柏西普融合蛋白结构的核心专利外，再生元公司还围绕该专利进行了有效的专利布局（见图 11-4），在实施多角度保护的同时，也变相地延长了其核心技术的保护期限。在融合蛋白结构方面，PCT 申请 WO2005000895A2 在 VEGF-Trap 的基础上，制备了尺寸更小的融合蛋白，也叫作 VEGF-miniTrap，从而使药物更容易被清除，同时增加组织渗透性以方便药物的局部递送。其技术关键点在于对受体部分（R1R2）或者多聚化部分（即 Fc 区）进行截断或替换，例如中国同族专利 CN1816566B 的权利要求 1 中要求保护了将多聚化部分 Fc 区替换为含有 1~2 个半胱氨酸的由 1~15 个氨基酸组成的短肽 VEGF-miniTrap。不过这种尺寸更小的融合蛋白至今仍未被 FDA 批准上市，再生元公司后来也并未将更多精力投入阿柏西普核心结构的改进上。

2006 年，再生元公司申请了 WO200610485A2，该专利申请要求保护了一种阿柏西普融合蛋白的稳定液体制剂，该制剂由融合蛋白添加特定浓度的磷酸盐缓冲剂、柠檬酸盐、NaCl、蔗糖、聚山梨酸酯构成，这种液体制剂的优势在于可以含有高浓度的融合蛋白但在长期存储时无需冻干。专利说明书提供的实施例结果显示在 2~8℃保存的条件下，储藏 3 年后的降解率不到 1%，这种形式的液体制剂极大地方便了药物的保存和使用。随后，再生元公司还申请了专利 WO2007149334A2，请求保护用于玻璃体内注射的制剂，其成分与前一种制剂申请比较接近，不过明确了制剂的类型用途为眼部制剂。

对于再生元公司来说，在开发阿柏西普的同时，一直面临着基因泰克公司 VEGF 抗体阻断剂诺适得的激烈竞争，特别是基因泰克作为 VEGF-A 分子的发现者，在 VEGF 阻断剂领域具有深厚的积累。因此阿柏西普能否获得成功的关键就在于其针对各类眼部疾病的实际治疗效果。再生元公司一直很注意阿柏西普在疾病治疗中的用途拓展和研究，在其核心专利申请 WO0075319A1 中，明确要求保护了阿柏西普用于治疗年龄相关的黄斑变性。随后在 2004~2006 年，再生元公司又相继研究了阿柏西普用于抗角膜移植

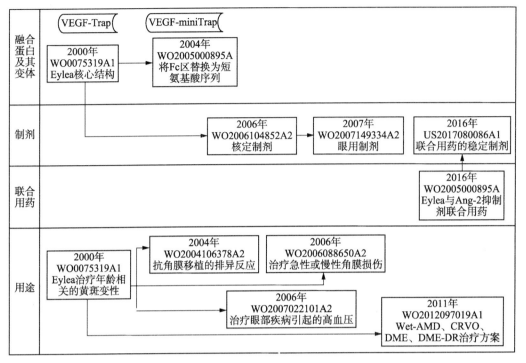

图 11 - 4　阿柏西普专利布局路线

的排异反应、治疗角膜损伤以及治疗与包括眼部疾病在内由疾病引起高血压的用途，但这些用途至今并未通过临床试验获得上市批准。直到 2011 年，再生元公司申请了专利 WO2012097019A1，要求保护了阿柏西普针对眼部疾病的治疗方案，包括用药剂量和给药频率等，其中，权利要求 6 明确了适应症包括湿性年龄相关性黄斑变性（湿性 AMD）、视网膜中央静脉闭塞和角膜血管生成（RVO - ME）、糖尿病性黄斑水肿（DME）和糖尿病性视网膜病变（DME - DR）。说明书实施例 1 ~ 4 中给出了针对湿性年龄相关性黄斑变性的 I ~ Ⅲ 期临床试验数据，实施例 5 给出了针对 DME 的 Ⅱ 期临床试验数据，实施例 6 给出了在 RVO - ME 的多中心临床实验数据，从数据上有力地支持了权利要求要求保护的治疗方案。而权利要求 6 中所列的上述病症也正是再生元公司至今为止获得 FDA 批准的 4 种临床适应症，批准时间分别为 2011 年、2012 年、2014 年和 2015 年。

值得注意的是，再生元公司的专利布局与医药领域的常规布局策略有一定的差别。首先，核心专利的最佳申请时间应该在确保具有授权前景的情况下，尽可能地推后以接近药品的批准时间，例如基因泰克公司在 1991 年申请了赫赛汀的结构核心专利 WO9222653，随后几年迅速完成了赫赛汀的临床试验，1998 年被 FDA 批准用于 Her2 阳性的转移性乳腺癌。从专利申请到药物被 FDA 批准历时 7 年时间，在这个时间段内，PCT 申请已经完成了进入各目标市场国的实质审查阶段，并且基本上可以明确审查走向甚至已完成授权，从而使得专利可以更好地为药物市场开拓保驾护航。反观再生元公司，其核心基础专利 WO0075319A1 早在 2000 年即已提出，在欧洲和美国的部分同族专利分别在 2005 年、2006 年获得授权，但是阿柏西普被 FDA 批准上市的时间是在

2011 年，距离申请日已经 11 年之久，专利的有效保护期已经过半，距离欧洲、美国同族专利的授权也过了五六年。由于重磅炸弹级药物一年的销售额能够达到十几亿乃至几十亿美元，这种时间浪费对公司而言是一种极大的损失。当然上文也已经提到过，再生元公司在阿柏西普的开发中历经多次波折，耽误了研发进程，这也在一定程度上导致了专利布局不够周全。

其次，用途专利作为一种外围专利类型，其作用在于尽可能地延长核心技术的保护期限，为药品提供尽可能长的市场独占时间。虽然再生元公司非常重视外围专利布局，也申请了多项用途专利申请，但是这些用途并没有与药物上市后的适应症挂钩，起到渐进延长药物保护期的作用，最明显的例子是从 2004 年到 2006 年的 3 项用途发明专利保护的适应症均并未被 FDA 批准。直到 2011 年再生元才在同一件专利申请中一次性保护了被 FDA 批准的 4 项适应症。这种布局外围专利的方法实际上也会导致这 4 项适应症的专利在同一时间到期，没有形成更好的缓冲时间。当然，采用这种策略更大可能是再生元公司与拜耳合作后，为了抓紧时间将药物推向市场，尽可能弥补之前合作失败所带来的损失所采用的权宜之计，而且由于 FDA 对这 4 项适应症的审批速度出乎意料的快，仅 4 年就完成了全部批准，实际上也在一定程度上弥补了专利申请策略不足带来的影响。

11.2.2　竞争对手的专利布局

与阿柏西普不同，雷珠单抗是抗体形式的 VEGF 抑制剂，其来自于贝伐单抗的 Fab 片段。基因泰克针对 VEGF 抗体的最早专利申请 WO9410202A 具体公开了一种鼠源的 VEGF 单抗 A4.6.1，但是由于鼠源抗体对人体施用存在安全性和效果稳定性不佳等问题，并不适宜作为人体用药，随后基因泰克对 A4.6.1 单抗进行大量的人源化和亲和性的结构改造，最终筛选获得了高亲和力的全长抗体 Fab - 12 和 Fab 片段 Y0317，二者分别为贝伐珠单抗和雷珠单抗，上述技术内容公开于专利 WO9845331A 和 WO9845332A 中❶，这两件 PCT 申请也构成了雷珠单抗的核心专利申请（见表 11 - 2）。

表 11 - 2　诺适得核心专利布局情况

申请日	公开号	技术主题
1992 - 10 - 28	WO9410202A	鼠源 VEGF 抗体
1996 - 03 - 28	WO9630046A1	VEGF 抗体用于治疗 AMD
1998 - 04 - 03	WO9845331A2	人源化 VEGF 抗体及其 Fab 片段
1998 - 04 - 03	WO9845332A2	人源化 VEGF 抗体及其 Fab 片段
2005 - 10 - 21	WO2006047325A1	雷珠单抗治疗 AMD 的用途
2007 - 11 - 09	WO2008063932A2	雷珠单抗用于 AMD 的治疗方案

在雷珠单抗治疗眼部用途的专利布局方面，最早在 1996 年，基因泰克就提交了专

---

❶ 张弛，张颖慧. 罗氏公司血管内皮生长因子抗体技术专利分析 [J]. 科技导报，2016, 34 (11)：48 - 52.

利申请 WO9630046A，要求保护抗 VEGF 抗体在治疗 AMD 方面的用途，不过实际上该专利申请并未提供有效的实验证据，因此该用途并未在各国获得授权。2005 年，基因泰克申请了雷珠单抗在 AMD 治疗方面的用途；2007 年，在雷珠单抗被 FDA 批准之后，基因泰克申请了专利 WO2008063932A2，保护了具体的 AMD 用药方案。

值得一提的是，贝伐单抗（阿瓦斯汀）是雷珠单抗的全长抗体形式。阿瓦斯汀是美国第一个获得批准上市的抑制肿瘤血管生成的药物，其核心专利与雷珠单抗相同，即 WO9845331A 和 WO9845332A。虽然阿瓦斯汀从未被批准用于治疗 AMD，但是从阿瓦斯汀自获批上市以来，由于价格比后来上市的雷珠单抗便宜很多，并且二者本身来源于相同的单克隆抗体，一直有大量患者将其用于"标识外"的适应症 AMD。由于阿瓦斯汀的制剂并非用于眼部用药，以及其与雷珠单抗的分子量差异也必然影响到其渗透效果和代谢周期，因此，实际上将阿瓦斯汀用于眼部用药仍然存在很大的安全风险。

11.2.3 阿柏西普中国专利布局

再生元公司在中国与阿柏西普相关的专利申请共有 8 件，如表 11 - 3 所示，CN100523187C、CN10334978B 和 CN103349781B 是阿柏西普的核心专利 WO0075319A1 在中国的同族专利，其中 CN100523187C 是母案申请，保护了阿柏西普融合多肽、核酸编码序列及多肽的制备方法。CN10334978B 和 CN103349781B 均是 CN100523187C 的分案申请，其中 CN10334978B 要求保护了阿柏西普在制备治疗年龄性黄斑变性的药物用途，而 CN10349781B 则要求保护了眼科用药外的其他用途，用于制备减缓或预防肿瘤生长的药物。

CN1816566B 保护了经过 Fc 区截短后获得的尺寸更小的 VEGF - Trap，即 VEGF - miniTrap，以及其用于制备治疗 AMD 的药物用途。由于阿柏西普直接施用于眼部的药物，而眼部药物对制剂的要求比较高，因此剂型专利是整个专利布局中非常重要的一环，CN101141975B 保护了阿柏西普液体稳定制剂形式，CN102614134B 则是 CN101141975B 的分案申请，请求保护了经过修饰的 VEGF - Trap 的稳定液体制剂，这种液体制剂可以在无需冻干保存的情况下长期保持融合蛋白的活性，极大方便了药物的保存和使用。CN101141975B 的权利要求书如下：

"1. 血管内皮生长因子（VEGF）特异性融合蛋白拮抗剂的稳定液体制剂，包括 SEQ ID NO：4 的融合蛋白，其中该制剂包括 1～10mM 磷酸盐缓冲剂、1～10mM 柠檬酸盐、25～150mM NaCl、5%～30% 蔗糖、0.05%～0.10% 聚山梨酸酯、10～50mg/ml 融合蛋白，6～6.5 的 pH。

2. 权利要求 1 的稳定液体制剂，包括 5mM 磷酸盐缓冲剂、5mM 柠檬酸盐缓冲剂、100mM NaCl、25% 蔗糖、25mg/ml SEQ ID NO：4 的融合蛋白，约 6.0 的 pH。"

CN101478949A 要求保护了阿柏西普的眼用制剂，其权利要求 1 如下：

"1. 一种血管内皮生长因子（VEGF）拮抗剂的眼用制剂，包含

(a) 1～100mg/ml VEGF 拮抗剂，其包含 SEQ ID NO：4 的氨基酸序列；

(b) 0.01%～5% 的一种或多种有机共溶剂，其是聚山梨酯、聚乙二醇（PEG）和

丙二醇中的一种或多种；

（c）30～150mM 的选自氯化钠或氯化钾的张度剂；和，

（d）5～40mM 的磷酸钠缓冲液；以及任选还包含1.0%～7.5%的选自蔗糖、山梨糖醇、甘油、海藻糖或甘露醇的稳定剂，pH 为5.8～7.0。"

上述眼用制剂与 CN101141975B 的稳定制剂的组成具有一定的差别，最主要的差别在于上述眼用制剂并不含有柠檬酸盐，另外，其他成分的含量也有少许差异。不过，该专利申请经审查后于2011 年因创造性缺陷被驳回后，再生元公司对驳回决定不服继续请求复审，但专利复审委员会仍然以权利要求不具备创造性为由维持了驳回决定。接到复审决定后，再生元公司并未上诉，而是提交了公开号为 CN104434770A 的分案申请，在分案权利要求书中并未直接请求保护眼用制剂，而是请求保护了一种含有眼用制剂的注射器，目前该案仍然处于审查中。

CN101478949A 未能授权对再生元公司在我国的技术布局和市场前景具有一定的影响，该专利保护的眼用制剂正是 Eylea 上市后所采用的主要制剂形式，如果该专利授权，就可以将 Eylea 在中国的保护期延长到2026 年。由于该专利被最终驳回，分案申请的前景也并不明晰，因此要处于较为脆弱的位置。

CN103533950A 请求保护阿柏西普治疗眼部疾病的用途，特别是 AMD、CRVO、DME、DME - DR 4 种主要适应症的治疗方案，不过该专利申请首先经审查后被驳回，后经修改后撤销了驳回决定，但由于随后未在期限内答复审查部门再次发出的审查意见通知书而视为撤回申请。这也导致了在我国，除了阿柏西普用于治疗年龄相关性黄斑变性的主要用途外，其他在 FDA 和欧盟批准的眼部适应症在我国均未获得专利保护。

表 11 - 3　阿柏西普中国专利布局

申请日	公开（公告）号	专利到期时间	保护主题
2000 - 05 - 23	CN10334978B	2020 - 05 - 23	VEGF - Trap 多肽和核酸序列
2000 - 05 - 23	CN100523187C	2020 - 05 - 23	VEGF - Trap 治疗 AMD
2004 - 06 - 29	CN1816566B	2024 - 06 - 29	VEGF - miniTrap 及制备治疗 AMD 的药物用途
2006 - 03 - 22	CN101141975B	2026 - 03 - 22	VEGF - Trap 的液体稳定制剂
2006 - 03 - 22	CN102614134B	2026 - 03 - 22	突变形式 VEGF - Trap 的液体稳定制剂
2007 - 06 - 14	CN101478949A	创造性驳回	眼用制剂
2007 - 06 - 14	CN104434770A	在审	眼用制剂
2012 - 01 - 11	CN103533950A	视为撤回	治疗方案

11.2.4　中国市场竞争态势

在中国，阿柏西普的蛋白结构以及其核心用途——治疗年龄相关性黄斑变性已经获得专利保护，不过专利即将于 2020 年 5 月 23 日到期。除了 AMD 外，其他眼部适应症治疗方案的专利申请并未被批准，因此再生元公司已无法通过用途专利延长 Eylea 的保护期。在剂型方面，保护了眼药制剂组成的母案专利申请已经被驳回并生效，分案申请保护了含有眼药制剂的注射器，但其核心仍然在于眼药制剂的组成而非注射器的结构，考虑到眼药制剂成分已经因创造性缺陷驳回，因此授权前景并不乐观。由此可知，除了 Eylea 的稳定制剂专利到 2026 年到期之外，我国的仿制企业无需面临来自再生元公司的强大专利壁垒。但是值得注意的是，2017 年 5 月 23 日，我国药品审评中心官网（CDE）公布了第 17 批拟纳入优先审评程序药品注册申请的公示，Eylea 已然在列。CDE 给出的拟纳入优先审评理由是：与现有治疗手段相比，具有明显治疗优势，因此 Eylea 在中国获批上市的形势已经非常明朗，一旦其在国内上市，将给市场带来极大的冲击。

目前我国眼底病市场被两大产品牢牢把持，除了前文提到的雷珠单抗外，另一大产品是中国康弘药业的郎沐（康柏西普）。郎沐于 2013 年 12 月获得 CFDA 批准，用于治疗湿性年龄性黄斑变性，2014 年 4 月正式上市，当年即实现 1 亿元销售额；2015 年进一步实现销售额翻番，达到 2.7 亿元，表现惊艳。与阿柏西普类似，康柏西普也是融合蛋白，但具体的结构并不相同，其是由人血管内皮生长因子 VEGF 受体 1 中的免疫球蛋白样区域 2 和 VEGF 受体 2 中的免疫球蛋白样区域 3 和 4，与人免疫球蛋白 Fc 片段融合获得的。康弘药业为康柏西普进行了较为全面的专利布局，主要专利申请均顺利授权并维持有效。申请日为 2005 年 6 月 6 日的专利 CN1304427C 保护了康柏西普的结构，并且保护了其用于制备抑制血管新生药物的应用，是康柏西普的核心专利。该专利的权利要求 1 同时保护了 6 种融合蛋白结构，编号分别为 FP1～FP6，其中 FP3 是康柏西普，这种撰写策略也在一定程度上起到了隐藏核心技术，迷惑竞争对手的作用。2006 年，康弘药业又申请了专利 CN100502945C，保护了康柏西普在制备治疗由新生血管生长而引发的眼科疾病的用途，并具体明确了适应症包括年龄相关黄斑变性、糖尿病视网膜病变、糖尿病性黄斑水肿以及视网膜血管阻塞，从而将药品专利的保护范围由产品结构本身拓展到制药用途。随后，康弘药业还申请了康柏西普用于其他适应症的专利，如专利 CN102233132B 保护的适应症为结膜炎。此外，由于眼科用药对制剂的要求很高，因此康弘还布局了如专利 CN103816115B 和 CN102380096B 这样的剂型专利，以及保护滴眼液新剂型的专利 CN103212075B。

表 11-4　康柏西普中国专利布局

申请日	公开（公告）号	专利到期日	技术主题	备注
2005-06-06	CN1304427C	2025-06-06	康柏西普核心结构	融合蛋白
2006-03-31	CN100567325C	2026-03-31	融合蛋白 FP7 以及眼病治疗用途	融合蛋白
2006-03-31	CN100502945C	2026-03-31	康柏西普用于眼病治疗用途	眼科用途
2007-04-02	CN101279092B	2027-04-02	融合蛋白 FP1-FP7 用于治疗血管生成有关的疾病	非眼科用途

续表

申请日	公开（公告）号	专利到期日	技术主题	备注
2008 - 10 - 13	CN101721699B	2028 - 10 - 13	康柏西普联合用药治疗脓毒症	非眼科用途
2010 - 04 - 28	CN102233132B	2030 - 04 - 28	康柏西普治疗结膜炎	眼科用途
2010 - 08 - 31	CN103816115B	2030 - 08 - 31	康柏西普液体或冻干制剂	剂型
2010 - 08 - 31	CN102380096B	2030 - 08 - 31	康柏西普液体或冻干制剂	剂型
2011 - 07 - 07	CN102311502B	2031 - 07 - 07	VEGF 与 PDGF 受体融合蛋白	融合蛋白
2012 - 01 - 19	CN103212075B	2032 - 01 - 19	VEGF 拮抗剂滴眼液	剂型

　　总体而言，康弘公司的专利布局较为全面，具有较好的针对性，专利申请时间与产品上市时间配合较好，大部分专利的有效期都在 2025 年以后，并且授权率很高，因此，可以形成一个较为有效的专利保护网，为郎沐前中期的市场开拓保驾护航。因此，即使 Eylea 在我国上市，无论从专利布局的全面性还是产品本身效果以及市场的前期积累而言，康弘的郎沐都已经具备了与 Eylea 一较高低的实力。

11.3　专利纠纷和诉讼

　　如前所述，VEGF 融合蛋白抑制剂（VEGF - Trap）最早由基因泰克研发，并申请了专利保护，不过基因泰克后续并未开发出能够临床使用的 VEGF - trap，转而将研发重点放在了抗体抑制剂上。后来者再生元公司抢占先机，在 VEGF 融合蛋白抑制剂领域推出了 Eylea，最终在市场上打败了基因泰克的雷珠单抗，因此，无论从技术来源还是市场竞争上，再生元公司与基因泰克都有不少瓜葛。

　　2010 年 11 月，再生元公司向美国纽约南区联邦地区法院起诉要求确认其不侵犯基因泰克的 Davis - Smyth 专利并且确认该专利无效，同时要求确认允许再生元公司开发 VEGF - Trap 产品。2011 年 4 月 25 日，基因泰克反诉再生元公司，声称用于治疗年龄相关性黄斑变性的 Eylea 侵犯了其专利权。2011 年 12 月 31 日，再生元公司与基因泰克就在美国范围内销售 Eylea 达成了非排他许可和部分和解协议（基因泰克协议），该协议允许再生元公司在美国范围内用于眼病治疗目的的制造、使用和销售 Eylea，同时结束了双方与协议事项相关的诉讼，但该协议不包括任何美国以外的专利权或专利纠纷，也不包括美国范围以外 Eylea 预防和治疗眼部疾病的用途。根据基因泰克的协议，直到 2016 年 5 月 7 日（Davis - Smyth 专利到期日）之前，再生元需要向基因泰克基于 Eylea 的销售额支付费用，具体为当 Eylea 的累计销售额达到 4 亿美元时，一次性支付 6000 万美元；当销售额累计 4 亿 ~ 30 亿美元时，再生元公司需要支付销售额 4.75% 的专利使用费；当销售额超过 30 亿美元后，支付销售额 5.5% 的专利使用费。

　　基因泰克究竟拥有什么专利，才能够使再生元公司甘愿支付高昂的专利使用费来平息诉讼争端呢？这就不得不提到诉讼涉及的 Davis – Smyth 专利了。Davis – Smyth 专利是 2011 年基因泰克起诉再生元涉嫌侵权的一组专利，分别为美国专利 US5952199B2、US6100071B2、US6383486B2、US6897294B2 以及 US7771721B2，发明人为 Davis – Smyth，这 5 件专利均衍生自 US6100071B2，该专利的申请日为 1996 年 5 月 7 日。US6383486B2 和 US5952199B2 是该专利的分案申请，US6897294B2 是 US6383486B2 的延续申请，US7771721B2 又是 US6897294B2 的延续申请。这些专利分别要求保护了不同的主题，也从不同侧面保护了基因泰克有关 VEGF – Trap 的技术。通过分析这些专利的技术点可以发现，一方面，基因泰克并未研发出类似于 Eylea 结构的 VEGF – Trap，不过这并不代表 Eylea 不会侵犯其专利权。实际上，US687294B2 和 US7771721B2 的保护范围涵盖了 Eylea，如果再生元公司与基因泰克将诉讼进行到底，很可能被判定为侵权并且遭受重大损失，这也是为什么再生元公司与基因泰克和解的原因之一。具体而言，US687294B2 的权利要求 1 请求保护了一种 VEGF 受体的融合蛋白，其中包括了 2 个或多个来自不同种类 VEGF 受体分子的 Ig 结构域，所述融合蛋白包含 flt – 1（Ⅰ型 VEGF 受体）的第 2 个 Ig 结构域或者 KDR（Ⅱ型 VEGF 受体）的第 2 个 Ig 结构域。而 Eylea 正是包含了 2 个来自不同类型 VEGF 受体的 Ig 结构域，其中一个是 Ⅰ型 VEGF 受体的第 2 个 Ig 结构域。由此可见，Eylea 落入了 US687294B2 权利要求 1 的保护范围内。而 US7771721B2 则要求保护了利用上述 VEGF 受体融合蛋白抑制血管生成或血管新生的方法，这正是 Eylea 用于治疗眼部疾病的主要机制，从而覆盖了 Eylea 的医药用途。另一方面，虽然诉讼涉及了 5 项专利权，但并非所有的专利都与 Eylea 相关，而只有前述提到的 US687294B2 和 US7771721B2 包含了 Eylea 的范围，这也是公司之间进行专利诉讼的常见技巧，从而变相增加了被告方进行事实确认和针对性答辩的难度。例如 US6100071B2 的权利要求 1 请求保护了一种通过结合 VEGF 抑制其功能的 VEGF 受体蛋白，其包括 VEGF 受体的 3 个 Ig 结构域，这也是 Eylea 的改进基础，而 Eylea 仅包括 VEGF 受体的 2 个 Ig 结构域，因此并未侵犯该项专利权（见表 11 – 5）。

表 11 – 5 Davis – Smyth 专利

编号	专利	保护主题	备注
①	US6100071B2	包含 3 个 Ig 结构域的融合蛋白	原始申请
②	US5952199B2	基于 FLT4 的 7 个 Ig 结构域改造的融合蛋白	①的分案
③	US6383486B2	利用包含 flt – 1/KDR 第 1~3 个 Ig 结构域的融合蛋白变体，同时缺失第 4~6 个 Ig 结构域的至少一个的融合蛋白治疗血管生成的方法	①的分案
④	US6897294B2	含有 2 个或多个 Ig 结构域的融合蛋白，其中包括 flt – 1/KDR 的第 2 个 Ig 结构域	③的延续申请
⑤	US7771721B2	利用④中融合蛋白治疗血管生成或血管新生的方法	④的延续申请

11.4　打造重磅炸弹药物的案例启示

再生元公司研发的 Eylea 自 2011 年上市后，短短几年间，迅速成为现象级的"重磅炸弹"药物，强势超过了此前眼科用药领域的诺适得。可以得出以下四点启示。

（1）产品本身效果出色。

阿柏西普是 VEGF – Trap 类型的抑制剂，虽然 VEGF – Trap 并非再生元公司首创，但是再生元公司基于基因泰克的研发结果经过巧妙改进，获得了副作用降低，并且抑制效果出色的融合蛋白，不论是临床试验还是各类适应症的拓展都表现了极佳的效果，这也是保证 Eylea 成功的基础。

（2）再生元公司的坚持不懈。

再生元公司在 Eylea 的研发过程中历经艰辛，阿柏西普的项目多次被合作方否定，但是再生元公司并未轻易放弃，而是始终坚信最初的选择，这也体现了坚持理想所带来的积极作用。

（3）有效的专利布局。

虽然药物开发进度屡受挫折，再生元公司的专利布局并没有和产品的上市形成最佳的匹配，但是再生元公司在专利布局方面并未放松，而是在全球范围内申请了包括产品、用途、剂型和联合用药在内的一系列专利申请，有效地涵盖了其关键技术，为其产品上市后的市场开拓奠定了基础。

（4）新适应症的高效拓展。

从 2011 年首次被美国 FDA 批准上市用于治疗湿性 AMD 后，Eylea 迅速在欧盟和美国申请了新的适应症，并且最终在欧盟和美国各自收获了 4 个适应症，有些适应症的获批还早于 5 年前上市的诺适得。适应症的迅速延展也极大开拓了 Eylea 的市场空间，带来了销售量的井喷。

如不出意外，Eylea 将于近期在中国上市，这也必将给中国的眼科用药市场带来巨大的冲击。但是由于阿柏西普融合蛋白的核心专利即将到期，眼用剂型专利的授权前景并不明朗，因此给我国的仿制药企业带来了很大的机会，从而给再生元公司带来一定的压力。此外，康弘药业通过仿创结合制备的郎沐（康柏西普）则是我国企业参与市场竞争的又一榜样，通过研发自身核心技术，完善专利布局，我国企业完全有能力获得市场竞争的先机和优势，走出自己的成功之路。

第12章　新兴技术蓝海的专利诉讼与抗辩

【编者按】无创产前检测是目前基因测序领域临床和商业推广最成熟的应用领域，其商业化进程离不开专利技术的保驾护航，只有"质高量多的专利傍身"才能在经济运作中游刃有余。该领域的企业合并、专利购买、诉讼以及专利联盟事件多有发生。拥有技术和产品的初创公司获得了行业巨头的高度认可，引领了无创产前检测的发展和市场划分，利用专利技术和制度提升核心竞争力和维护市场是这些初创公司迅速崛起的发展之道。

基因测序就是测定基因组上 A、T、C、G 这 4 种碱基顺序及其对应的化学修饰，广泛应用于各种生物和医学领域，如疾病致病机理和新型药物的开发、农业基因组学、法医基因组学和微生物基因组学等。近年来，随着"精准医疗"概念的提出，基因测序也开始作为精准医疗的重要一环，利用测序技术，从染色体结构、DNA 序列、DNA 变异位点或基因表现程度，为医疗研究人员提供评估与基因遗传有关的疾病、体质或个人特质的依据。同时随着测序技术的进步以及成本的下降，基因测序下游应用空间巨大，相对成熟的无创产前检测（Noninvasive prenatal testing，NIPT）市场是目前各大企业角逐的重点，而代表未来巨大发展空间的肿瘤检测与个性化用药将会是中长期最具价值的应用领域，可以预见的是，基因测序技术将被逐渐应用到整个健康医疗行业中。

无创产前检测与传统的羊水穿刺等侵入性产前检测手段不同，其是以孕妇外周血为检测样本，依赖基因测序技术，通过对母体血浆中存在的微量胎儿遗传物质进行检测，扩增其中的胎儿游离 DNA（cffDNA）后，采用高通量测序技术对其进行测序和计数，并结合数学模型进行数据分析，从而判断胎儿的染色体是否异常，对胎儿的健康情况进行鉴别的方法。与传统的筛查方法相比，无创产前检测漏检率低，无流产、胎儿宫内感染等风险，对于临床应用的安全性和便捷性都有极大提升。目前，无创产前检测不仅可以筛查唐氏综合征（21 - 三体综合征，T21），还可以筛查爱德华氏综合征（18 - 三体综合征，T18）和帕陶氏综合征（13 - 三体综合征，T13）以及其他染色体非整倍体型遗传病，国内外对这几类染色体非整倍体疾病的临床检测方面已趋成熟，同时也形成了激烈的市场竞争环境，数家基因测序服务公司参与其中，不仅商战此起彼伏，专利战也是一波未平一波又起。

从技术角度而言，无创产前检测领域涉及测序仪器、测序试剂、建库方法、测序方法以及靶点检测等多个方面，生命科学的迅猛发展要求这些技术领域的核心技术必须依靠大量的专利才能够维护创新主体在市场中的地位。无创产前检测的商业化进程离不开专利技术的保驾护航，只有质高量多的专利傍身才能在经济运作中游刃有余，因此这个领域经常发生企业合并，专利购买、专利诉讼以及专利联盟等专利事件也是显而易见。美国无创产前诊断市场中最初主要参与者有 4 家，分别是 Sequenom、Verinata Health、Ariosa Diagnostics 和 Natera，其专利申请量分别位于全球专利申请的第 3 ~ 6 位（数据统计截至 2016 年），这 4 家公司均有面向美国乃至全球医疗市场提供的 NIPT 检测服务，所采用的技术平台均是测序仪器巨头伊鲁米那（Illumina）的 Hiseq 2000，检测周期也大致相同，都是 8 ~ 10 天。从 2005 年发展至今，随着专利事件的升级和商业运作的扩张，目前无创产前市场主要被两大巨头分割，即伊鲁米那（Illumina）通过收购 Verinata Health 进入该领域，并利用 Verinata Health 的专利诉讼和 Sequenom 形成专利联盟。罗氏通过收购 Ariosa 积极，并多次发起专利诉讼和无效申请，积极争夺无创产前检测领域市场。

12.1　无创产前检测技术基本情况

由于侵入性产前诊断的风险性，业内长久以来存在对安全的、非侵入性产前诊断的需求。最初研究的焦点集中于分离母血中存在的胎儿有核细胞并用于检测，但因其含量过低而常常难以达到必需的敏感度和特异性。自 1997 年由卢煜明等证实孕妇外周血中存在胎儿游离 DNA（cffDNA）开始❶，无创产前检测的对象开始由胎儿有核红细胞转向源自胎儿的游离核酸，因为这种胎儿的游离核酸在血浆中的占比相对于前者存在的比例已经有了较大提高。即便如此，孕妇外周血中 cffDNA 的含量仍然很少，仅为血浆总 DNA 量的 10% 左右，并且与大量的母体血浆游离 DNA 混杂在一起，这些都给 cffDNA 的定量和分析造成了极大困扰。为此，cffDNA 最初仅被用于胎儿性染色体偶联疾病、先天性肾上腺皮质增生症以及 RhD 血型状态和遗传自父亲的 β - 地中海贫血突变基因型的检测。

对于产前诊断中最常见的染色体非整倍体疾病而言，其是出生缺陷最常见的病因之一。例如唐氏综合征（21 - 三体综合征）在活产婴中发生率为 1/800，13 - 三体在活产婴中发生率为 1/10000，而 18 - 三体的发生率为 1/6000。因此，对于这些高发遗传疾病的检测成为无创产前检测中首先关注的对象。该方法需要在母体血浆中特异性靶向胎儿游离核酸，同时还对胎儿的致病染色体数有效定量，所以相对于前述染色体疾病的检测存在更多困难。为此，研究人员开始寻找胎儿染色体上特异性的标记物以实现靶向检测，同时采用数字 PCR 单分子计数以定量染色体数的改变来解决这一问题。但是，这种数字 PCR 方法常因可用于检测的胎儿游离核酸量过低，而导致对微量染色体数目异常的判定极为困难。胎儿非整倍体检测中还存在的一个问题是，这种统计计数的方式需要考虑胎儿核酸与母体核酸的浓度比例，这一点对检测方法精度提出了很

---

❶　Lo YMD, Corbetta N, Chamberlain PF, et al. Presence of feteal DNA in maternal plasma and serum [J]. Lancet, 1997, 350：485 - 487.

高要求，并使得数字 PCR 难以胜任❶。

第二代高通量测序由于可同时针对百万以上的单分子多拷贝 PCR 克隆阵列检测，从而为微量的胎儿游离 DNA 的染色体定量提供了机会。2008 年，Fan❷ 和 Chiu❸ 两个小组分别使用第二代高通量测序技术，对孕妇外周血血浆测序，成功验证了以高通量测序对 21 - 三体综合征胎儿检测的可行性。借助于第二代测序技术的发展，目前产业上最成熟的无创产前检测项目即针对胎儿染色体非整倍性疾病。

目前，无创产前检测产业链包含了上游的仪器设备和耗材试剂、中游基因测序服务，以及下游的生物信息分析应用三个部分。其中无创产前检测技术中最核心的硬件平台，即第二代基因测序平台主要来自伊鲁米那（Illumina）的 HiSeq2000/2500 和 Life Technologies 的 Ion Proton。我国国内企业在测序仪器研发方面，虽然也进行了一些尝试，例如华大基因在 2013 年完成了对美国人类全基因组测序公司（Complete Genomics, CG）的全额收购并借此机会开发自己的测序仪；在此前也有中科紫鑫公司与中科院北京基因组制备了测序仪原理样机并完成性能验收，此后又展开其产品化开发；深圳华因康、南京普东兴、山东威高集团也都积极参与了基因测序仪的研发制备，反映了国内企业试图通过自主创新打破行业垄断的意愿。但从另一方面也应看到，随着下一代测序技术的迅猛发展，对基因测序仪设备的研发投入与回报比已经大为降低，这使国内企业的研发之路显得更为艰辛。除自主创新外，也有一些无创产前检测行业的国内企业选择与国外测序公司合作以快速占领国内市场。例如，2012 年 5 月，美国生命技术公司（Life Technologies，已并入赛默飞公司）与达安基因合资成立了菲达安公司，合作开发新一代测序试剂盒。2014 年，北京贝瑞和康公司与测序行业的巨头伊鲁米那（Illumina）牵手，共同打造国内的测序平台。

无创产前检测流程中涉及游离核酸富集、文库构建以及算法分析方向的基础核心专利，早期（2003 ~ 2009 年）更偏重于胎儿游离核酸的富集方向，以使胎儿特异性的核酸尽量与背景母体核酸分开并提高胎儿游离核酸的相对比例。但随着时间的推移，涉及该方向的有变革意义的基础核心专利申请到 2012 年时已经所剩无几。而与之相反，从 2010 年起，涉及文库构建以及生物信息学算法分析方向的基础性改进开始增多，并且也出现了不同改进思路。与无创产前检测技术日益繁盛的景象相对应的是第二代测序技术出现后带来的测序成本快速下降。

来自胎儿游离核酸分离富集和生物信息学算法和分析方向的重要专利多以无创产前检测领域最基础的核心专利 US6258540 作为起始，且这两个方向有部分基础性专利申请也来自香港中文大学的卢煜明小组，这反映了其在无创产前检测技术创新方面所

---

❶ Lo, Y. M. D. Non - invasive prenatal diagnosis by massively parallel sequencing of maternal plasma DNA [J]. Open Biol, 2012, 2: 120086.

❷ Fan, H. C., Y. J. Blumenfeld, U. Chitkara, et al. Noninvasive diagnosis of fetal aneuploidy by shot gun sequencing DNA from maternal blood [J]. Proc Natl Acad Sci USA, 2008, 105 (42): 16266 - 16271.

❸ Chiu RW, Chan KC, Gao Y, et al. Noninvasive prenatal diagnosis of fetal chromosomal aneuploidy by massively parallel genomic sequencing of DNA in maternal plasma [J]. Proc Natl Acad Sci USA, 2008, 105 (51): 20458 - 20463.

作出的基础性贡献，这一点也与香港中文大学拥有最多的核心基础专利相印证。在该专利中，卢煜明等人以 Taqman 探针实时定量 PCR 对 Y 染色体上 SRY 基因多态性标记物进行了定量，同时以 β-globin 对母体血浆总 DNA 定量，通过计算两者的比值获得了胎儿游离 DNA 含量比例，从而用于对非整倍性疾病的判定，其还公开了以胎儿游离核酸进行 RhD 血型、先兆子痫的无创产前诊断方法，该专利开创了无创产前检测技术的先河，使无创产前技术开始聚焦到 cffDNA 上。Sequenom 的研发实力更多集中于游离核酸富集和算法方向，且其与香港中文大学的合作非常紧密，而 Verinata Health 侧重于文库构建方向，Natera 在生物信息学算法分析方面也有所建树。整体而言，无创产前检测的关键技术主要集中在上述三个分支方向。

12.1.1 胎儿游离核酸的分离富集

在胎儿游离核酸富集方面主要包含了两种开发思路：针对核酸序列特点进行的富集和根据核酸长度进行的富集。前者主要集中于各种发现的胎儿特异性标记物，例如甲基化程度或 STR、SNP 等位基因等作为标记物，以此实现针对胎儿游离核酸的特异性检测。对胎儿核酸特异性标记物的关注原因在于，该项技术的基础核心专利 US6258540 就是以胎儿特异性的多态性标记物区分了母血中的胎儿游离核酸，但是该方法的局限性在于该 Y 染色体上的多态性标记物只能针对男性胎儿检测，以及当 SRY 的检测结果为阴性时，无法区分是由于假阴性造成还是因为标本是女性胎儿所致。因此，拓展标记物的范围成为一条研究思路，例如 WO2009120808 所述及的技术。但是，多态性位点存在可利用的位点有限的局限性，因此利用非遗传标记物，即组织的甲基化状态作为标记物成为一种改进方向。例如 WO2003020974 就利用母体和胎儿核酸的甲基化程度差异实现了两种来源核酸的区分，其通过亚硫酸氢盐处理核酸后再进行甲基化特异性 PCR 实现了胎儿非整倍体的无创产前检测。甲基化标记较之多态性位点在基因组上更为广泛地存在，从而使这种方法相对于选择 SNP 多态性位点的等位基因比率分析法而言，极大地扩展了在母体血浆中的胎儿 DNA 的产前诊断的可能性，另外，该方法由于在检测中必须使用会导致 DNA 降解的亚硫酸氢盐试剂，从而使胎儿 DNA 含量更低，使检测的敏感度受到影响。因此，随后出现了利用甲基化结合蛋白（MDB）处理使得差异甲基化部分被分离的方式，例如专利 WO2010033639。另一种胎儿特异性核酸检测的思路是基于所发现的母血中胎儿游离核酸长度大都小于 300bp，从而通过凝胶分离、溶剂处理消除长片段核酸或是靶向吸附等方式提高短片段核酸比例也成为一种与胎儿核酸标记物并行的游离核酸富集方法，通过这一途径改进的专利申请包括 WO2007140417 和 WO2010115016。

12.1.2 文库构建

在文库构建方面，第二代测序最初的文库构建都是以 PCR 扩增方式来产生大量随机的基因组片段，但这些片段中有些具有复杂的二级结构，有些热稳定性差，从而影响了 PCR 扩增效率，导致并非所有的片段都能在制备文库中同等出现，且加之 DNA 聚合酶自身的缺陷，这一过程中会引入一定量的错误，从而给后续的拼接造成困难。2012 年，Daniel Turner 等人发表了以非 PCR 扩增（PCR – free）技术对恶性疟原虫基因组测序的文章，其提出：在伊鲁米那（Illumina）文库制备过程中，用其他扩增步骤代替 PCR 的 PCR – free 方式可改善读取分布，并产生更均一的基因组覆盖；同时 PCR – free 方式的簇扩增（cluster amplification）可以有效防止在扩增过程中引入偏向，且簇扩增的接头包含的一些额外序列，能帮助与连接在流动槽表面的单链 DNA 或 RNA 分子杂交，在这种方式中，利用流动槽本身来选择完全连接的模板分子，簇扩增只扩增与接头序列完全连接的模板链。这样簇扩增步骤实现了 PCR 所作的富集又降低了扩增偏向❶。该技术一经提出立刻引起了测序行业的波澜，随后伊鲁米那（Illumina）和 Ion-Torrent 都开始致力于这种 PCR – free 方式的文库构建方式。2015 年，我国贝瑞和康也推出了自主知识产权的基于环化单分子扩增技术（cSMART）（US9540687B2，2017 年获得美国授权）。然而，PCR – free 文库的制备方法并未就此止步，研究人员又陆续对其中存在的其他问题，例如扩增模板上一些测序反应不够高效等问题进行改进，因此基于这种全新的文库制备技术的改进也必然影响了无创产前检测领域内文库制备相关专利申请的出现。但是，由于这项技术本身的技术难度较大，且与第二代测序技术本身更为相关，涉及无创产前检测领域的申请人在这方面的改进并不多。

12.1.3　数据分析和算法

生物信息学算法和分析是近年来比较热门的方向，但目前所涉及的算法大多与胎儿非整倍体性疾病检测直接相关。目前，无创产前检测中针对全基因组测序检测非整倍体的比对结果的分析主要涉及两种算法。一种方法是将比对结果以 Z 值（Z – score 算法）显示的方法，其通过转化为特定染色体是非整倍体的概率值，确定胎儿的染色体是否存在染色体非整倍体性。通常当 Z 值在 – 3 ~ + 3 时可判断为正常。2008 年在这种算法最初被提出时❷，由于缺乏 GC 含量矫正，常常会导致假阳性或是漏检，因此通过对特定染色体的 GC 含量加以矫正以降低染色体的变异系数方式改进算法，是一种提高检测灵敏度和正确性的途径，这也导致了标准化染色体值（normalized chromosome-values，NCVs）的出现。另一种比对结果的数据分析是通过计算覆盖深度 Cov – chrN，再评估两个样本 chrN 的关联 t – 值，然后一个假设结果是正常染色体核型，另一个先假设结果是异常核型，从而进一步检测数据 L – 值，即概率对数值，并由该结果确认胎儿是否为 T21，T18 或 T13 等，这种算法是为提高 Z – 值测定法的特异性和敏感度所进行的另一种尝试。

从另一方面而言，由于胎儿游离 DNA 浓度过低时无法得出非整倍性结果，为解决这一问题，除提高富集效率外，一种代偿性手段就是改变测序方式和相应的算法。例

❶　Samuel O Oyola, Thomas D Otto, Yong Gu, et al. Optimizing illumina next – generation sequencing library preparation for extremely at – biased genomes [J]. Biomed Central Genomics, 2012, 13：1.

❷　Chiu R W, Chan K C, Gao Y, et al. Noninvasive prenatal diagnosis of fetal chromosomal aneuploidy by massively parallel genomic sequencing of DNA in maternal plasma [J]. Proc Natl Acad Sci USA, 2008, 105：20458 – 20463.

如，2012 年，Sparks 等人在 WO2012019198 中提出改变原有的全基因组测序方式，通过对母体血浆中胎儿游离 DNA 的特定的染色体区域进行测序实现了对某些染色体选择性的测序；同年 Norton 等❶采用染色体选择性的测序方法对 T21 和 T18 进行检测，并利用选定区域数字化分析 DANSR（Digital Analysis of Selected Regions）方法以及 FORTE（Fetal – Fraction Optimized Risk of Trisomy Evaluation）算法进行风险评估，预设阈值为 1% 进行高风险与低风险的界定。结果显示对 T21 检出的灵敏度和特异性分别为 100% 和 99.97%，T18 的灵敏度和特异性分别为 97.4% 和 99.93%。随后 Ashoor 等人❷使用 DANSR 和 FORTE 方法在一项回顾性的病例对照研究中，对 T13 检测的灵敏度和特异性分别为 80% 和 99.95%。

在产业上，各家无创产前检测公司纷纷以不同的算法为基础进行改进创新，继而将自主研发的算法转化为产品。例如，前述 FORTE 算法就是 Ariosa 于 2012 年面市的产品 Harmony™ 的核心技术，而 Natera 的 Panorama™ Test 则采用了不同于全基因组高通量测序计数判断非整倍体的方式，基于 SNP 位点进行靶向扩增和测序，通过"扣除"母体基因型，算出更为准确的胎儿基因型，从而可保证在胎儿游离 DNA 浓度低至 4% 时仍能进行判定。相对于国外公司，进入无创产前检测行业较晚的国内公司也纷纷在算法方面积极布局，如 2012 年华大基因（BGI）提出涉及 NIFTY® 产品的核心算法（CN103403183），就是采用了 t – 值，L – 值算法结合矫正 GC 偏差的方法，而另一家国内无创产前检测领域的主流公司，贝瑞和康（Berry Genomic）则是基于 Z 值算法基础上进一步矫正 GC 偏差（CN103080336），并制备了检测试剂盒产品。

12.2　原研公司的专利布局

Sequenom 是美国第一家验证了应用高通量测序技术进行无创产前检测的临床价值的公司，其获得负责管理牛津大学技术转移公司的 US6258540 专利许可（无创产前检测领域最基础的核心专利），进入了无创产前检测领域。

基于上述专利以及其他专利储备，Sequenom 最先推出 SEQureDx 无创产前检测服务，用于检测囊性纤维化、胎儿性别鉴定、RhD 分型等疾病或性状特征。随后，2011 年 10 月 17 日，该公司迅速推出了可用于检测孕妇的血液以筛查 T21 高风险胎儿的检测产品 MaterniT 21。2012 年 2 月，Sequenom 又在 MaterniT 21 中提供了 T18（爱德华氏综合征）以及 T13（帕陶氏综合征）的检测，同时将产品商标正式更换为"MaterniT21 Plus"并沿用至今。而且 Sequenom 后续不断对方法进行改进和升级，如专利申请

❶ Norton M E. Brar H, Weis J, et al. Non – Invasive Chromosomal Evaluation（NICE）Study: results of a multi-center prospective cohrt study for detection of fetal trisomy 21 and trisomy 18 [J]. Am J Obstet Gynecol, 2012（207）: 137. e1 – 8.

❷ Ashoor. G, Syngelaki. A, et al. Chromosome – selective sequencing of maternal plasma cell – free DNA for first – trimester detection of trisomy 21 and trisomy 18 [J]. American Journal Of Obstetrics And Gynecology, 2012（206）: 322. e1 – 5.

US2013022977 实现了对算法的 GC 含量校正，WO2012088348 改进了数据处理方法等。到目前为止，MaterniT 21 可以检测的染色体异常除了 13 号、18 号和 21 号染色体三体外，还能够检测 Y 染色体（从而鉴定性别），16 号、22 号、X 和 Y 染色体的异常以及特定区域（包括 22q、15q、11q、8q、5p、4p 和 1p36）的染色体微缺失。

通过对 Sequenom 所有利用高通量测序进行无创产前检测的专利进行梳理（见表 12 - 1），可以将其申请主题分为两大类：胎儿游离 DNA 的富集和测序数据的分析处理方法（或称为算法）。

表 12 - 1　Sequenom 无创产前检测领域重要专利申请

公开号	同族/件	中国同族专利	中国法律状态	美国法律状态	欧洲法律状态
US8467976B2	11	CN102770558B	有权	是	是
WO2013192562	5	无	无权	是	是
WO2013055817	9	无	无权	是	是
WO2012088348	6	CN103384725A	无权	是	是
WO2014055774	5	无	无权	是	是
WO2013052907	21	无	无权	是	是
WO2013177086	4	无	无权	是	是
WO2013052913	2	无	无权	是	是
WO2014190286	5	CN105555968A	在审	是	是
US2013022977	9	CN103108960A	在审	是	否

Sequenom 无创产前检测专利申请共有 9 件进入中国，其中有 2 件授权，授权的专利为 CN101614152B 和 CN102770558B。具体情况如表 12 - 2 所示。

表 12 - 2　Sequenom 进入中国的无创产前检测专利申请

国内公开号	国内公开日	法律状态	PCT 公开号	同族/件
CN101501251	2009 - 08 - 05	视撤	WO2007147063	8
CN102216456	2011 - 10 - 12	驳回	WO2010033639	7
CN102648292	2012 - 08 - 22	在审	WO2011034631	5
CN102770558	2012 - 11 - 07	在审	WO201057094	11
CN103108960	2013 - 05 - 15	在审	WO2011102998	5
CN101641452	2013 - 10 - 23	授权	WO2008118988	6
CN103384725	2013 - 11 - 06	在审	WO2012088348	6
CN103717750	2014 - 04 - 09	在审	WO2012149339	5
CN105555968	2016 - 05 - 04	在审	WO2014190286	5

值得注意的是，在所有 8 件专利申请中，与胎儿 DNA 富集（包括定量）的专利申请就占了 5 件，分别是 CN101501251、CN102216456、CN102770558、CN101641452 和 CN103384725。而 Sequenom 在 2010~2013 年大量申请的与数据分析方法相关的专利则几乎均没有进入中国，一方面，无创产前检测的数据分析方法的直接目的就是用于疾病的诊断，申请方法类型的权利要求才能获得最佳的保护范围，但疾病的诊断方法并不受到我国专利法保护，这可能导致了 Sequenom 并没有选择将相关专利申请进入我国；另一方面，PCT 申请最终进入哪些国家与公司的市场战略有密切关系，正所谓"市场未动，专利先行"。纵观全球各国，中国在应用高通量测序进行无创产前检测的领域具有较强的实力，国内还出现了包括华大基因、达安基因、贝瑞和康和安诺优达等具有实力的公司，因此外国公司如果想进入中国市场，势必面临着强大的竞争，再加上本土公司享有天时、地利、人和的优势，从而增强了竞争的难度。而欧洲、印度、澳大利亚、加拿大等区域市场广阔，同时没有很强的本土公司进行竞争，可以大大提高占据市场的成功率，这也是 Sequenom 采用该专利布局策略的原因之一。

12.3　竞争对手的专利构成

12.3.1　Verinata

在无创产前检测领域中，Verinata 是技术型企业的代表，Verinata（Verinata Health，Artemis Health）是位于美国加州的新创公司，由斯坦福大学生物工程与应用物理学教授、HHMI 研究员斯蒂芬·奎克（Stephen Quake）牵头创立，拥有非侵入性检测方法进行胎儿染色体异常早期识别技术，2010 年宣布进军基于测序的无创产前诊断市场。2013 年 1 月，全球销量最大的 DNA 测序仪制造商美国伊鲁米那（Illumina）同意以大约 5 亿美元的价格收购 Verinata。虽然 Verinata 最终被测序巨头伊鲁米那（Illumina）收购，但就伊鲁米那（Illumina）的收购行为来看，Verinata 必然有其过人之处，本文将重点从 Verinata 的核心技术以及诉讼行为来解释 Verinata 成为高估值目标的原因。

在伊鲁米那收购该公司之前，Verinata 在全球范围内共申请专利 34 项，从 2005 年起提交 2 项中国申请（CN101918527 和 CN101310025），涉及胎儿细胞分离富集的方法和装置；2006 年申请量为 5 项，直到 2010 年申请量达到峰值 14 项。可见，Verinata 的专利申请量并不多，而且连续性也不如很多大型生物公司从专利申请来看，该公司被收购的可能性并不大。

这个阶段 Verinata 共有 9 件，其中，在美国的授权专利有 6 件，在欧洲有 1 件，在中国有 2 件。同时，在 34 项专利中，与无创产前技术密切相关的技术 18 项，与其销售产品 Verifi 高度相关的专利有 9 项，利用对 Verinata 全部专利检索结果中的技术型词语进行词频统计和文本聚类分析，Verinata 的技术热点集中在胎儿基因组 DNA 异常，测序方法和诊断，胎儿核酸的提取和检测，以及测序中拷贝数变异（Copy number varia-tion，CNV）的评估等，与其无创产前检测技术的产品 Verifi 的相关度较高。一般而言，在专利权人的产品与专利关联度较高的情况下，其授权量越大，知识产权保护也将越好，其垄断地位就越牢固，市场风险较小；专利与产品的关联度越高，支撑范围越广，则其价值就越大。可见尽管专利数量不多，但 Verinata 已经对其产品进行了较全面的专利布局。

在 Verinata 进入无创产前检测市场之前，Sequenom 已经在 2005 年获得了香港中文大学关于无创产前检测基础专利的独占性许可，随后推出了无创产前检测产品 MaterniT 21，2011 年还对 MaterniT 21 进行了升级，推出了 MaterniT 21 Plus，据报道，在 2012 年该公司共完成了 60000 例检测，年检测量可达 120000 例。而 Verinata 在 2012 年才推出无创产前检测产品 Verifi，在市场份额上落后于该领域的领导者 Sequenom，同时两家公司都获得了美国病理学家学会（CAP）和临床实验室改进修正案（CLIA）的认证，并在同时期内做好了提交体外诊断产品（IVD）和上市前批准管理（PMA）申请的准备。

Verinata 在技术上集中从母体血液中的复杂信息中准确检测 cffDNA 的方面，关注其拷贝数变化以及染色体非正倍体疾病目标 DNA 的靶向，这与其他 3 家主要无创产前诊断公司（Sequenom、Ariosa、Natera）的技术相差无几。从测序技术来看，Sequenom 和 Verinata 均采用全基因组测序，我们对这两家公司的全部无创产前技术进行标引和技术分解，比较了这两家公司技术重点分布情况（见图 12 - 1）。

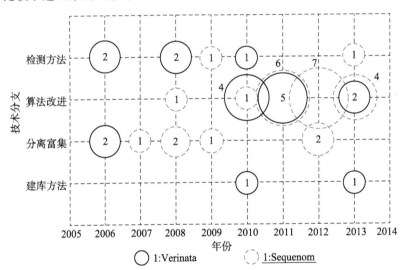

图 12 - 1　Verinata 和 Sequenom 在无创产前检测领域专利技术对比

注：圈内数字表示申请量，单位为项；实线圈表示 **Verinata**，虚线圈表示 **Sequenom**。

可以看出，Sequenom 和 Verinata 在检测方法的创新、算法改进、分离富集技术以及建库方法改进方面均有布局。而 Sequenom 对于母体血液中胎儿 DNA 富集的专利投入最多，2007～2012 年共申请 6 项涉及分离富集方法改进的专利，同时，Sequenom 仅在 2005 年申请了 2 项涉及分离富集方法的专利，随后并未进行进一步改进。在 2010～2012 年无创产前诊断产品蜂拥上市的过程中，Sequenom 拥有的专利许可以及富集技术是除被伊鲁米那（Illumina）垄断的测序技术本身外，是无创产前检测的最基础技术，这也使得 Sequenom 能够抢先推出产品，占据了无创产前检测领域的领先地位，使后来进入该领域的公司不仅面对专利壁垒，市场也被他人抢先占据。如何突破 Sequenom 的专利布局是 Verinata 以及其他试图进军该领域的公司亟待解决的问题。

从技术分布可以看出，Verinata 专利申请的重点在检测方法以及算法改进方面，尤其在算法改进方面，2010 年有 4 项专利，2011 年有 5 项专利，以及 2013 年有 2 项专利，共涉及 11 项算法改进专利（见表 12 - 3）。由于富集技术的不断成熟，分离富集方法逐渐规范统一，改进和创新点的挖掘可选方向逐渐缩小，同时继续优化分离富集方法可能带来更大的成本损耗，这对于测序诊断公司而言，并不是最优的方案，分离富集已经不是该领域的制约因素和研发重点。不仅如此，随着测序技术的成熟，大量的测序数据可以低成本的获得，如何对海量的数据进行合理解读以得到相关疾病的分析结果逐渐取代对分离富集的技术需求，算法改进和优化成为测序应用领域降低成本和市场推广的焦点。

Verinata 的算法专利提出 Z 值算法存在缺陷。作为背景的 13 号和 18 号染色体具有高 GC 含量，使得用 GC 计算出的 21 - 三体染色体的 Z 值被低估，导致假阴性，而 Verinata 的算法能够使测序过程无需分离富集步骤，直接全基因组测序，从而达到降低成本，节约时间，同时还可将适应症扩展到 T13 及 T18（见表 12 - 3）。

尽管 Verinata 的算法专利在数量上还不能超越 Sequenom，但依靠其算法改进和检测方法创新布局的专利技术，使得 Verinata 走出了一条与 Sequenom 方向不完全相同的道路，占据了一部分无创产前检测市场，并成功成为高估值技术公司，这也是伊鲁米那（Illumina）收购其成为全资子公司的原因之一。可见，某一技术分支的落后并不绝对导致市场的丧失，企业如果能够另辟蹊径，找准技术突破点，同样能够获得行业和市场的认可。

表 12 - 3　Verinata 算法专利及区域布局

申请年份	公开号	主要内容	国家和地区	备注
2010	US2012237928	确定染色体多倍性的方法	US	—
2010	US2013029852	确定 CNV 染色体多倍性的方法	US、AU、EP、CN	中国、美国授权
2010	US2013096011	确定 CNV 染色体多倍性的方法	US、CN、EP	中国、美国、欧洲授权
2010	WO2011090556	确定胎儿 DNA 的含量分数	US、GB、CA、EP	—
2011	WO2013062856	序列比对方法	US	—
2011	WO2014015319	确定 CNV 染色体多倍性的方法	EP、US、CN	美国授权
2011	WO2012142334	确定胎儿 DNA 的含量分数	CA、EP、JP、AU、CN	中国、欧洲授权

续表

申请年份	公开号	主要内容	国家和地区	备注
2011	WO2012141712	归一化计算常见和罕见染色体非整倍体的方法	GB、US、HK、CN	美国授权、中国授权
2011	WO2013015793	确定多个不同的染色体多倍性的方法	GB、AU、HK、CN、EP	日本授权
2013	US2014371078	Y染色体数量异常的检测	US	—
2013	WO2015061359	提高检测CNV染色体多倍性的灵敏度的方法	WO、CN、EP	—

12.3.2　Ariosa

Verinata选择了算法改进作为突破口，绕开竞争对手的壁垒，从技术角度而言，其依赖现有技术的程度较高，如果其关键算法带来的技术效果无法避免使用富集技术，那么与竞争对手的技术差别就无法体现出来。因此，对一个技术点的改进并未产生"预料不到的技术效果"时，仅依靠一个点的突破，就进行技术开发和专利布局存在较高风险。此时，如果能够把原有的技术进行改进，或对原有技术的某一分支或者手段进行不同的替换，可能会取得事半功倍的效果。当然，这样的方式需要考虑技术的可行性。Ariosa Diagnostic的案例可视为技术型企业另辟蹊径的典范。

Ariosa Diagnostic（曾用名Aria Diagnostics，以下简称"Ariosa"）是一家位于美国加州圣何塞（San Jose）的私人持股生物技术创业公司。该公司作为一家无创产前检测的分子诊断企业，利用不同于传统的基因组测序方式，以数字靶向区域扩增及靶向区域测序为手段在无创产前检测市场中赢得一席之地。其旗下唯一的产品为Harmony Prenatal Test，可以针对T21、T13、T18三体综合征进行筛查，该款产品在2014年底前已积累了大量的临床数据集，同时得到在所有年龄及风险类别的超过22000例女性中开展的临床研究支持，并已通过美国《临床实验室改进修正案（CLIA）》认证❶。2014年3月，Ariosa向美国证交会（SEC）提交上市（IPO）申请，拟最高融资6900万美元用于Harmony市场推广以及今后的收购活动，然而仅在提交IPO申请的200多天后，罗氏就宣布对其进行收购。至此，这家仅有157人的小公司在经历了短短数年发展后就赢得了测序行业巨头罗氏的青睐。回首展望发展之路，不难看出Ariosa灵活变通的技术和资本汇聚方式是助其快速成长的捷径。

面对蕴含巨大商机的无创产前检测市场，行业内的一些公司，例如Sequenom和Verinata借助他人或是自身多年的无创产前高通量测序科研成果，已经在市场内占有先机，其研发方向覆盖了无创产前检测从游离核酸富集到数据解读全流程的各个方向。

---

❶　[EB/OL]. [2015-05-20]. http://www.ariosadx.com/news-events/roche-acquires-ariosa-diagnostics/.

这对尚未发展壮大的 Ariosa 而言，无疑是最大的障碍。因此，该公司在发展之初就采取了曲线救国的策略，转变技术思路打破已有局面。

　　Ariosa 虽然较之其他两家公司进入无创产前检测市场稍晚，实力也不够雄厚。但是，其巧妙避开了其他两家公司所选择的以全基因组测序为基础进行无创产前诊断的方式，替代以靶向测序为基础开展检测，为自身赢得了更多发展空间。也正是因为这一重要的技术区别，Ariosa 主要围绕其核心技术点（多重连接杂交靶向扩增及其算法）进行了外围相关专利申请的布局，并选择性地将进行业务拓展的国家和地区进行了特定国家的专利申请。其中，半数以上的专利申请是在其核心产品上市之前完成的，也印证了"产品未动，专利先行"的理念。

　　除了在检测对象上与已有技术加以区分以外，平台技术的突破对于新兴企业进入市场而言也是至关重要的。2014 年 4 月，在 Ariosa 提出 IPO 申请后不久，伊鲁米那（Illumina）就在美国加利福尼亚区北区法院向 Ariosa 提出诉讼，控告 Ariosa 旗下产品 Harmony prenatal test 侵犯了其子公司 Verinata Health 关于高通量基因测序平台技术的一项专利权 US7955794。针锋相对之后，Ariosa 开始意识到这种技术平台的受制于人必然会阻碍其进一步的发展，开始积极谋求替代的平台。2014 年 9 月，Ariosa 在《胚胎诊断与治疗》（Fetal Diagnosis and Therapy）杂志上发表了一篇文章，公布了通过微阵列芯片（microarray）进行无创产前检测（Non – Invasive Prenatal Test，无创产前检测）的研究成果❶：他们对游离 DNA 进行定量检测时，分别采用了高通量测序和微阵列芯片（Affymetirx 公司定制）两种方法。研究结果显示，通过这两种方法所得到的染色体非整倍体判读结果完全一致。与高通量测序相比，微阵列芯片检测结果的差异性更低（0.051 vs 0.099，p < 0.0001），同时分析时间由 56h 缩短至 7.5h。此外，由于微阵列芯片可以检测更多的多态性位点，母体血浆游离 DNA 中胎儿成分的精确度提升了 1.6 倍（p < 0.0001）。该研究结果显示，基于微阵列芯片的无创产前检测可以在更短的时间内获得更可靠的检测结果。2014 年 10 月，Ariosa 宣布与 Affymetirx 公司进行一项覆盖 Affymetrix 芯片和仪器的多年供货协议，这些产品将作为 Ariosa 的产品、Hamony Prenantal test 的一部分。这次合作使 Ariosa 能够拓展其试剂盒的应用，同时有效地摆脱了伊鲁米那（Illumina）作为高通量基因测序技术平台仪器及试剂供货商对企业长期发展的束缚。

12.4　专利纠纷和诉讼

12.4.1　积极诉讼

　　诉讼是企业实现抢夺市场和达到商业目的的有力武器，正是 Verinata 积极面对诉讼

---

❶ Juneau K, Bogard P, E, Huang S, et al. Microarray – Based Cell – Free DNA Analysis Improves Noninvasive Prenatal Testing [J]. Fetal Diagn Ther, 2014, 36：282 – 286.

的态度，使其不仅占据了一部分无创产前检测市场，同时还成功成为一家市场价值较高的公司，打消了收购者的疑虑。

1. 自信的不侵权抗辩策略

随着无创产前技术的不断成熟，商业化程度的不断提高，一系列的法律问题也随之出现，专利方面的问题也日渐升级。

● 案情回顾

Sequenom 早在 2005 年通过购买和许可等手段，获得了对母体血液中的胎儿游离DNA 进行检测的专利技术。自 2010 年之后，Sequenom 为了巩固无创产前检测市场的优势地位，通过律师函和/或提起专利侵权诉讼的方式宣称 Ariosa、Natera、Verinata 3 家公司侵犯了其专利权。

2010 年 8 月 10 日，Sequenom 向 Verinata 发出律师函，提出 Verinata 正在开发的一款胎儿产前诊断业务侵犯了 Sequenom 的专利。2012 年 1 月，Sequenom 向法院提交了针对 Ariosa 的专利侵权诉讼，并且向法院提出了初步禁令（preliminary injunction）主张，要求 Ariosa 停止开展无创胎儿遗传检测业务。作为回应，Ariosa、Natera、Verinata 3 家公司和斯坦福大学一起共同反诉了 Sequenom，认为不存在专利侵权行为。美国北加利福尼亚地区法院（US District Court of Northern California）的法官 Susan Illston 听取了这场诉讼的法庭辩论。2012 年 6 月，Illston 法官和 Sequenom 以及 Natera 和 Verinata 的辩护律师召开了审判前会议。

● 案情分析

在专利法律状况稳定的情况下，强调自身算法技术与 Sequenom 公司的算法技术有所不同，使得涉侵权的产品无实质性争议被排除在专利权的保护范围外。以涉诉专利US6258540（以下简称"'540专利"）为例（见表12－4），经过比对，Sequenom 的'540专利与 Verinata 的产品 verifi 主要有 2 个特征存在不同：检测对象以及胎儿 DNA 富集步骤。在检测对象方面，Verinata 通过与母体进行比较，检测全部父母核酸，而 Sequenom 的'540 专利的权利要求应理解为检测对象为胎儿继承自父亲的核酸，可见检测对象存在明显不同。其次，Verinata 在后续测序数据处理时，通过矫正测序标签偏差，而不需要从母体 DNA 中分离胎儿 DNA，优于'540 专利，这是与 Sequenom '540 专利第二点明显不同。

表12－4 Sequenom '540 专利与 Verinata 产品特征对比

特征对比	Sequenom '540 专利	Verinata 产品
A. 检测对象	检测胎儿继承自父亲的核酸	通过与母体进行比较，检测全部父母核酸
B. 胎儿 DNA 富集步骤	增加样品母亲 DNA 中胎儿 DNA 含量	矫正测序标签偏差，无须从母体 DNA 中分离胎儿 DNA，优于'540专利

基于 Verinata 成功地就自身算法技术与 Sequenom 算法技术明显不同开展的不侵权抗辩，以及其核心技术专利在无效诉讼中的稳定存在，2014 年 12 月，Sequenom 与 Verinata 母公司伊鲁米那（Illumina）达成了一个专利池协议（Pooled Patents Agreement），双方构建了一个无创产前检测技术专利池，涉诉案件达成和解。

2. 主动的程序抗辩策略

在被动接受诉讼攻击的同时，Verinata 也主动进行回击。

• 案情回顾

2013 年 10 月 16 日，由于此前还出现了多家公司关于无创产前多项专利诉讼，而权利要求书的解释又是专利侵权诉讼的核心问题，加州北区联邦地区法院针对无创产前检测多项专利诉讼展开"马克曼听证"，涉及 4 家无创产前检测公司 Ariosa、verinata、Sequenom 以及 Natera 的 6 项专利，意图确定对这 6 项专利的权利要求书的解释（"马克曼听证"制度——Markman Hearing，也称为 Claim Construction。于 1996 年由美国联邦最高法院就马克曼诉 Westview 器械公司案裁决确立，已成为法官专门用于解释专利权利要求的一个经常性听证程序，认定权利要求书的解释由法院处理，而不由陪审团认定）。

2014 年 5 月 9 日，Verinata 要求与 Sequenom 专利相关的发明人香港中文大学的 Dennis Lo，Rossa Chui 以及 Kwan Chee Chan 出庭作证，法庭认为上述人员不是 Sequenom 的法定雇员，原告没有充分理由要求他们出庭。

2014 年 5 月 14 日，法庭认为 2014 年 4 月 7 日 PTAB 的决定认为原告 Verinata 的 US8008018 专利公开不充分，原告 Verinata 可以进一步就此补充诉讼。

2014 年 6 月 10 日，Verinata 针对 Sequenom 在无效诉讼中使用的证据——Dr. Michael L. Metzker 的专家报告，进行答辩。Verinata 引用 2 个判例认为，Dr. Michael L. Metzker 的专家报告引用了新的无效理由，且该理由并未告知专利权人，因此专家报告无效，不能据此认为 Verinata 的专利无效。

2014 年 8 月 20 日法庭裁定专家报告部分无效。

• 案情分析

在上述案件中，Verinata 所采用的程序抗辩策略也是美国无效诉讼中较为常用的抗辩策略。在以往判例中，比如，2014 年华硕诉圆岩研究（Asus Computer Int'l v. Round Rock Research，LLC，No. 12 – cv – 02099 JST（NC），2014 U. S. Dist. LEXIS 50728，at ＊5（N. D. Cal. Apr. 11，2014）），以及联发科公司诉 Freescale 半导体公司（Mediatek Inc v. Freescale Semiconductor，Inc，No. 11 – cv – 5341 YGR，2014 U. S. Dist. LEXIS 22442，at ＊3（N. D. Cal. Feb. 21，2014））的研究显示，起诉方仅仅依赖专家意见（expert declaration）而没有其他充分的证据来挑战专利性将被驳回。

在美国的知识产权案件尤其是专利案件中，原告和被告双方都要聘请专家证人。专家包括技术专家、赔偿专家、财务专家和法律专家。技术专家一般是案件所涉及专利技术领域的大学教授或行业专家。他们的作用是对专利的有效性，以及是否侵权提出专家意见。有些技术专家本人就有可能见过或者发表过可以使专利无效的已有技术

（prior art），所以好的技术专家对胜诉有非常大的作用。在实践中，虽然专家意见可扮演重要的角色，但建议在使用专家意见时，应准备其他可支持之证据，而不要单纯依赖专家意见。

12.4.2　善用无效诉讼策略

在美国遭遇侵权诉讼时，被控侵权方可以选择单方复审程序、双方重审程序或者授权后重审程序来挑战美国专利权的有效性。Ariosa 在面对对手攻击时，均积极地采用了无效手段，而且每次无效都战果显著。

1. "自然现象" 客体抗辩

● 案情回顾

Ariosa 最重要的一次无效诉讼就是关于 Sequenom 的（'540 专利），该专利来源于无创产前检测的开创者卢煜明教授，是无创产前检测领域最基础的核心专利，主要内容涉及来自胎儿游离核酸分离富集和生物信息学算法。

2012 年，Sequenom 称 Ariosa 等公司侵犯'540 专利，要求 Ariosa 停止无创胎儿遗传检测业务。Ariosa 于 2012 年 3 月向美国加州北区地方法院对 Sequenom 提出专利无效诉讼。美国地区法院认为'540 专利的权利要求涉及专利适格性的问题而未同意 Sequenom 的要求。Sequenom 上诉至联邦法院，联邦法院发回地区法院二度审理，最后地区法院认为'540 专利保护的范围仅包含了自然现象（natural phenomenon），因此专利被判无效。Sequenom 不服结果，再次上诉联邦法院，此一战历时 3 年。2015 年 6 月，联邦法院维持地区法院判决以'540 专利不属于专利法保护的客体而不具有可专利性被全部无效而告终，Sequenom 自此失去了一件重要的基础专利。

● 案情分析

'540 专利主要保护一种无创检测胎儿遗传疾病的方法，此方法抽取母体血清或血浆样本中游离的胎儿父系遗传 DNA，并进一步放大。传统的产前检测，例如羊膜穿刺，对母亲与胎儿有一定程度的风险，其他检测方法取得的母体血液样品则是直接丢弃。因此，'540 专利最大的贡献就在于发现存在母体血液中游离的胎儿 DNA，并利用 PCR 等基因放大与检测技术，检测胎儿的遗传疾病，不仅提高检测准确率，更大幅降低了风险。但本领域技术人员可知，母体血清中存在游离的胎儿 DNA 是一种自然现象，所有怀孕的妇女皆是如此。

Ariosa 恰恰利用了 "母体血清中存在有游离的胎儿 DNA 是一种自然现象" 这一点，将'540 专利无效。判决过程主要受到早前美国联邦最高法院知名的万基（Myriad Genetics）案判例的影响，联邦法院认为'540 专利尽管在权利要求的内容上加入了 DNA 的放大步骤（即通过 PCR 方法扩增 DNA）以及检测特定遗传疾病，仍然没有改变它保护自然现象的本质，况且 DNA 放大的步骤与检测疾病的方法已是本领域公知，'540 专利并没有在这些方法上有任何突破，因此该专利被判无效。联邦法院更补充说明，即便'540 专利对于产前检测有极大的贡献，仍然没有改变'540 专利独占自然现象一事，而且该专利内容属重大发现而不是创新的发明。

诉讼过程中参考以往判例，找到符合自己实际情况的诉讼策略是十分重要的。在该案发生之前，著名的万基（Myriad Genetics）案，即分子病理学会诉万基公司案（Association for Molecular Pathology v. Myriad Genetics）中，联邦最高法院认为存在于自然界的基因，不仅因为其被分离出来就具备可专利性，据此导致该案涉及的权利要求全部无效。万基案对美国乃至全球生物领域的专利申请均有很大影响，国内相关企业在美国申请和撰写这类技术方案时，应当避免要求保护新的生物标志物本身，在撰写权利要求时，必须连同创新的实验方法步骤或仪器试剂等一并写入权利要求中。

2. 现有技术抗辩策略

• 案情回顾

除′540 专利外，Ariosa 在与 Verinata 的对决中，同样也采用了无效手段。2012 年 10 月，Verinata 和斯坦福大学校董事会将 Ariosa 和与之有业务合作的 Laboratory Corporation of America Holdings（LabCorp）一并告上了法庭，理由是侵犯了 Verinata 拥有的 US8318430 专利（以下简称 "′430 专利"）以及获得了排他许可的 US8296076 专利（以下简称 "′076 专利"）的专利权，其中，′076 专利的专利权人和许可人是斯坦福大学校董事会。2013 年 5 月，Ariosa 先后向专利审判和上诉委员会（Patent Trial and Appeal Board，PTAB）提出申请，要求对′430 专利和′076 专利进行再审。2014 年 10 月，PTAB 判定 Ariosa 未能证明′430 专利的权利要求 1~30 不能被授予专利权，维持′430 专利有效。2014 年 11 月，PTAB 宣布′076 专利全部无效。Ariosa 以一胜一负的战绩获得了部分胜利。

• 案情分析

针对′076 专利，争议的关键点在于对术语 "对预定义亚序列测序"（sequencing predefined subsequence）的解释。Ariosa 指出：′076 专利的说明书中没有给出该术语的准确定义，根据其在权利要求中定义的用途以及说明书中定义的相似词语进行了多角度的深入分析，将现有技术中的鸟枪测序法和阵列测序法纳入其含义范围，从而凭借现有技术否定了其全部的权利要求。

这提示请求人一方，在进行专利无效时，如果在权利要求中发现了自定义词语，可以以申请文件为基础，结合本领域的通常术语含义和技术发展情况，对其实际涵盖的范围进行解释，从而将被诉无效专利与现有技术关联起来，进而在此基础上详细说理；另一方面也提示了提交专利撰写的一方，对于申请文件中的自定义词语应当更加慎重地对待，充分发挥好 "申请文件是专利权人自设词典" 的功能，避免范围不明可能造成的不利影响。

12.4.3 收购和诉讼并行

1. 并购扩张，迅速进入

收购兼并和整合是提升竞争力的必由之路，很多大型企业通过收购来获得所需要的关键技术和专利。并购国内外具有自主知识产权、较强的研发团队以及领先的市场地位的相关企业也逐渐成为企业快速提升规模、提升核心竞争力、快速完成国际化经营布局的重要途径，也是企业实现产业快速转型升级和结构调整的必由之路。但是并购过程如履薄冰，背后更是隐藏着巨大的知识产权风险。知识产权是技术型公司的重要无形资产，专利的有效与否、权利人是否属实、有效期的长短、技术覆盖度、知识产权相关的协议与法律诉讼问题等直接关系到并购企业的出价和市场风险。

作为全球销量最大的上游 DNA 测序仪制造商，美国伊鲁米那（Illumina）占据上游 71% 的市场。近年来基因测序上游增速开始低于中下游，同时，中游测序服务市场重资产、技术附加值低，将是产业链中增速最快的，伊鲁米那（Illumina）当然不可能甘心仅做一家测序仪的制造商。但是伊鲁米那（Illumina）向中下游发展，首先是技术储备还不完善，其次是面临的对手都很强劲。医药巨头如罗氏和互联网巨头谷歌都在生物信息和基因数据库方面占据优势。想要快速立足，分割市场，收购不失为一条捷径，通过不断兼并收购外部具有先进独特技术的企业，并与其内部已有技术进行整合，实现在创新方面强有力的竞争力。

从 2005 年开始，伊鲁米那（Illumina）用在收购上的投入总计超过 12 亿美元。目前伊鲁米那（Illumina）拥有的专利中有一半来自其收购的企业，比如 2007 年收购的基因测序技术公司 Solexa（索雷克萨公司）、2011 年收购生产基因测序试剂的 Epicentre（埃皮森特公司）、2012 年收购染色体筛选诊公司 Bluegnome（蓝色地精公司），2013 年分别收购了 Verinata、基因组信息学公司 NextBio、微流体样品处理公司 Advanced Liquid Logic（先进液体逻辑公司）等。除 Verinata 外，其他公司均涉及测序技术以及试剂，仅 Verinata 属于临床应用领域公司，Verinata 在伊鲁米那（Illumina）全部专利中仅占 4.7% 专利。但就是这重要的 4.7% 专利，让伊鲁米那（Illumina）迅速占领了一部分无创产前检测市场，开始进入基因测序的临床应用领域。

通过不断收购，伊鲁米那（Illumina）轻松获得更多相关领域技术、专利，并为其研发创新和市场拓展奠定了坚实的基础。在收购之后，伊鲁米那（Illumina）不断地在原有基础上进行技术创新，相关技术领域在其收购后的专利量增长在一定程度上体现了这一点。值得一提的是，从收购的企业所从事的技术领域的专利分析，也可以看出伊鲁米那（Illumina）未来的发展涵盖基因测序技术的各个方面，包括测序技术、测序试剂、测试样品处理以及测试数据分析等；向染色体筛选、繁殖和遗传健康等临床诊断市场扩展。

2. 强势的程序抗辩

● 案情回顾

如前述内容提到的，无创产前检测技术的诉讼起初是由 4 家无创产前检测测序服务公司（Sequenom、Ariosa、Natera、Verinata）引发的，随着 Verinata 在 2013 年 1 月被伊鲁米那（Illumina）收购，Ariosa 在 2015 年被罗氏收购，测序巨头伊鲁米那（Illumina）以及医药行业的巨头罗氏之间的诉讼纷争，也从测序技术本身进入测序应用领域。

2014 年 4 月，伊鲁米那（Illumina）就以 Ariosa 侵犯其 US7955794 专利（以下简称 "'794 专利"）的专利权为由，加入无创产前检测技术的诉讼战局。对于 '794 专利相关的侵权之诉，Ariosa 则基于其于 2012 年 1 月 4 日与伊鲁米那（Illumina）签订的供货协议，主张伊鲁米那（Illumina）已经明示或暗示了许可 Ariosa 使用'794 专利，因而反诉确认不侵权和伊鲁米那（Illumina）违约以及违反诚信与公平交易之约。而伊鲁米那（Illumina）除了积极应对 Ariosa 的不侵权之诉和无效诉讼外，在 2014 年 6 月，它诉 Ariosa 违反公平正义和禁止反言原则，在 2002 年，伊鲁米那（Illumina）提交申请号为 US10177727 的专利申请时，John Stuelpnagel 和 Arnold Oliphant 是伊鲁米那（Illumina）的雇员，也是该申请的发明人，该申请已转让给伊鲁米那（Illumina），该专利申请被授权后即为'794 专利。此二人现在是 Ariosa 的执行主席和首席科学家，基于"发明人确信其专利的价值，因而不可因避免侵权之诉而无效该专利"的理由，应当驳回 Ariosa 的无效请求；以及 Ariosa 违反了合同中关于仲裁的条款，请求法院依据其与 Ariosa 之间的合同仲裁条款，驳回 Ariosa 的反诉请求，要求启动强制仲裁程序。

- 案情分析

在与 Ariosa 对战中，伊鲁米那（Illumina）除依靠专利技术以及专利法相关规定外，还利用了 Ariosa 雇佣了伊鲁米那（Illumina）前员工这一点做文章。这在互为竞争对手的几个公司中非常常见，当公司挖了竞争对手的研发团队，生产、销售相同的竞争性产品时，在诉讼时经常会被对手抓住这一点。因此国内企业如果要从国外或者竞争对手引进人才时，要谨慎考虑是否让引入的人才参与研发或知识产权事务，要确保有一组全新的自己培养的研发人员对产品进行开发并申请专利。这样做的好处在于，避免诉讼时，被对方指责"利用前员工去窃取知识产权"而导致诉讼的失败。

12.5　巧用专利侵权抗辩的启示

总体而言，目前无创产前检测市场主要被两大巨头分割，伊鲁米那（Illumina）通过收购 Verinata 进入该领域，并利用 Verinata 的专利诉讼和 Sequenom 形成专利联盟。罗氏通过收购 Ariosa，并多次发起诉讼和无效宣告，争夺无创产前检测领域的市场。

其中，Ariosa 善用无效宣告策略，对 Verinata（后被伊鲁米那（Illumina）收购）以及 Sequenom 提出的无效均卓有成效。Sequenom 的专利无效主要受万基案判例的影响。Sequenom 主要优势在于 2005 年获得了基础专利'540 专利的独占许可。但是，其在后期与伊鲁米那（Illumina）的诉讼战中达成和解，之后又被 Ariosa 无效掉基础专利'540 专利。而 Verinata 一直依靠核心技术打赢侵权，并利用核心专利主动出击，同时还赢得了巨头的青睐。伊鲁米那（Illumina）通过收购/并购不断提高自身竞争力，逐渐变成大公司。同时，伊鲁米那（Illumina）通过诉讼逐步获得专利共享，这也是其诉讼战中使用的高招。在完成收购和专利共享后，伊鲁米那（Illumina）借助专利联盟和收购公司的专利主动出击，对欧洲无创产前检测公司提出诉讼，强势进军美国以外的市场。

拥有过硬的技术无疑是进行后续专利布局、商业操作的基石。对于生物领域而言，开创性发明的几率较低，在研发过程中依赖现有技术的程度较高，获得专利意义上属于自己的关键技术，对竞争对手的专利技术和布局进行分析是必要的，企业需要依靠专利分析的结果结合核心技术的要点，对关键技术进行"包装"，绕过外界的壁垒，巧妙地将自己的技术与对手区分开来。好的专利布局不在于数量，而在于质量。对于产品本身，应考虑到产品的上下游、工艺、用途、检测方法等方面，技术型企业应及时围绕新产品做好专利布局。对于技术型企业而言，除了需要防御竞争对手侵犯专利权，更要防止自己的产品侵犯他人的专利权。通过对竞争对手拥有的专利状况进行跟踪，可以避免重复研发，造成研发成本的浪费性投资，提高企业研发的针对性，还可以避免陷入专利侵权境地，这也降低了企业的研发风险，节约企业整体成本。

此外，由于美国是判例法国家，在美国进行诉讼时，对于以往判例进行研究，挖掘出符合自己实际情况的诉讼策略可达到意想不到的效果。

总之，领先的技术水平是技术型企业的核心竞争优势，专利作为体现企业技术价值、保护企业技术财产的内容，是技术型企业核心竞争力和资产之一。然而，技术型企业规模较小，资金薄弱，商业操作和企业管理能力不足，如不对掌握的核心技术进行有效的专利保护，竞争对手便可以轻易通过模仿、复制、反向手段等方式低成本地获得该产品的核心技术，进而快速跟进，生产出类似产品参与市场竞争。同时，技术型企业在拥有核心专利的同时，还应具备一定的应诉、反诉能力，适时拿起专利的武器，保护领地抢占市场。因此，对于这类企业，利用专利技术和专利制度提升自身的核心竞争力和维护市场份额成为企业寻求发展的捷径。

图　索　引

表 索 引